中央财政支持专业提升服务能力项目课程建设

水利工程测量

主　编　赵桂生
副主编　刘爱军
主　审　彭军还

中国水利水电出版社
www.waterpub.com.cn

内 容 提 要

本书是中央财政支持专业提升服务能力项目——水利工程测量课程建设成果之一。本书是以职业岗位工作过程为导向、以职业能力为依据，采用理论与实践一体化教学方法的学习形式编写的校企合作开发教材。

本书在介绍基本测量方法及相关仪器的使用基础上，着重介绍了水利工程施工测量的有关规定、要求和测量方法。全书共分十二个学习情境，分别为：工程测量基础，测量仪器及使用，三项基本测量工作，测量精度评定，小区域控制测量，大比例尺地形图测绘，数字测图系统，地形图的识读与应用，施工测量基本方法，渠道测量，水库大坝施工测量，水闸施工测量。

本书可作为高职高专水利工程施工技术专业的教学用书，也可作为土建行业职业岗位的培训教材，还可供专业人员及成人教育师生参考使用。

图书在版编目（CIP）数据

水利工程测量 / 赵桂生主编. -- 北京 : 中国水利水电出版社, 2014.1
中央财政支持专业提升服务能力项目课程建设
ISBN 978-7-5170-1674-8

Ⅰ. ①水… Ⅱ. ①赵… Ⅲ. ①水利工程测量－高等学校－教材 Ⅳ. ①TV221

中国版本图书馆CIP数据核字(2014)第012407号

书　　名	中央财政支持专业提升服务能力项目课程建设 **水利工程测量**
作　　者	主编　赵桂生　　副主编　刘爱军　　主审　彭军还
出版发行	中国水利水电出版社 （北京市海淀区玉渊潭南路1号D座　100038） 网址：www.waterpub.com.cn E-mail：sales@waterpub.com.cn 电话：（010）68367658（发行部）
经　　售	北京科水图书销售中心（零售） 电话：（010）88383994、63202643、68545874 全国各地新华书店和相关出版物销售网点
排　　版	中国水利水电出版社微机排版中心
印　　刷	北京市北中印刷厂
规　　格	184mm×260mm　16开本　15.5印张　368千字
版　　次	2014年1月第1版　2014年1月第1次印刷
印　　数	0001—3000册
定　　价	**35.00**元

前　言

本书是中央财政支持专业提升服务能力项目——水利工程测量课程建设成果之一。本书以职业岗位工作过程为导向、以职业能力为依据，采用理论与实践一体化教学方法的学习形式，并根据高职教育规律和学生的认知规律，认真总结多年的教学与实践体会和经验，在广泛征求了长期从事工程一线的测量人员和部分高校教师的意见的基础上，编写的校企合作开发教材。

编写人员在与北京房山水务局、北京通成达水务建设有限公司、北京燕波工程管理有限公司、碧鑫水务公司等单位工程技术人员座谈的基础上，经过认真的讨论，确定编写大纲和原则，体现理论够用、突出技能、实用性强的特点，以提高施工技术人员的测量基本能力为目标，力求学以致用。在编写过程中，引用了最新的标准、规范及规程，力求做到通俗易懂、图文并茂；并加注了仪器使用的小窍门、重点内容的注意事项和测量技能训练等内容，便于读者掌握。

全书共分十二个学习情境，内容包括：工程测量基础，测量仪器及使用，三项基本测量工作，测量精度评定，小区域控制测量，大比例尺地形图测绘，数字测图系统，地形图的识读与应用，施工测量基本方法，渠道测量，水库大坝施工测量，水闸施工测量。

本书由北京农业职业学院赵桂生任主编，北京农业职业学院刘爱军任副主编，参加本书编写的还有碧鑫水务公司王向英、碧鑫水务公司王占良、密云县水务局石城水务站马学冬，中国地质大学（北京）彭军还教授担任主审。全书由赵桂生执笔完成并校对。感谢所有为本书编写付出努力的人员，感谢北京房山水务局、北京通成达水务建设有限公司、北京燕波工程管理有限公司、碧鑫水务公司、密云县水务局石城水务站等单位的大力支持。

由于编者水平有限，加之时间仓促，书中难免有错误和不妥之处，敬请读者批评指正。

编者

2013 年 7 月

于北京

目　录

学习情境一　工程测量基础

【知识目标】

1. 了解测量的概念、任务和作用
2. 熟悉测量工作的基本原则和基本要求
3. 了解测量学的基本任务，在水利工程建设中的作用
4. 掌握施工测量的作用、特点和原则
5. 掌握施工测量的有关要求

【能力目标】

1. 掌握地面点位确定的基本方法、基本要素
2. 掌握测量记录的基本要求
3. 熟悉测量的基本要求
4. 熟悉施工测量管理人员的工作职责
5. 掌握绝对高程与相对高程的基本特点

工作任务一　测量学概述

一、测量学的定义

测量学是研究地球的形状、大小以及确定地面点空间位置的一门科学。测量一词泛指对各种量的量测，而测量学所要量测的对象是地球的局部表面以至整个地球。由于测量学一般包含测和绘两项内容，所以这门科学又称为测绘科学。测绘学是既要测定地面点的几何位置、地球形状、地球重力场以及地球表面自然形态和人工设施的几何形态，又要结合社会和自然信息的地理分布，研究绘制全球或局部地区各种比例尺的地形图或专题地图的理论和技术。

1. 测量学定义

分为早期定义和当前定义，早期定义是研究地球的形状和大小，确定地面点的坐标的学科；当前定义是研究三维空间各种物体的形状、大小、位置、方向和其分布的学科。

2. 测量学任务

主要任务分为测定和测设两大内容。

(1) 测定。又称测图，是指使用测量仪器和工具，通过测量和计算，得到一系列测量数据，或把地球表面的地形缩绘成地形图，为其他行业提供信息。

(2) 测设。又称放样，是指把图纸上规划设计好的建筑物、构筑物的位置（包括方位、大小、形状、高低等）在地面上标定出来，作为施工的依据（施工过程中同样需要测量）。

二、测量学的分类

随着生产和科学技术的发展，测量学包括的内容也越来越丰富，按其研究对象和应用范围，可以分为以下几类。

(1) 天文测量学。研究测定恒星的坐标，以及利用恒星确定观测点的坐标（经度、纬度等）的学科。

(2) 大地测量学。研究在广大区域的范围内建立国家大地控制网，以测定地球的形状、大小和地球重力场的学科。大地测量必须考虑地球曲率的影响。近年来，因人造地球卫星的发射和科学技术的发展，大地测量学又分为常规大地测量学和卫星大地测量学。

(3) 普通测量学。研究地球表面较小区域内的测量与制图工作的基本理论、技术和方法的学科。在此区域内可不考虑地球曲率的影响而将地球表面视为平面，其具体任务是测绘各种比例尺的地形图和一般的施工测量等。

(4) 工程测量学。研究在工程建设中的勘测、设计、施工、竣工验收和管理各阶段中所进行的各种测量理论、技术和方法的学科。由于测量对象不同，可分为建筑工程测量、水利工程测量、线路工程测量、桥隧工程测量等。

(5) 地形测量学。研究将地球表面局部地区的地貌、地物测绘成地形图和编制地籍图的基本理论和方法。

(6) 摄影测量学。通过摄影和遥感技术获取被摄物体的信息，以确定地物的形状、大小、性质和空间位置并绘制成图的学科。根据测量手段不同，可分为航空摄影测量、航天摄影测量、地面摄影测量和水下摄影测量等。

(7) 海洋测量学。是研究以海洋水体和海底为对象所进行的测量和海洋图编制工作的理论、技术和方法的学科。

(8) 地图制图学。研究利用测量成果制作各种地图的理论、工艺和方法的学科，其内容包括地图编制、整饰及电子地图制作与应用等。

(9) 测量仪器学。研究测量仪器的制造、改进和创新的学科。

三、测量学的任务

水利工程测量是测量学的一个组成部分。它是研究水利工程在勘测设计、施工和运营管理阶段所进行的各种测量工作的理论、技术和方法的学科。水利工程测量学的主要任务包括：

(1) 地形资料。为水利工程规划设计提供所需的地形资料。规划时需提供中、小比例尺地形图及有关信息，建筑物设计时要测绘大比例尺地形图。

(2) 放样依据。要将图上设计好的建筑物按其位置、大小测设于地面，以便据此施工，称为施工放样。

(3) 变形监测。在施工过程中及工程建成后运行管理中，需要对建筑物的稳定性及变化情况进行监测—变形观测，确保工程安全。

测量工作贯穿于工程建设的整个过程，测量工作的质量直接关系到工程建设的速度和

质量。作为一名水利工作者，必须掌握必要的测量科学知识和技能，才能担负起工程勘测、规划设计、施工及管理等任务。

四、测量学的作用

由上可知，测量学的内容广泛，涉及面大，是现代高新技术互相渗透的结果，其研究和服务的对象、范围越来越广泛，重要性越来越显著。在国民经济建设、国防建设以及科学研究等领域发挥着重要的作用。

（1）在国防建设中的作用。在军事上，首先由测绘工作提供地形信息，在战略的部署、战役的指挥中，除必需的军用地图（包括电子地图、数字地图）外，还需要进行目标的观测定位，以便进行打击。至于远程导弹、空间武器、人造地球卫星以及航天器的发射等，都要随时观测、校正飞行轨道，保证其精确入轨飞行。为了使飞行器到达预定目标，除了测算出发射点和目标点的精确坐标、方位、距离外，还必须掌握地球形状、大小、重力场的精确数据。航天器发射后，还要跟踪观测飞行轨道是否正确。总之，现代测绘技术是军事上决策的重要依据之一。

（2）在水利工程建设中的作用。在水利各项工程的勘测、规划、设计、施工、竣工及运营后的监测、维护都需要进行测量工作。例如，在勘测设计各个阶段，需要勘测区的地形信息和地形图，供工程规划、选址和设计使用。在施工阶段，要进行施工测量，把设计好的建筑物、构筑物的空间位置测设于实地，以便据此进行施工；施工完成后，及时地进行竣工测量，编绘竣工图，为今后进一步发展提供依据。在建（构）筑物使用和工程的运营阶段，对于现代大型或重要的建筑物，还要继续进行变形观测和安全监测，为安全运营和生产提供资料。由此看出，测量工作在水利工程中应用十分广泛，它贯穿于工程建设的全过程，特别是大型和重要的水利建筑工程，测量工作更是非常重要的。

（3）在科学研究中的作用。在科学实验方面，如地震预测预报、灾情监测、空间技术研究、海底资源探测、大坝变形监测、加速器和核电站运营的监测，等等，无一不需要与测绘工作紧密结合并由测量提供相关的空间信息。

此外，对建立各种地理信息系统（GIS）、数字城市、数字中国，都需要现代测绘科学提供基础数据信息。

工作任务二　地面点位的确定

测量的主要任务是测定（测图）和测设（放样），其实质是确定点位（地面点的空间位置）。由于测量工作都是在地球表面上进行的，所以在讨论如何确定地面点位之前先介绍关于地球形状和大小的知识。

一、地球的形状和大小

地球表面是一个极不规则的曲面，有海拔达 8844.43m 的珠穆朗玛峰和海拔为－11022m 的位于太平洋西部最深的马里亚纳海沟，最高与最低两点相差近 20km。虽然地球表面起伏如此之大，但与地球相比还是微不足道的。因此地球是一个南北极稍扁、赤道稍长，平均半径约为 6371km 的椭球。陆地面积约占 29%，而海洋面积约占 71%，所以可以将地球总的形状近似看作是一个被海水包围的球体。

从总体上来说，海水面是地球上最广大的天然水准面。设想把平均海水面扩展，延伸到大陆下面，形成一个包围整个地球的曲面，则称这个水准面为大地水准面，它所包围的形体称为大地体。由于大地水准面的形状和大地体的大小均接近地球自然表面的形状和大小，并且它的位置是比较稳定的，因此，选取大地水准面作为测量外业的基准面，而与其相垂直的铅垂线则是测量外业的基准线。

像平静的湖泊水面那样处于静止状态的水面，即表示一个水准面。水准面必然处处与重力方向垂直。在地球引力起作用的空间范围内，通过任何高度的点都有一个水准面，因此水准面有无穷个。水准面是受地球重力影响而形成的，是一个处处与重力方向垂直的连续曲面，并且是一个重力场的等位面，即处处与铅垂线垂直的连续封闭曲面。与水准面相切的平面称为水平面。

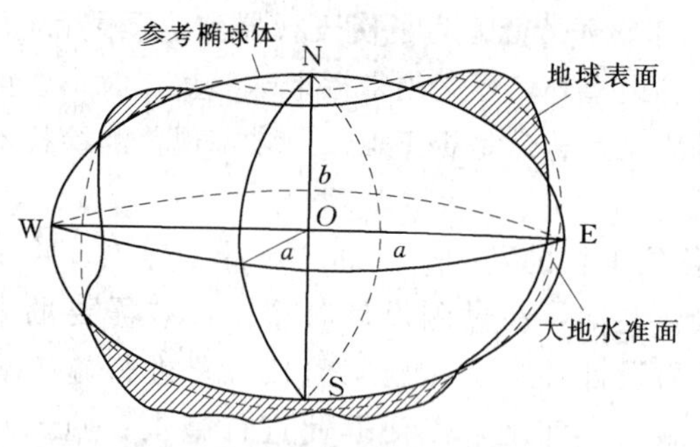

图 1-1　大地水准面和参考椭球体

如图 1-1 所示，大地水准面虽然比地球的自然表面要规则得多，且是测量成果整理和计算最适合的基准面，但由于地球内部质量分布不均匀，引起铅垂线的方向产生不规则的变化，致使大地水准面成为一个复杂的曲面，能用一个数学公式表示出来，无法在这个曲面上进行测量数据处理。为了使用方便，通常用一个非常接近于大地水准面并可用数学公式表示的几何形体来代替地球的形状作为测量计算工作的基准面，这就是参考椭球体。参考椭球体是测量计算工作的基准面。

参考椭球体是一个椭圆绕其短轴旋转而成的形体，故参考椭球体又称为旋转椭球体，旋转椭球体的大小及形状由长半径 a（或短半径 b）和曲率 α 所决定。我国目前采用的旋转椭球体元素值是 IUGG 1975 年大会推荐的参数，其长半径 $a=6378140$m，曲率 $\alpha=(a-b)/a=1:298.257$ 。同时，选择陕西省泾阳县永乐镇某点为大地原点，并进行了大地定位，从而建立起全国统一的大地坐标系，这就是现在使用的“1980 年国家大地坐标系”（表 1-1）。

表 1-1　　　　我国采用的椭球参数

椭球参数	年　份	长半径（m）	曲率	大地坐标系
克拉索夫斯基椭球	1940	6378245	1/298.3	1954 年北京坐标系
IUGG 1975 年大会推荐的参数	1975	6378140	1/298.257	1980 年国家大地坐标系
IUGG 第 17 届大会推荐的参数	1984	6378137	1/298.25722	WGS-84 世界大地坐标系

由于地球的曲率很小，所以在一般测量工作中，可把地球看作一个圆球，其平均半径为 6371km。

二、地面点平面位置的确定

一个点的位置需用三个独立的量来确定。在测量工作中，这三个量通常用该点在参考椭球体上的铅垂投影位置和该点沿投影方向到大地水准面的距离来表示。其中，前者由两个量构成，称为坐标；后者由一个量构成，称为高程。也就是说，用地面点的坐标和高程来确定其位置。

1. 地理坐标

地理坐标指用"大地经度 L"和"大地纬度 B"来表示地面点在球面上的位置。如图1-2所示，N、S分别为地球的北极和南极，NS为地球的短轴，又称地轴。过地面上任意一点的铅垂线与地轴NS所组成的平面，称为该点的子午面。1968年以前，将通过英国格林尼治天文台旧址的子午面称为首子午面（即起始子午面）。子午面与球面的交线，称为子午线或经线。地面上任意一点 P 的子午面与起始子午面之间的夹角，称为该点的大地经度，通常用符号 L 表示。大地经度自起始子午面起向东0°～180°称为东经，向西0°～180°称为西经。由于极移的影响和格林尼治天文台迁址，1968年国际时间局改用经过国际协议原点（CIO）和原格林尼治天文台的经线延伸交于赤道圈的一点作为经度的零点。1977年我国决定采用过该经度零点与极原点1968.0（1968年1月1日零时瞬间）的子午线作为起始子午线。我国1954年北京坐标系和1980年国家大地坐标系就是分别依据两个不同的椭球建立的大地坐标系。

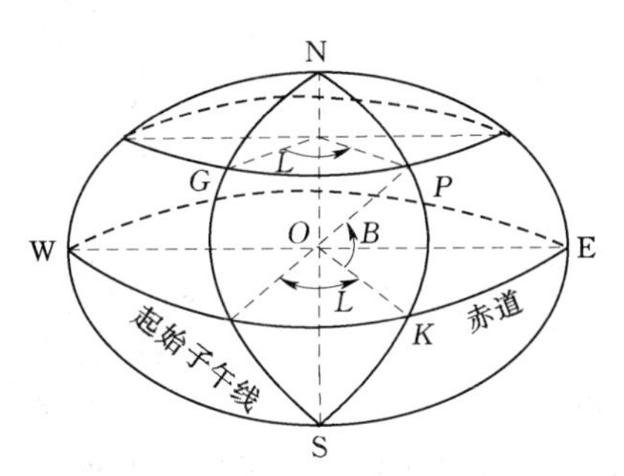

图1-2　地理坐标

垂直于地轴并通过球心 O 的平面称为赤道面，赤道面与椭球面的交线称为赤道。垂直于地轴且平行于赤道的平面与球面的交线称为纬线。地面上任意一点 P 的铅垂面与赤道面之间的夹角，称为该点的大地纬度，通常用符号 B 表示。大地纬度自赤道起向北0°～90°称为北纬，向南0°～90°称为南纬。如北京市中心的地理坐标为东经116°24′，北纬39°54′。

2. 高斯平面直角坐标系

高斯投影是正形投影，具有中央子午线保持不变形的特点。

（1）高斯投影的概念。当测区范围较大时，要建立平面坐标系，必须考虑地球曲率的影响，为了解决球面与平面这对矛盾，则必须采用地图投影的方法将球面上的大地坐标转换为平面直角坐标，目前我国采用的是高斯投影。从几何意义上看，高斯投影就是假设一个椭圆柱横套在地球椭球体外并与椭球面上的某一条子午线相切，这条相切的子午线称为中央子午线。假想在椭球体中心放置一个光源，通过光线将椭球面上一定范围内的物象映射到椭圆柱的内表面，然后将椭圆柱面沿一条母线剪开并展成平面，即获得投影后的平面图形，如图1-3所示。

高斯投影的经纬线图形有以下特点。

1）投影后的中央子午线为直线，无长度变化。其余的经线投影为凹向中央子午线的

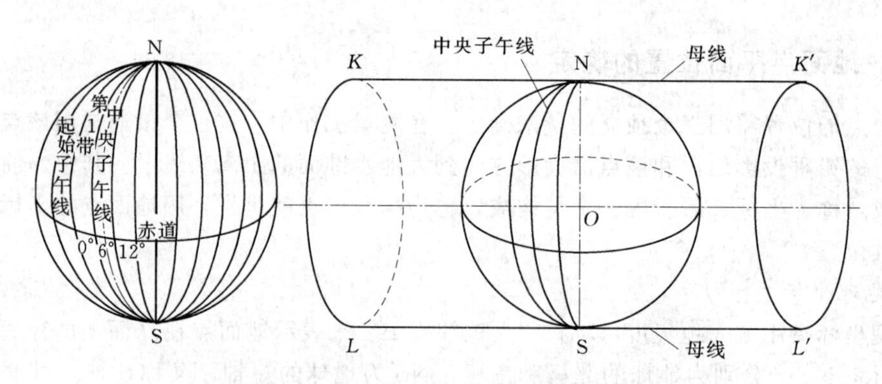

图 1-3　高斯投影与高斯平面直角坐标的投影

对称曲线，长度较球面上的相应经线略长。

2）赤道的投影是一条直线，并与中央子午线正交。其余的纬线投影为凸向赤道的曲线。

3）经纬线投影后仍然保持相互垂直的关系，说明投影后的角度无变形。

高斯投影没有角度变形，但有长度变形和面积变形，离中央子午线越远，变形就越大。为了对变形加以控制，缩小变形带来的影响，测量中采用限制投影区域的办法，即将投影区域限制在中央子午线两侧一定的范围，这就是所谓的分带投影。投影带一般分为6°带和3°带两种，如图 1-4 所示。

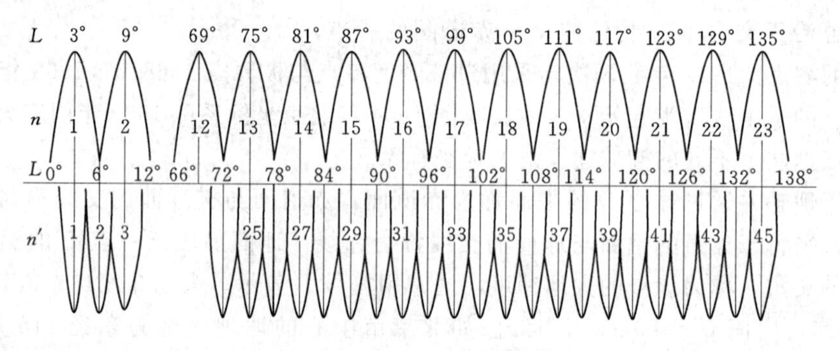

图 1-4　高斯投影分带

6°投影带是从英国格林尼治起始子午线开始，自西向东，每隔经差 6°分为一带，将地球分成 60 个带，其编号分别为 1、2、⋯ 、60。每带的中央子午线经度可用下式计算

$$L_6 = (6n - 3)^\circ \tag{1-1}$$

式中　n——6°带的带号。

已知某点大地经度 L，可按下式计算该点所属的带号

$$n = L/6(\text{的整数商}) + 1(\text{有余数时}) \tag{1-2}$$

3°投影带是在 6°投影带的基础上划分的。每隔 3°为一带，共 120 带，其中央子午线在奇数带时与 6°带中央子午线重合，每带的中央子午线经度可用下式计算

$$L_3 = 3^\circ n' \tag{1-3}$$

式中　n'——3°带的带号。

我国领土幅员辽阔，位于东经 72°～136°，共包括了 13～23 共 11 个 6°投影带。24～

45 共 22 个 3°投影带。

(2) 高斯平面直角坐标系的建立。通过高斯投影，将中央子午线的投影作为纵坐标轴，用 x 表示，向北为正。将赤道的投影作为横坐标轴，用 y 表示，向东为正。两轴的交点作为坐标原点，由此构成的平面直角坐标系称为高斯平面直角坐标系，如图 1－5 所示。

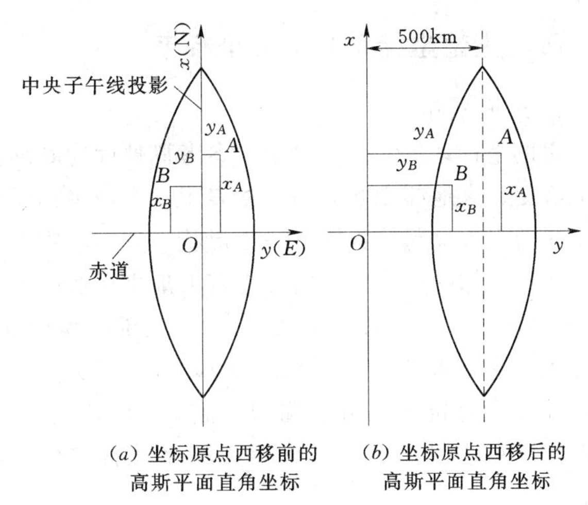

图 1－5　高斯平面直角坐标系

对应于每一个投影带，就有一个独立的高斯平面直角坐标系，区分各带坐标系则利用相应投影带的带号。地面点的平面位置，可用高斯平面直角坐标 x、y 来表示。由于我国位于北半球，x 坐标均为正值，y 坐标则有正有负，如图 1－5 (*a*) 所示。为了避免 y 坐标出现负值，将每带的坐标原点向西移 500km，如图 1－5 (*b*) 所示，规定在横坐标值前冠以投影带带号。假定 A、B 两点位于第 20 带，自然坐标为

$$y_A = +136780\text{m}，\quad y_B = -272440\text{m}$$

纵轴西移后的坐标为

$$y_A = 500000 + 136780 = 636780\text{m}，\quad y_B = 500000 - 272440 = 227560\text{m}$$

冠以投影带带号后通用坐标为

$$y_A = 20636780\text{m}，\quad y_B = 20227560\text{m}$$

(3) 独立平面直角坐标。用大地坐标表示大范围内地球表面的点位是很方便的，在小区域内进行测量时，用经纬度表示点的平面位置则十分不便。经过估算，在面积为 300km² 的多边形范围内，可以忽略地球曲率影响而建立独立的平面直角坐标系，当测量精度要求较低时，这个范围还可以扩大数倍。把局部椭球面看作一个水平面，在这样的水平面上建立起平面直角坐标系，则点的平面位置就可用该点在平面直角坐标系中的直角坐标 (x，y) 来表示。

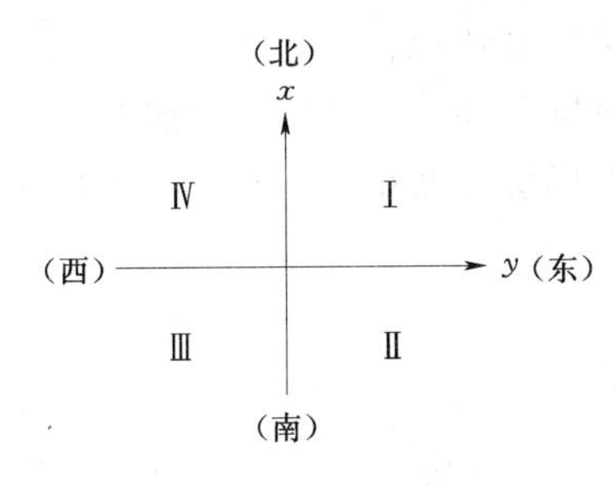

图 1－6　测量坐标系

在测量学中，平面直角坐标系的纵横坐标安排与数学中常用的笛卡儿坐标系不同，它以南北方向为 x 轴，向北为正；而以东西方向为 y 轴，向东为正。象限顺序按顺时针方向排列，如图 1－6 所示。这种安排与笛卡儿坐标系的坐标轴和象限顺序正好相反。这是因为在测量中南北方向是最重要的基本方向，直线的方向也都是从正北方向开始按顺时针方向计量的，但这种改变并不影响三角函数的应用。

三、地面点的高程

高程是确定地面点高低位置的基本要素，分为绝对高程和相对高程两种。

四、大地坐标系和地心坐标系

1. 大地坐标系

大地坐标系是大地测量中以参考椭球面为基准面建立起来的坐标系。地面点的位置用大地经度、大地纬度和大地高度表示。大地坐标系的确立包括选择一个椭球、对椭球进行定位和确定大地起算数据。一个形状、大小和定位、定向都已确定的地球椭球称为参考椭球。参考椭球一旦确定，则标志着大地坐标系已经建立。

（1）1954 年北京坐标系。1949 年新中国成立后，很长一段时间采用 1954 年北京坐标系。它与苏联 1942 年建立的以普尔科夫天文台为原点的大地坐标系统相联系，相应的椭球为克拉索夫斯基椭球。到 20 世纪 80 年代初，我国已基本完成了天文大地测量，经计算表明，1954 年北京坐标系统普遍低于我国的大地水准面，平均误差为 29m 左右。

（2）1980 年国家大地坐标系。1978 年 4 月在西安召开全国天文大地网平差会议，确定重新定位，建立我国新的坐标系，确立了 1980 年国家大地坐标系。1980 年国家大地坐标系采用地球椭球基本参数为 1975 年国际大地测量与地球物理学联合会（IUGG）第 16 届大会推荐的数据。该坐标系的大地原点设在我国中部的陕西省泾阳县永乐镇，位于西安市西北方向约 60km，故也称 1980 年西安坐标系，又称西安大地原点。基准面采用 1985 国家高程基准。

2. 地心坐标系

以地球质心作为坐标原点的坐标系称为地心坐标系，即要求椭球体的中心与地心重合。人造地球卫星绕地球运行时，轨道平面时时通过地球的质心，同样对于远程武器和各种宇宙飞行器的跟踪观测也是以地球的质心作为坐标系的原点，参考坐标系已不能满足精确推算轨道与跟踪观测的要求。因此建立精确的地心坐标系对于卫星大地测量、全球性导航和地球动态研究等都具有重要意义。

WGS－84 坐标系是一种国际上采用的地心坐标系。坐标原点为地球质心，其地心空间直角坐标系的 Z 轴指向国际时间局（BIH）1984.0 定义的协议地极（CTP）方向，X 轴指向 BIH1984.0 的协议子午面和 CTP 赤道的交点，Y 轴与 Z 轴、X 轴垂直构成右手坐标系，称为 1984 年世界大地坐标系。这是一个国际协议地球参考系统（ITRS），是目前国际上统一采用的大地坐标系。

五、用水平面代替水准面的限度

在实际测量工作中，在测区面积不太大的情况下，为简化一些复杂的投影计算，可用水平面代替水准面。用水平面代替水准面时应使投影后产生的误差不超过一定的限度，则在这个小范围内用水平面代替水准面是合理的。以下讨论用水平面代替水准面对距离和高程的影响，以便明确可以代替的范围。

1. 对水平距离的影响

如图 1－7 所示，水准面 P 与水平面 P' 在 a 点相切，ab 为 a、b 两点在水准面上的一段圆弧，长度为 D，所对的圆心角为 θ，地球半径为 R，a、b 两点在水平面上的距离为 D'。若用水平面代替水准面，即以水平距离 D' 代替 D，则在距离上所产生的误差为

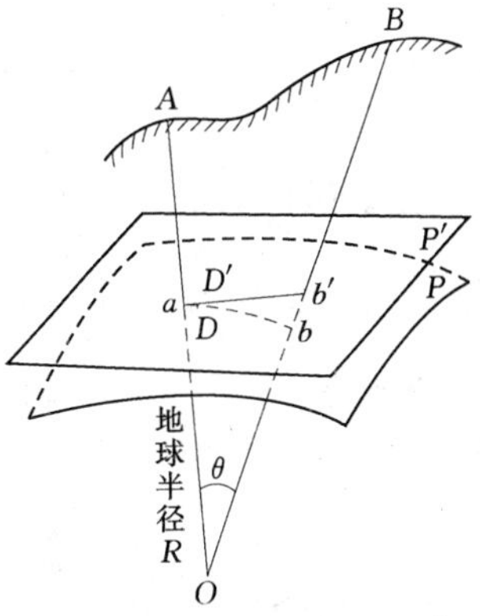

$$\Delta D = D' - D$$

其中 $$D' = R\tan\theta,\ D = R\theta$$

则 $$\Delta D = R(\tan\theta - \theta)$$

图 1－7　水平面代替水准面

因 θ 值一般很小，将 $\tan\theta$ 按级数展开，并略去高次项得

$$\Delta D = R\left(\theta + \frac{\theta^3}{3} + \cdots - \theta\right) \approx \frac{1}{3}R\theta^3$$

将 $\theta = D/R$ 代入上式得

$$\Delta D = \frac{D^3}{3R^2} \quad 或 \quad \frac{\Delta D}{D} = \frac{D^2}{3R^2} \tag{1-4}$$

因地球半径 $R=6371\text{km}$，D 以不同的值代入上式，可计算出水平面代替水准面的距离误差和相对误差，结果见表 1－2。当距离为 10km 时，用水平面代替水准面所产生的距离误差为 0.82cm，相对误差为 1∶1220000，小于目前精密距离测量的容许值。因此，在半径为 10km 的范围内进行距离测量工作时，用水平面代替水准面所产生的距离误差可以忽略不计。

表 1－2　水平面代替水准面的距离、距离误差和相对误差

距离（km）	距离误差（cm）	相对误差	距离（km）	距离误差（cm）	相对误差
1	0.00	—	10	0.82	1∶1220000
5	0.10	1∶5000000	15	2.77	1∶540000

2. 对高程的影响

由图 1－7 可知，a、b 两点在同一水准面上，高程相等，高差应为零。当 b 点投影到过 a 点的水平面上得到 b' 点时，$bb'=\Delta h$，即为水平面代替水准面对高程产生的误差，则

$$(R+\Delta h)^2 = R^2 + D'^2$$

上式中，用 D 代替 D'，Δh 与 $2R$ 相比可忽略不计，故上式可写成

$$\Delta h = \frac{D^2}{2R} \tag{1-5}$$

由上式可知，Δh 的大小与距离的平方成正比。当 $D=1\text{km}$ 时，$\Delta h=7.8\text{cm}$，若 $D=100\text{m}$，$\Delta h=0.78\text{mm}$。因此在进行高程测量中，即使在很短的距离内也必须考虑地球曲率的影响。

结论：在面积为 100km² 范围内，不论进行水平距离还是水平角测量，都可以不考虑地球曲率的影响，但对高程测量的影响不能忽略。

工作任务三 测量工作的原则

为了保证测量成果的质量，实测时必须遵循一定的原则和规程、规范。

一、测量工作的程序和原则

测量的主要工作是测定和测设。具体地说，测量工作是通过水平角测量、水平距离测量以及高程测量来确定点的位置。这些基本数据的测量工作量很大，如果不注意工作的程序和方法，将会使测量工作加大甚至无法得到合格的成果。因此，有必要研究测量的程序和原则。

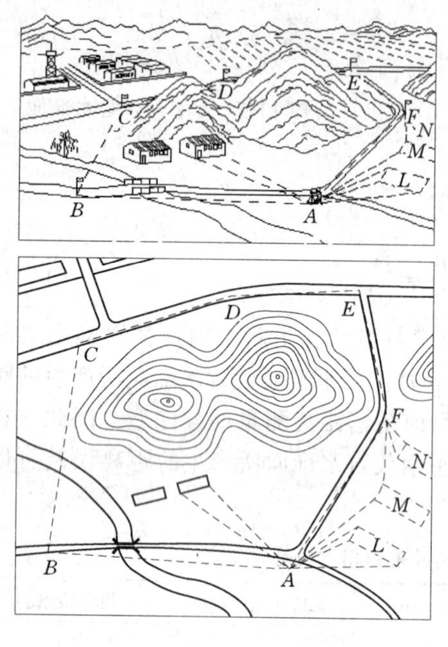

图 1-8 控制测量与碎部测量

(1) 测量的基本程序和原则。先控制后碎部，从整体到局部，由高级到低级。测量工作的目的之一是测绘地形图，地形图是通过测量一系列碎部点（地形点）的平面位置和高程，然后按一定的比例，应用地形图符号和注记缩绘而成。测量工作不能一开始就测量碎部点，而是先在测区内统一选择一些起控制作用的点，将它们的平面位置和高程精确地测量计算出来，这些点被称为控制点，由控制点构成的几何图形称为控制网，然后再根据这些控制点分别测量各自周围的碎部点，进而绘制成图，如图 1-8 所示的多边形 *ABCDEF* 就是该测区的控制网。

(2) 测量的又一基本原则——边工作边检核。测量工作贯穿于水利工程的各个阶段，测量结果的精度直接影响水利工程的布局、成本、质量和安全，尤其是在施工放样中，如果出现测量错误，就会造成难以挽回的损失。测量是一个多层次、多工序的复杂工作，所以测量中需要有耐心、细致的工作作风之外，还要注意在各个环节都做到边工作边检核，以便及时发现并改正错误，确保工程质量，提高工作效率。

二、测量的基本工作

为了保证全国各地区测绘的地形图能有统一的坐标系，并能减少控制测量误差积累，国家测绘地理信息局在全国范围内建立了能覆盖全国的平面控制网和高程控制网。在测绘地形图时，首先应在测区范围内布设测图控制网及测图用的图根控制点。这些控制网应与国家控制网联测，使测区控制网与国家控制网的坐标系统一致。图根控制点还应便于安置仪器进行测图。如图 1-8 所示，*A*、*B*、…、*F* 为图根控制点，*A* 点只能测山前的地形图，山后要用 *C*、*D*、*E* 等点测量。

地物、地貌特征点也称为碎部点，地形图碎部测量中大多采用极坐标法。如图 1-8

所示，设地面上有三个点 A、B、C，其中 A、B 为已知点，现要测定 C 点的平面坐标和高程。将仪器架在 B 点，测定水平角，量测 BC 的距离 D_{BC} 和高差 h_{BC}，即可得到 C 点的平面位置和高程。由此可见，水平角、水平距离和高差是确定地面点位的三个基本要素。所以测量高程、角度（水平角和竖直角）和距离（水平距离和斜距）是测量的三项基本工作。

把测定的地物、地貌的特征点人工展绘在图纸上，称为白纸测图。如果在野外测量时，就将测量结果自动存储在计算机内，利用测站坐标及野外测量数据计算出特征点坐标；并给特征点赋予特征代码，即可利用计算机自动绘制地形图，这就是数字化测图。

工作任务四　施工测量的作用、特点和原则

一、施工测量的作用

1. 施工测量定义

各种工程建设都要经过规划设计、建筑施工、经营管理等几个阶段，每一阶段都要进行测量，在施工阶段所进行的测量工作，称为施工测量。

2. 施工测量任务

施工测量的基本任务是按照设计要求，使用测量工具，按照一定的测量方法，满足一定的测量精度要求，将设计部门设计的建筑测设到地面上，包括建筑的形状（角度）、大小（长度）、方位（方位角）、高低（高程）等要素。同时衔接和指导各工序间的施工。

3. 施工测量内容

施工测量贯穿于整个施工过程中，它的主要任务包括：

（1）施工场地平整测量。各项工程建设开工时，首先要进行场地平整。平整时可以利用勘测阶段所测绘的地形图来求场地的设计高程并估算土石方量。如果没有可供利用的地形图或计算精度要求较高，也可采用方格水准测量的方法来计算土石方量。

（2）建立施工控制网。施工测量也按照“从整体到局部”、“先控制后碎部”的基本原则进行。为了把规划设计的建筑准确地在实地标定出来，以及便于各项工作的平行施工，施工测量时要在施工场地建立平面控制网和高程控制网，作为建筑定位及细部测设的依据。

（3）施工放样与安装测量。施工前，要按照设计要求，利用施工控制网把建筑和各种管线的平面位置和高程在实地标定出来，作为施工的依据；在施工过程中，要及时测设建筑的轴线和标高位置，并对构件和设备安装进行校准测量。

（4）竣工测量。每道工序完成后，都要通过实地测量检查施工质量并进行验收，同时根据检测验收的记录整理竣工资料和编绘竣工图，为鉴定工程质量和日后维修与改扩建提供依据。

（5）建筑的变形观测。对于高层建筑、大型厂房或其他重要建筑，在施工过程中及竣工后一段时间内，应进行变形观测，测定其在荷载作用下产生的平面位移和沉

降量，以保证建筑的安全使用，同时也为鉴定工程质量、验证设计和施工的合理性提供依据。

二、施工测量的特点

（1）目的不同。测图工作是将地面上的地物、地貌测绘到图纸上，而施工测量是将图纸上设计的建筑放样到实地。

（2）精度要求不同。建筑测设的精度可分两种：

1）测设整个建筑（也就是测设建筑的主要轴线）对周围原有建筑或与设计建筑之间相对位置的精度。

2）建筑各部分对其主要轴线的测设精度。

对于不同的建筑或同一建筑中的各个不同的部分，这些精度要求并不一致。测设的精度主要取决于建筑的大小、性质、用途、建材、施工方法等因素。例如：高层建筑测设精度高于低层建筑；自动化和连续性厂房测设精度高于一般厂房；钢结构建筑测设精度高于钢筋混凝土结构、砖石结构；装配式建筑测设精度高于非装配式建筑。放样精度不够，将造成质量事故；精度要求过高，则增加放样工作的困难，降低工作效率。因此，应该选择合理的施工测量精度。

（3）工程知识要求。工程施工测量贯穿施工的全过程，测量工作直接影响工程质量和进度。因此，施工测量人员必须具备一定的施工知识，了解设计的基本思路、设计内容、工程性质、对测量的精度要求，熟悉建筑图纸，了解施工过程，密切配合施工进度，确保施工质量。

（4）默契配合。施工现场地面情况变动大，建筑平面、建筑立面造型复杂，测量人员需要与施工技术人员密切配合，制定合理测量方案，保证施工正常进行。

（5）受施工干扰。施工场地上工种多、交叉作业频繁，并要填、挖大量土、石方，地面变动很大，又有车辆等机械振动，因此，各种测量标志必须埋设稳固且不易被破坏。常用方法是将这些控制点远离现场。但控制点常直接用于放样，且使用频繁，控制点远离现场会给放样带来不便，因此，常采用二级布设方式，即设置基准点和工作点。基准点远离现场，工作点布设于现场，当工作点密度不够或者现场受到破坏时，可用基准点增设或恢复。工作点的密度应尽可能满足一次安置仪器就可放样的要求。

（6）安全要求高。施工现场工序繁多，车辆出行频繁，高空作业连续不断，需要测量人员注意安全，包括人员安全、仪器安全、测量标注的安全、测量数据的精度等，因此需要测量人员合理安排测量与其他施工工序。

三、施工测量的原则

（1）程序原则。测量结果误差是不可避免的，错误是不允许存在的，测量必须遵守“从整体到局部、先控制后碎部”的基本原则。先在测区（测量区域）内选择若干个周围一定范围内具有一定控制意义的点组成控制网，并确定这些点的平面位置和高程，以此为基础对周围的施工点位进行测量定位。

好处在于：可以控制误差的积累和传递，确保测区的整体精度；由于控制网的存在可

以将整个测区分成若干个区域，同时测量，提高测量工作效率，缩短测量工期。

（2）检核原则。为减少测量误差的积累和传递，测量一定要做到“步步检核”，前一步合格才可进行下一步工作，防止发生错误，保证测量质量。

工作任务五　施工测量的有关要求

一、测量放线工作的基本准则

（1）法律法规。认真学习与执行国家法令、政策与规范，明确为工程服务，达到对按图施工与工程进展负责的工作目的。

（2）工作程序。遵守先整体后局部、高精度控制低精度的工作程序。即先测设精度较高的场地整体控制网，再以控制网为依据进行各局部建筑的定位、放线和测图。

（3）原始依据。严格审核测量原始依据的正确性，坚持测量作业与计算工作步步有校核的工作方法。测量原始依据包括设计图纸、文件、测量起始点、数据、测量仪器和量具的计量检定等。

（4）测法原则。遵循测法要科学、简捷，精度要合理、相称的工作原则。仪器选择要适当，使用要精细。在满足工程需要的前提下，力争做到省工、省时、省费用。

（5）验线制度。定位、放线工作必须执行经自检、互检合格后由有关主管部门验线的工作制度。此外，还应执行安全、保密等有关规定，用好、管好设计图纸与有关资料。实测时要当场做好原始记录，测后要及时保护好桩位。

（6）工作作风。紧密配合施工，发扬团结协作、不畏艰难、实事求是、认真负责的工作作风。

（7）总结经验。虚心学习，及时总结经验，努力开创新局面，以适应建筑业不断发展的需要。

二、测量验线工作的基本准则

（1）主动及时。验线工作应主动及时，验线工作要从审核施工测量方案开始，在施工的各主要阶段前，均应对施工测量工作提出预防性的要求，以做到防患于未然。

（2）验线依据。验线的依据必须原始、正确、有效。主要是设计图纸、变更洽商记录与起始点位（如红线桩点、水准点等）及其已知数据（如坐标、高程等），要最后定案有效且是正确的原始资料。

（3）仪器检验。仪器与钢尺必须按计量法有关规定进行检验和校正。

（4）验线精度。应符合规范要求，主要包括：

1）仪器的精度应适应验线要求，并校正完好。

2）必须按规程作业，观测误差必须小于限差，观测中的系统误差应采取措施进行改正。

3）验线本身应进行附合（或闭合）校核。

（5）独立验线。验线工作与放线工作独立进行，包括：

1）观测人员独立。

2）仪器独立。

3）测量方法和观测路线独立。

（6）验线部位。应在关键环节与最弱部位验线，包括：

1）定位依据桩及定位条件。

2）施工区域平面控制网、主要轴线及控制桩。

3）施工区域高程控制网及±0.000高程线。

4）控制网及定位放线中最弱部位。

（7）验线精度。平面控制网与建筑定位，应在平差计算中评定其最弱部位的精度，并实地验测，精度不符合要求时应重测。细部测量，可用不低于原测量放线的精度进行验测。

三、测量记录的基本要求

（1）记录基本要求。原始真实、数字正确、内容完整、字体工整。

（2）填写规定位置。记录要填写在相应表格的规定位置。

（3）保持记录原始性。测量记录要当场填写清楚，不允许转抄、誊写，确保记录的原始性。数据要符合法定计量单位。

（4）记录要清楚、工整。将小数点对齐，上下成行，左右成列。对于记错或算错的数字，在其上画一直线，将正确数字写在同格错数的上方。

（5）反映精度。记录数字的位数要反映观测精度。如水准读数至mm，1.45m应记录1.450m。

（6）现场计算。记录过程的简单计算应在现场及时完成，并作校核，如平均数、高差、角度等的计算。

（7）记录人员应及时校对观测数据。根据观测数据或现场实际情况作出判断，及时发现并改正明显错误。

（8）现场勾绘草图、点之记。包括方向、地名、有关数据等均需一一记录清楚。

测量数据大多具有保密性，应妥善保管。工作结束，测量数据应立即上交有关部门保存。

四、测量计算的基本要求

（1）测量计算工作基本要求。依据正确、方法科学、严谨有序、步步校核、结果正确。

（2）计算依据。外业观测成果是内业计算的基本依据，计算开始前要对外业观测记录、草图、点之记等进行认真审核，发现错误及时补救和改正。

（3）计算过程。一般需要在规定的表格内进行，严禁抄错数据，需要反复校对。

（4）步步检核。为保证计算结果的正确性，必须遵守步步校核的原则，校核方法以独立、有效、科学、简捷为原则，常用方法有以下5种。

1）复算校核。将结算结果重新计算一遍，做好换人进行校核计算，以免因习惯性错

误的再次发生失去复核的意义。

2）总和校核。例如水准测量中，对起点的高差应满足如下条件

$$\sum h=\sum a-\sum b=H_{终}-H_{始}$$

3）几何条件校核。例如闭合导线计算中，调整后各内角之和应满足如下条件

$$\sum\beta=(n-2)\times 180^{\circ}$$

4）变换计算方法校核。例如坐标反算中，可采用公式计算和按计算程序计算两种方法。

5）概略估算校核。在开始计算之前，可按已知数据与计算公式，预估结果的符号与数值，此结果虽不能与精确计算结果完全吻合，但一般不会有很大差错，对防止出现错误至关重要。

注意：任何一种校核计算都只能发现计算过程中出现的错误，不能发现原始依据的错误，所以对原始计算依据的校核至关重要。

（5）适应精度。计算中数字应与观测精度相适应，在不影响成果精度的情况下，要及时合理地删除多余数字，提高计算速度。删除数字应遵守“四舍、六入、整五凑偶”的原则。

五、测量人员应具备的能力

（1）审核图纸。能读懂设计图纸，结合测量放线工作审核图纸，能绘制放线所需大样图或现场平面图。

（2）放线要求。掌握不同工程类型、不同施工方法对测量放线的要求。

（3）仪器使用。了解仪器的构造和原理，并能熟练地使用、检校、维修仪器。

（4）计算校核。能对各种几何形状、数据和点位进行计算与校核。

（5）误差处理。能利用误差理论分析误差产生的原因，并能采取有效的措施对观测数据进行处理。

（6）熟悉理论。熟悉测量理论，能对不同的工程采用适合的观测方法和校核方法，按时保质保量地完成测量任务。

（7）应变能力。能针对施工现场出现的不同情况，综合分析和处理有关测量问题，提出切实可行的改进措施。

六、测量员岗位的职责

（1）工作作风。紧密配合施工，坚持实事求是、认真负责的工作作风。

（2）学习图纸。测量前需了解设计意图，学习和校核图纸；了解施工部署，制定测量放线方案。

（3）实地校测。会同建设单位一起对红线桩测量控制点进行实地校测。

（4）仪器校核。测量仪器的核定、校正。

（5）密切配合。与设计、施工等方面密切配合，并事先做好充分的准备工作，制定切实可行的与施工同步的测量放线方案。

(6) 放线验线。须在整个施工的各个阶段和各主要部位做好放线、验线工作，并要在审查测量放线方案和指导检查测量放线工作等方面加强工作，避免返工。验线工作要主动。验线工作要从审核测量放线方案开始，在各主要阶段施工前，对测量放线工作提出预防性要求，真正做到防患于未然，准确地测设标高。

(7) 观测记录。负责垂直观测、沉降观测，并记录整理观测结果。

(8) 基线复合。负责及时整理完善基线复核、测量记录等测量资料。

七、施工测量管理人员的工作职责

(1) 项目工程师。对工程的测量放线工作负技术责任，审核测量方案，组织工程各部委的验线工作。

(2) 技术员。领导测量放线工作，组织放线人员学习并校核图纸，编制工程测量放线方案。

(3) 施工员。对工程的测量放线工作负主要责任，并参加各分项工程的交接检查，负责填写工程预检单并参与签证。

八、施工测量技术资料的主要内容

(1) 红线桩坐标及水准点通知单。

(2) 交接桩记录表。

(3) 工程定位图（建筑总平面图、建筑场地原始地形图）。

(4) 设计变更文件及图纸。

(5) 现场平面控制网与水准点成果表及验收单。

(6) 工程位置、主要轴线、高程预检单。

(7) 必要的测量原始记录。

(8) 竣工验收资料、竣工图。

(9) 沉降变形观测资料。

九、测量的计量单位

《中华人民共和国计量法》和《国际单位制及其应用》规定：

(1) 国际单位制的基本单位 7 个。如长度单位——米（m），质量单位——千克（kg），时间单位——秒（s）等。

(2) 包括国际单位制中辅助单位在内具有专门名称的导出单位 18 个。如力的单位——牛（顿）(N)，压强单位——帕（斯卡）(Pa) 等。

(3) 可与国际单位制并用的我国法定计量单位 18 个。如时间单位——分（min）、时（h）、日（d），平面角度单位——度（°）、分（′）、秒（″），质量单位——吨（t），体积单位——升（L），面积单位——平方米（m^2），公顷（hm^2）、平方千米（km^2）等。

换算：1km＝1000m，1m＝10dm＝100cm＝1000mm，1 公顷＝10000m^2＝15 市亩，1km^2＝100 公顷＝1500 市亩，1 市亩＝666.67m^2，1 圆周角＝360°，1°＝60′，1′＝60″。

(4) 由词头和以上单位所构成的十进倍数和分数单位，用于构成十进倍数和分数单位

的词头 20 个。如 10^9——吉（G），10^6——兆（M），10^3——千（k），10^{-1}——分（d），10^{-2}——厘（c），10^{-3}——毫（m），10^{-6}——微（μ）等。

工作任务六　学习测量学的目的和要求

测量工作的主要任务是按照规范的规定提供点位的空间信息，工作中稍有不慎，发生错误，将造成巨大损失，甚至造成人民生命、财产的损失，这是绝对不能允许的。

一、学习水利工程测量的要求

（1）能正确、熟练使用各种测量仪具。包括水准仪、经纬仪、钢尺等常规仪器和全站仪、GPS、电子水准仪等高科技电子类测量仪器。

（2）能掌握水利工程测量的基本技术和基本方法。包括测定和测设。

（3）独立坐标体系的测量和大比例地形图测量。独立坐标体系确定的方法，碎部的测量方法，在实习中完成大比例地形图的测量绘制。

（4）了解测量学及其发展。通过图书、网络等多种手段来了解测量学及其发展，有何新技术、新设备、新方法问世，扩充视野，指导学习及工作。

二、学习水利工程测量的目标

简单地说是学习理论，提高技能。

（1）理论要求。达到测量技术员的理论水平，包括测量的基本理论方法、误差基本理论、控制测量的基本理论。

（2）技能要求。熟练掌握各种测量仪器的使用方法，水平角、距离、高差等测量基本数据的测绘方法。能够完成控制测量的外业测量和内业计算，碎部测量的方法，水利工程的放线等。

三、学习水利工程测量的基本品质

测量是实践性极强的工作，经常在野外进行，要求测绘工作者和学习并准备进行测绘工作的人来说要做好以下准备。

（1）学会“四得”。即跑得、累得、晒得、饿得。测绘工作要不怕跑腿，学会忍受劳累，不怕太阳的暴晒，有忍饥挨饿的能力。

（2）做到“四心”。细心、耐心、恒心、责任心。外业测量时耐心，内业计算时细心，对难度大的测绘工作要有恒心，对测绘工作自始至终要有责任心。

（3）具有“四性”。艰苦性、吃苦性、任劳任怨性、服务性。测绘工作本身就决定了工作是艰苦的，要会吃苦，善于吃苦，任劳任怨才能圆满完成自己的工作。

（4）爱护仪具和测量成果资料。爱护测量仪器设备是测绘工作者应具备的基本品质，测绘资料是外业辛勤工作心血所得，要像爱护自己一样去爱护和保护。保证数据的原始性和完整性。

【技　能　训　练】

1. 什么是测量学？应怎样学习测量学？
2. 试述大地水准面的特点与作用。
3. 如何表示地面点的位置？
4. 测量工作中规定的平面直角坐标系有何特点？
5. 绝对高程与相对高程有何不同？高差有何特点？
6. 测量工作应遵循的测量程序和原则是什么？

学习情境二 测量仪器及使用

【知识目标】

1. 了解水准仪的构造
2. 了解经纬仪的构造
3. 了解全站仪的基本构造

【能力目标】

1. 熟练掌握水准仪的使用方法
2. 熟练掌握经纬仪的使用方法
3. 熟悉掌握全站仪的基本使用方法

工作任务一 水准仪的构造及使用

一、水准仪概述

1. 水准仪的型号及参数

水准仪是水准测量（高程测量）的主要仪器。“DS”分别是“大地”、“水准仪”汉语拼音的第一个字母，数字“05、1、3”等表示该仪器的精度，书写时可以省略“D”，具体参数见表2-1。通常称DS05、DS1为精密水准仪，主要用于国家一、二等水准测量和精密工程测量；称DS3为普通水准仪，主要用于国家三、四等水准测量和常规工程建设测量。工程建设中，使用最多的是DS3普通水准仪。

表2-1 水准仪参数

技术参考项目		水准型号		
		DS05	DS1	DS3
每千米往返测高差中数的中误差		±0.5mm	±1mm	±3mm
望远镜放大倍率		≥40倍	≥40倍	≥30倍
望远镜有效孔径		≥60mm	≥60mm	≥42mm
管状水准器格值		10″/2mm	10″/2mm	20″/2mm
测微器有效量测范围		5mm	5mm	
测微器最小分格值		0.05mm	0.05mm	
自动安平水准仪补偿性能	补偿范围	±8′	±8′	±8′
	安平精度	±0.1″	±0.2″	±0.5″
	安平时间	2s	2s	2s

2. 水准仪的作用

主要是能提供一条水平视线，照准离水准仪一定距离处的水准尺并读取尺上读数，求出高差 h。其次，可以利用视距测量的方法，测量出仪器至水准尺间的水平距离 D。

3. 水准仪的分类

按结构分为微倾式水准仪、自动安平水准仪、激光水准仪和数字水准仪（电子水准仪）。按精度分为精密水准仪和普通水准仪。

4. 水准仪的保养与维护

养护的好可以延长水准仪寿命。

（1）避免阳光直射，禁止随便拆卸仪器。

（2）旋钮转动要轻。

（3）擦拭目镜、物镜镜片要用专用镜头纸。

（4）仪器出现故障，应由专业人士进行检测和维修。

（5）每次使用后，均应将仪器擦拭干净，保持干燥。

（6）仪器取出和装进仪器箱都要轻拿轻放，防止振动。

5. 常见水准仪及参数

目前，常见的水准仪及主要参数见表 2-2。

表 2-2　常见水准仪及主要参数

名称	型号	技术指标	产地
光学水准仪	DS3	±3mm/km，水泡符合式	南京
	DS3-D	±3mm/km，水泡符合式，带度盘	
	DS3-Z	±3mm/km，水泡符合式，正像	
	DS3-DZ	±3mm/km，水泡符合式，带度盘，正像	
	DS20	±2.5mm/km，正像，自动安平	南京、天津
	DS28	±1.5mm/km，正像，自动安平	
	DS32	±1.0mm/km，正像，自动安平	
	DSZ3	±2.5mm/km，正像，自动安平	苏州
	DSZ2	±1.5mm/km，正像，自动安平	
	DSZ2+FS1	±1.0mm/km，正像，自动安平	
	DSZ1	±1.0mm/km，正像，自动安平	
	Ni007	±0.7mm/km，正像，自动安平	德国蔡司
	Ni004	±0.4mm/km，倒像	
	Ni002	±0.2mm/km，正像，自动安平	
	NA720	±2.5mm/km，自动安平	瑞士徕卡
	NA724	±2.0mm/km，自动安平	
	NA728	±1.5mm/km，自动安平	
	NA2	±0.7mm/km，自动安平	
	NA3003	±0.4mm/km，正像，自动安平	
	N3	±0.2mm/km，倒像	

续表

名　称	型　号	技　术　指　标	产　地
电子水准仪	DiNi20	±0.7mm/ km	德国蔡司
	DiNi10	±0.3mm/ km	
	DL－102	±1.0mm/ km	日本拓普康
	DL－101	±0.4mm/ km	
激光水准仪	TMTO	±3.0mm/ km	美国
	YJS3	±3.0mm/ km	烟台

二、DS3 微倾式水准仪及使用

1. DS3 微倾式水准仪的构造

图 2－1 是国产 DS3 微倾式水准仪，主要由望远镜、水准器和基座三部分组成，各部分的具体组成和作用见表 2－3。

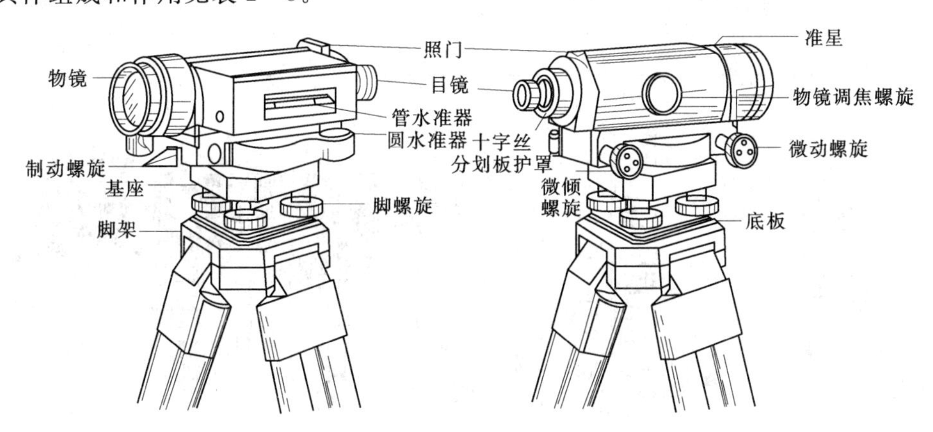

图 2－1　DS3 微倾式水准仪

表 2－3　　DS3 微倾式水准仪的构成及作用

序　号	组成名称	构　成　及　作　用	
1	基座部分	构成	轴座、脚螺旋、底板和三角压板
		作用	(1) 安装仪器 (2) 通过中心连接螺旋与三脚架连接 (3) 三个脚螺旋起概略整平作用
2	望远镜部分	构成	目镜、物镜、十字丝板、对光（调焦）螺旋
		作用	(1) 提供水平视线 (2) 清晰瞄准远处水准尺，并读数
3	水准器部分	构成	管水准器、圆水准器
		作用	(1) 圆水准器，粗略整平，使竖轴竖直 (2) 管水准器，精确整平，使视线水平

物镜光心与十字丝交点的连线称望远镜的视准轴，即水准仪提供的水平视线。

水准轴与水准管轴的夹角称为 i 角，正常情况下，i 角为 0°，否则称为 i 角误差，直接影响水准仪的测量精度。

2. DS3 微倾式水准仪的附件

DS3 微倾式水准仪附件主要包括三脚架、水准尺和尺垫，见表 2-4 和图 2-2。

表 2-4　DS3 微倾式水准仪的附件

序号	附件名称	构成及作用	
1	三脚架	构成	木质或金属构成，架腿可伸缩
		作用	(1) 支撑上部仪器 (2) 通过三脚架的架腿可以快速使仪器概略整平
2	水准尺	构成	木质或金属构成，分为单面尺、双面尺、板尺、塔尺、普通水准尺、精密水准尺等
		作用	提供水平读数
3	尺垫	构成	金属，水准尺立于其上半圆球上，下有三爪，插入土中，稳固
		作用	防止水准尺下沉

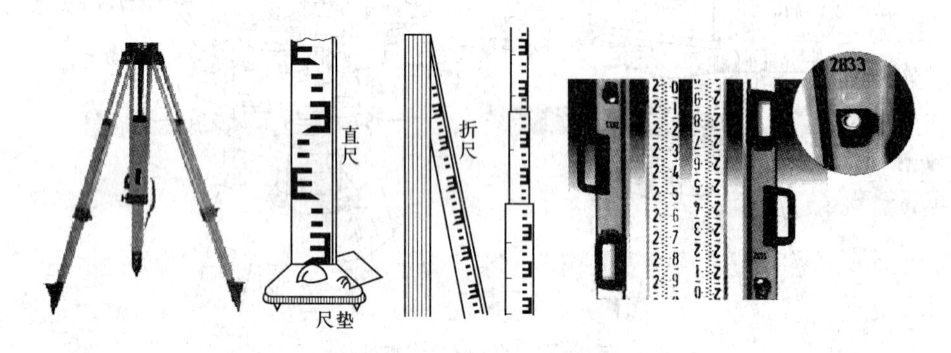

图 2-2　三脚架、水准尺及尺垫

3. DS3 微倾式水准仪的使用

普通水准仪的操作分为安置仪器、粗略整平、瞄准水准尺、精确整平和读数。

(1) 安置仪器。安置水准仪的基本方法是：张开三脚架，根据观测者的身高，调节好架腿的长度，使其高度适中，目估架头大致水平，取出仪器，用连接螺旋将水准仪固定在架头上。地面松软时，应将三脚架踩入土中，在踩脚架时应注意使圆水准气泡尽量靠近中心。

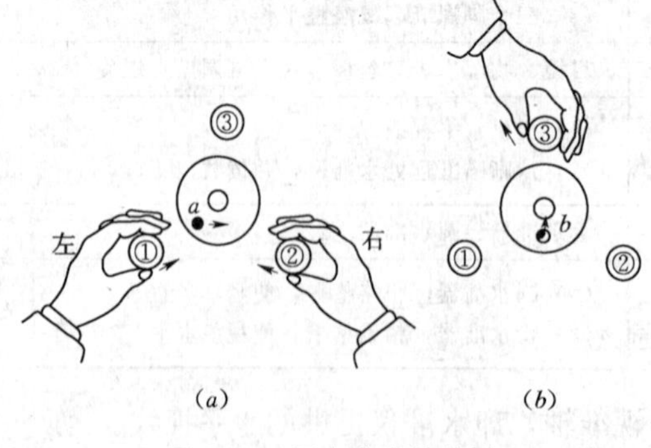

图 2-3　圆水准器的整平

(2) 粗略整平。旋转脚螺旋使圆水准气泡居中，仪器的竖轴大致铅垂，望远镜的视准轴大致水平。旋转脚螺旋方向与圆水准气泡移动方向的规律是：用左手旋转脚螺旋时，左手大拇指移动方向即为水准气泡移动方向（右手相反），如图 2-3 所示。设气泡

偏离中心于 a 处时，可先选择一对脚螺旋①、②，用双手以相对方向转动两个脚螺旋，使气泡移至两脚螺旋连线的中间 b 处；然后再转动脚螺旋③使气泡居中。此项工作反复进行，直至在任意位置气泡都居中。

小窍门：使圆水准气泡居中的工作。分两步进行速度快。

①利用三脚架腿使圆水准气泡大致居中。

方法：踩实两个架腿，用手握紧第三个架腿做前后、左右移动可使气泡大致居中。

规律：前后一致，左右相反。即架腿前后移动气泡也前后移动且移动方向相同，架腿左右移动气泡也左右移动，但移动方向相反。

注意：移动架腿也需要踩实，所以气泡位置要事先留一定量。

②利用脚螺旋使圆水准气泡精确居中。

方法：先转动其中两个脚螺旋，气泡在这两个脚螺旋连线方向上移动到中间位置，再转动第三个脚螺旋，气泡即可居中。

规律：气泡移动方向与左手大拇指运动方向一致。

注意：两个脚螺旋必须相向或相背旋转，转动第三个脚螺旋时绝对不能再转动前两个的其中一个。此项工作反复进行，直至在任意位置气泡都居中。

（3）瞄准水准尺。瞄准就是使望远镜对准水准尺，清晰地看到目标和十字丝成像，以便准确地进行水准尺读数。

（4）精确整平。精确整平简称精平，先从望远镜的侧面观察管水准气泡偏离零点的方向，旋转微倾螺旋，使气泡大致居中，再从目镜左边的符合气泡观察窗中察看两个气泡影响是否吻合，如不吻合，再慢慢旋转微倾螺旋直至完全吻合。

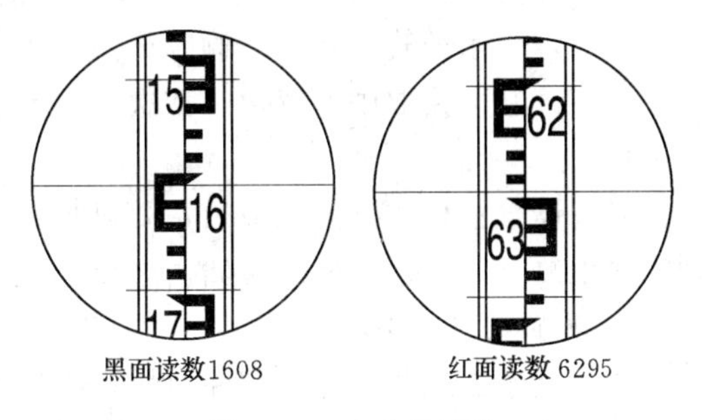

图 2-4　水准尺读数

（5）读数。仪器精平后，应立即用十字丝的中丝在水准尺上读数。读数前要认清水准尺的注记特征，读数时要按从小到大的方向，读取米、分米、厘米、毫米四位数字，最后一位毫米为估读数。如图 2-4 所示，黑面尺的读数为 1608；完成黑面尺的读数后，将水准尺纵转 180°，立即读取红面尺的读数 6295，这两个读数之差为 4687，正好等于该尺红面注记的零点常数，说明读数正确。

注意：由于水准仪粗平后，竖轴不是严格铅直，当望远镜由一个目标（后视）转到另一目标（前视）时，气泡不一定符合，应重新整平，气泡符合后才能读数。

4. 水准仪的望远镜调焦

所有仪器的望远镜使用方法都相同。

（1）初步瞄准。松开制动螺旋，转动望远镜，利用镜筒上的照门和准星连线对准水准尺，然后拧紧制动螺旋。

（2）目镜调焦。转动目镜调焦螺旋，直至清晰地看到十字丝。

（3）物镜调焦。转动物镜调焦螺旋，使水准尺成像清晰。

（4）精确瞄准。转动微动螺旋，使十字丝的竖丝对准水准尺像中间位置。

(5) 消除视差。瞄准时应注意消除视差。所谓视差，如图 2-5 所示，就是当目镜、物镜对光不够精细时，目标的影响不在十字丝平面上，以致两者不能同时被看清楚。视差的存在会影响瞄准和读数精度，必须加以检查并消除。检查有无视差，可用眼睛在目镜端上、下微微移动，若发现十字丝和水准尺成像有相对移动现象，说明视差存在。消除视差的方法是仔细地进行目镜调焦和物镜调焦，直至眼睛上下移动而读数不变为止。

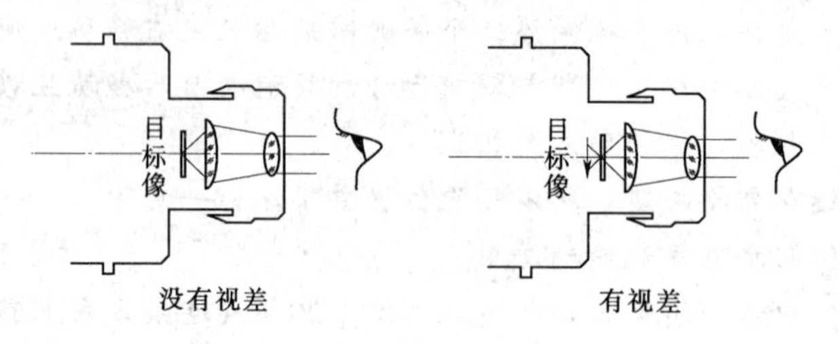

图 2-5　视差

5. 读水准尺步骤

(1) 概略瞄准。用望远镜上的缺口和准星（或瞄准器），在望远镜外瞄准水准尺，旋紧制动螺旋。

(2) 精确瞄准。从望远镜中观察水准尺，调节微动螺旋，精确瞄准水准尺（十字丝竖丝平分尺面）。调节目镜、物镜对光螺旋，消除视差。

(3) 定平水准管。转动微倾螺旋使长水准管气泡居中。

(4) 读数。读取中丝读数，依次读取米、分米、厘米数值，估读毫米，一般记录以米为单位。

(5) 读数校核。读完读数后，要复核长水准管气泡是否居中，若居中则读数有效，否则需要重复 (3)、(4) 两个步骤。

6. 水准观测的要点

以下是水准观测要点，记住对快速准确读数有很大好处。

(1) 消。一定要消除视差。

(2) 平。视线要水平。

(3) 快。读数要快。

(4) 小。估读毫米要取小值。

(5) 检。读数后要检查视线是否水平。

7. 微倾式水准仪精密定平法

在施工测量中，经常会安置一次仪器进行多个点的高程测量，测量时间较长，容易出现仪器圆水准气泡偏离中心的情况，为减少安平次数，采用“精密定平法”，步骤如下：

(1) 平行居中。仪器概略整平后，将水准管放置在与某两个脚螺旋连线平行的位置，并转动这两个脚螺旋，使长水准管气泡剧中。

(2) 反向居中。将望远镜水平旋转 180°，若长水准管气泡不居中，则仍用这两个脚螺旋微调使气泡偏差缩小一半，再用微倾螺旋使其居中。

(3) 垂直居中。将望远镜水平旋转 90°，利用第三个脚螺旋使气泡居中，这样望远镜在任何方向均处于水平状态。

注意：圆水准气泡可能不居中，正常现象。

三、自动安平水准仪

1. 自动安平水准仪的结构

仪器由望远镜、自动补偿器、竖轴系、制微动机构及基座等部分组成。

如图 2－6 所示，望远镜为内调焦式的正像望远镜，大物镜采用单片加双胶透镜形式，具有良好的成像质量，结构简单。

图 2－6　DSZ3 型自动安平水准仪

自动补偿器采用精密微型轴承吊挂补偿棱镜，整个摆体运转灵敏，摆动范围可通过限位螺钉进行调节。补偿器采用空气阻尼机构，使用两个阻尼活塞，具有良好的阻尼性能。望远镜视场左端的小窗为补偿器警告指示窗。当仪器竖轴倾角在补偿器正常有效工作范围内时，警告指示窗全部呈绿色，当超越补偿范围时，窗内一端将出现红色，这时应重新安置仪器。当绿色窗口中亮线与三角缺口重合时，仪器处于铅垂状态，圆水准器气泡居中。

仪器采用标准圆柱轴，转动灵活。基座起支承和安平作用。脚螺旋中丝母和安平丝杠的间隙，可以利用调节螺钉来调节，以保证脚螺旋舒适无晃动。基座上设有水平金属度盘，可以测量两个目标间的水平角。

2. 自动安平水准仪的使用

与 DS3 水准仪使用方法基本相同，只是不需要精确整平。

（1）安装三脚架。将三脚架置于测点上方，三个脚尖大致等距，同时要注意三脚架的张角和高度要适宜，且应保持架面尽量水平，顺时针转动脚架下端的翼形手把，可将伸缩腿固定在适当的位置。脚尖要牢固地插入地面，要保持三脚架在测量过程中稳定可靠。

（2）仪器安装在三脚架上。仪器放在三脚架上，并用中心螺旋将仪器可靠紧固。

（3）仪器整平。方法与 DS3 水准仪相同。

（4）瞄准标尺。分以下三步进行：

1）调节视度。使望远镜对着明亮处，旋转望远目镜使分划板变得清晰即可。

2）粗略瞄准目标。瞄准时用双眼同时观测，一只眼睛注视瞄准口内的十字丝，一只眼睛注视目标，转动望远镜使十字丝和目标重合。

3）精确瞄准目标。拧紧制动手轮，转动望远镜调焦手轮，使目标清晰地成像在分划板上。这时眼睛做上下、左右的移动，目标像与分划板刻线应无任何相对位移，即无视差存在。然后转动微动手轮，使望远镜精确瞄准目标。

此时，警告指示窗应全部呈绿色，方可进行标尺读数。

（5）读数。方法与 DS3 水准仪相同。

3. 自动安平水准仪的注意事项

与 DS3 水准仪类似，使用方法要得当。

（1）仪器安置。仪器安置在三脚架上时，必须将仪器紧固，三脚架应安放稳固。

（2）阳光照射。仪器在工作时，应尽量避免阳光直接照射，可以带遮光罩。

（3）注意补偿器。仪器较长时间没有使用，在测量前应检查补偿器的失灵程度，可转动脚螺旋，如警告指示窗两端能分别出现红色，反转脚螺旋时窗口内红色能够消除并出现绿色，说明补偿器摆动灵活，可进行测量。

（4）观测过程。观测过程中应随时注意望远镜视场中的警告颜色，小窗中呈绿色时表明自动补偿器处于补偿工作范围内，可以进行测量。任意一端出现红色时都应重新安平仪器后再进行观测。

（5）仪器保管。测量结束后，用软毛刷拂去仪器上的灰尘，望远镜的光学零件表面不得用手或硬物直接触碰，以防油污或擦伤。仪器使用过后应放入仪器箱内，并保存在干燥通风的房间内。

（6）仪器运输 。仪器在长途运输过程中，应使用外包装箱，并应采取防震防潮措施。

4. 自动安平水准仪的特点

与 DS3 水准仪相比，自动安平水准仪有以下特点：

（1）无制动螺旋。大部分自动安平水准仪的机械部分采用了摩擦制动（无制动螺旋）控制望远镜的转动。

（2）省略精确整平。自动安平水准仪在望远镜的光学系统中装有一个自动补偿器代替了管水准器起到了自动安平的作用。当望远镜视线有微量倾斜时，补偿器在重力作用下对望远镜做相对移动从而能自动而迅速地获得视线水平时的标尺读数。

自动安平水准仪由于没有制动螺旋、管水准器和微倾螺旋，在观测时候，在仪器粗略整平后，即可直接在水准尺上进行读数，因此自动安平水准仪的优点是省略了“精平”过程，从而大大加快了测量速度。

四、电子水准仪

电子水准仪，也称数字水准仪。在望远镜的光路中增加了分光镜和光电探测器等部件，采用条形码分划水准尺和图像处理电子系统构成光、机、电及信息存储与处理的一体化水准测量系统。

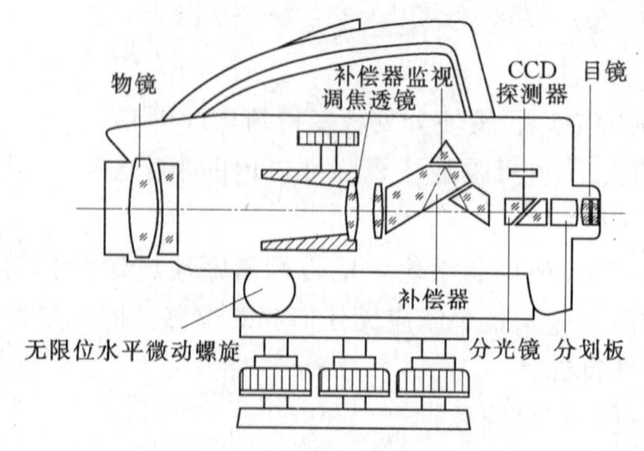

图 2-7　徕卡 DNA03 电子水准仪

1. 电子水准仪的测量原理

电子水准仪的关键技术是自动电子读数及数据处理，徕卡 NA 系列采用相关法；蔡司 DiNi 系列采用几何法；拓普康 DL 系列采用相位法，三种方法各有长处。如图 2－7 所示为采用相关法的徕卡 DNA03 电子水准仪的机械光学结构图。当用望远镜照准标尺并调焦后，标尺上的条形码影像入射到分光镜上，分光镜将其

分为可见光和红外光两部分，可见光影像成像在分划板上，供目视观测；红外光影像成像在光电探测器上，探测器将接收到的光图像先转换成模拟信号，再转换成数字信号传送给仪器处理器，通过与机内事先存储好的标尺条形码本源数字信息进行相关比较，当两信号处于最佳相关位置时，即获得水准尺上的水平视线读数和视距读数，最后将处理结果存储并输出到屏幕显示。

2. 电子水准仪的特点

与光学水准仪相比，电子水准仪具有如下特点：

（1）电子读数。用自动电子读数代替人工读数，不存在读错、记错等问题，没有人为读数误差。

（2）读数精度高。多条码（等效为多分划）测量，削弱标尺分划误差，自动多次测量，削弱外界环境变化的影响。

（3）内外业一体化。速度快、效率高，实现自动记录、检核、处理和存储，可实现水准测量从外业数据采集到最后成果处理的内外业一体化。

（4）具有普通水准仪的功能。电子水准仪一般设置有补偿器的自动安平水准仪，当采用普通水准尺时，电子水准仪又可当作普通自动安平水准仪使用。

3. 条纹编码水准尺

与电子水准仪配套的条码水准尺一般为铟瓦带尺、玻璃钢或铝合金制成的单面或双面尺，形式有直尺和折叠尺两种，规格有 1m、2m、3m、4m、5m 几种，尺子分划的一面为二进制伪随机码分划线，其外形类似于一般商品外包装上印制的条纹码，如图 2-8 所示。

图 2-8　条码尺

注意：不同生产厂家的电子水准仪，都有自己配套的条码尺，不能混用。

工作任务二　经纬仪的构造及使用

一、经纬仪概述

1. 经纬仪的型号及标称精度

我国光学经纬仪按精度可分为 DJ07、DJ1、DJ2、DJ6、DJ15 和 DJ60 六个级别，其中“D”、“J”分别为“大地测量”和“经纬仪”的汉语拼音的第一个字母，数字表示仪器的精度，即一测回水平方向中误差的秒数，书写时“D”可以省略。工程测量中常用的是 DJ6 级经纬仪和 DJ2 级经纬仪。各经纬仪的精度见表 2-5。

表 2-5　经纬仪划分

型　号	DJ07	DJ1	DJ2	DJ6	DJ15	DJ60
一测回方向观测中误差	±0.7″	±1″	±2″	±6″	±15″	±60″

2. 常见经纬仪的型号及参数

常见经纬仪的型号及主要技术参数，见表 2－6。

表 2－6　常见经纬仪的型号及参数

名　称	型　号	技　术　指　标	产　地
光学经纬仪	DJ6	±6″，倒像	北京、南京
	DJ6－1	±6″，倒像	
	DJ6－2	±6″，正像	
	DJ2	±2″，倒像	苏州
	DJ2E	±2″，正像	
	DJ2－1	±2″，正像，自动补偿	
	DJ2－2	±2″，正像，自动补偿	
	010B	±2″，正像，自动补偿	德国蔡司
	020B	±6″，正像，自动补偿	
	T1	±6″，正像，自动补偿	瑞士徕卡
	T2	±0.8″，正像，自动补偿	
	T3	±0.2″，倒像	
电子经纬仪	DJD5－2	±5″，正像，自动补偿	苏州
	DJD2A	±2″，正像，自动补偿	
	ET－02	±2″，正像	广州
	DJD2－G	±2″，正像，自动补偿	北京
激光经纬仪	J2－JDB	±2″，正像，自动补偿	苏州
	DJJ2－2	±2″，正像，自动补偿	北京
	DT110L	±5″，正像	日本拓普康

3. 经纬仪的功能

测角是所有经纬仪的基本功能。

（1）测水平角。经纬仪可以测量两个方向间的水平角。

（2）测竖直角。测量倾斜方向与水平方向间所加的竖直角。

（3）视距测量。利用视距测量原理，辅以水准尺，可以测量两点的水平距离及高差。

二、DJ6 级光学经纬仪

1. DJ6 级光学经纬仪的构造

图 2－9 为 DJ6 级光学经纬仪，外部各构件及名称，图中已表明。光学经纬仪主要由照准部、水平度盘和基座三部分组成，见表 2－7 和图 2－10。

2. DJ6 级光学经纬仪的读数方法

DJ6 级光学经纬仪的水平度盘和竖直度盘的分划线通过一系列的棱镜和透镜作用，成像于望远镜旁的读数显微镜内，观测者用读数显微镜读取读数。由于测微装置的不同，DJ6 级光学经纬仪的读数方法分为以下两种：

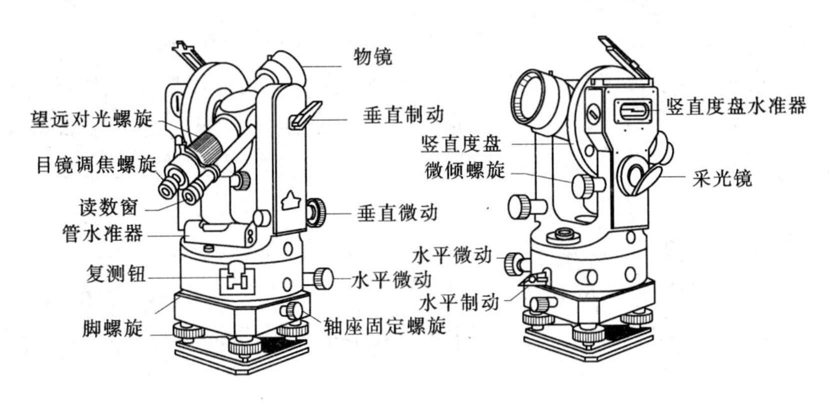

图 2-9　DJ6 级光学经纬仪

表 2-7　　DJ6 级光学经纬仪的构成

<table>
<tr><th>序　号</th><th>组成名称</th><th colspan="2">构　成　及　作　用</th></tr>
<tr><td rowspan="2">1</td><td rowspan="2">基座</td><td>构成</td><td>轴座、脚螺旋、底板和三角压板</td></tr>
<tr><td>作用</td><td>(1) 安装仪器
(2) 通过中心连接螺旋与三脚架连接
(3) 三个脚螺旋起概略整平作用</td></tr>
<tr><td rowspan="2">2</td><td rowspan="2">照准部</td><td>构成</td><td>支架、望远镜、水准器、竖直度盘、竖轴、对中器</td></tr>
<tr><td>作用</td><td>(1) 照准目标
(2) 竖直角观测
(3) 整平</td></tr>
<tr><td rowspan="2">3</td><td rowspan="2">水平度盘</td><td>构成</td><td>水平度盘（玻璃圆盘，边缘有 0～360°的刻线）</td></tr>
<tr><td>作用</td><td>观测水平角</td></tr>
</table>

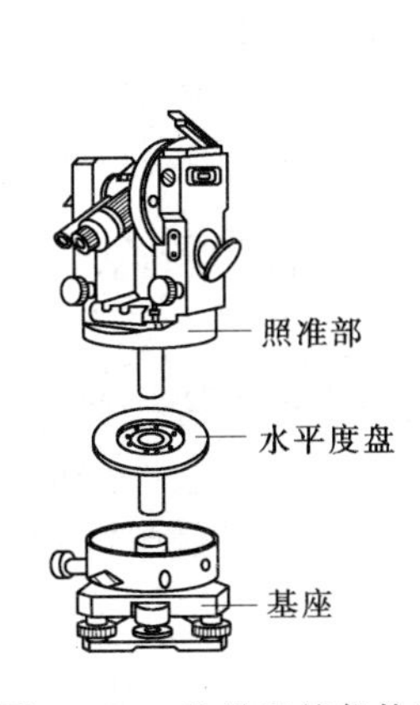

图 2-10　光学经纬仪构造

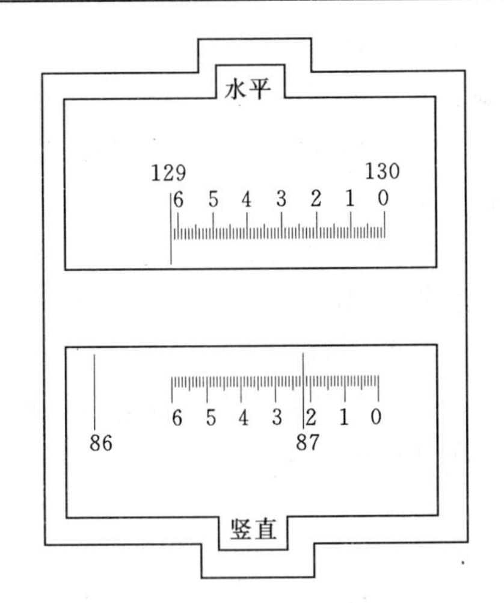

图 2-11　分微尺测微器读数窗视场

(1) 分微尺测微器及其读数法。如北京光学仪器厂生产的 DJ6 级光学经纬仪，如图 2-11 所示。度盘最小分划值为 1°，分微尺上最小分划值为 1′，每 10′做一注记，可估读至 0.1′。

提示：因为估读至0.1′（6″），所以DJ6级光学经纬仪读数的秒数应为6的倍数。

读数时，打开并转动反光镜，使读数窗内亮度适中，调节读数显微镜的目镜，使度盘和分微尺分划线清晰，然后，"度"可从分微尺中的度盘分划线上的注字直接读得，"分"则用度盘分划线作为指标，在分微尺中直接读出，并估读至0.1′，两者相加，即得度盘读数。

水平度盘读数：130°+01.5′=130° 01.5′=130° 01′ 30″；

竖直度盘读数：87°+22′00″=87° 22′ 00″。

提示：读数时，度按实际读取，可为一位、二位或三位数，分、秒的整数必须是两位。

（2）单平板玻璃测微器的读数方法。北京光学仪器厂生产的DJ6型光学经纬仪，采用这种读数方法读数。图2-12所示为单平板玻璃测微器的读数窗视场，读数窗内可以清晰地看到测微盘（上）、竖直度盘（中）和水平度盘（下）的分划像。度盘凡整度注记，每度分两格，最小分划值为30′，测微盘把度盘上30′弧长分为30大格，一大格为1′，每5′一注记，每一大格又分三小格，每小格20″，不足20″的部分可估读，一般可估读到四分之一格，即5″。

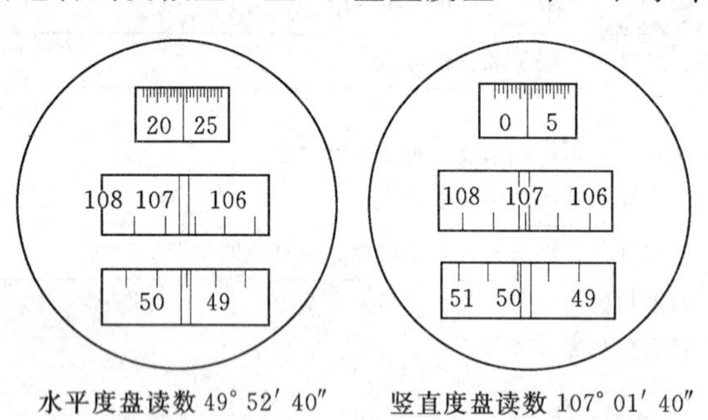

水平度盘读数 49° 52′ 40″　　竖直度盘读数 107° 01′ 40″

图2-12　单平板玻璃测微器读数窗视场

读数时，打开并转动反光镜，调节读数显微镜的目镜，然后转动测微轮，使一条度盘分划线精确地平分双指标线，则该分划线的读数即为读数的度数部分，不足30′的部分再从测微盘上读出，并估读到5″，两者相加，即得度盘读数。每次水平度盘读数和竖直度盘读数都应调节测微轮，然后分别读取，两者共用测微盘，但互不影响。

水平度盘读数：49°30′+ 22′40″=49° 52′ 40″；

竖直度盘读数：107°+ 01′40″=107° 01′ 40″。

3. DJ6级光学经纬仪的使用方法

DJ6级光学经纬仪的使用方法是所有经纬仪使用方法的基础。经纬仪的基本操作包括对中、整平、瞄准和读数。

（1）对中。指将仪器的纵轴安置到与过测站的铅垂线重合的位置。首先根据观测者的身高调整好三脚架腿的长度，张开脚架并踩实，并使三脚架头大致水平。将经纬仪从仪器箱中取出，用三脚架上的中心螺旋旋入经纬仪基座底板的螺旋孔。对中可利用锤球或光学对中器进行。

小窍门：快速对中

踩实对面脚架，眼睛看着光学对中器，一只脚尖对准地面点，两只手分别握住靠近自己的左右两个架腿，做前后、左右移动，可快速对准点位。

要点：移动架腿时要保持架头大致水平。

1）锤球对中。挂锤球于中心螺旋下部的挂钩上，调锤球线长度至锤球尖与地面点间

的铅锤距不大于2mm，锤球尖与地面点的中心偏差不大时通过移动仪器，偏差较大时通过平移三脚架，使锤球尖大致对准地面点中心。偏差大于2mm时，微松连接螺旋，在三脚架头微量移动仪器，使锤球尖准确对准测站点，旋紧连接螺旋。

2）光学对中器对中。调节光学对点器目镜、物镜调焦螺旋，使视场中的标志圆（或十字丝）和地面目标同时清晰。旋转脚螺旋，令地面点成像于对中器的标志中心，此时，因基座不水平而圆水准器气泡不居中。调节三脚架腿长度，使圆水准器气泡居中，进一步调节脚螺旋，使水平度盘水准管在任何方向气泡都居中。光学对中器对中误差应小于1mm。

（2）整平。整平的目的是调节脚螺旋使水准管气泡居中，从而使经纬仪的竖轴竖直，水平度盘处于水平位置。其操作步骤如下。

1）旋转照准部，使水准管平行于任一对脚螺旋，如图2-13（*a*）所示。转动这两个脚螺旋，使水准管气泡居中。

2）将照准部旋转90°，转动第三个脚螺旋，使水准管气泡居中，如图2-13（*b*）所示。

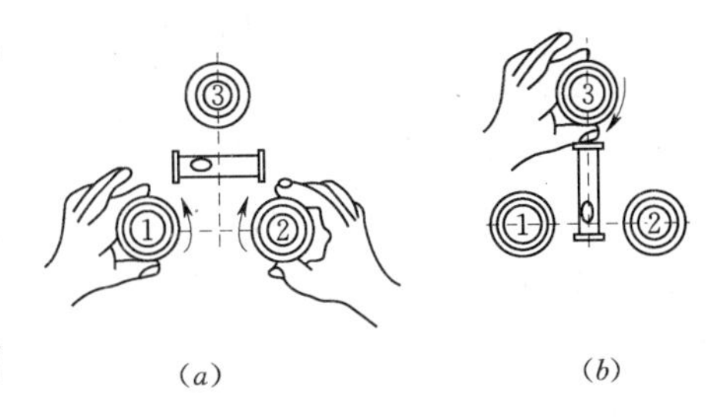

图2-13　经纬仪整平

3）按以上步骤重复操作，直至水准管在这两个位置上气泡都居中。使用光学对中器进行对中、整平时，首先通过目估初步对中（也可利用锤球），旋转对中器目镜看清分划板上的刻画圆圈，再拉伸对中器的目镜筒，使地面标志点成像清晰。转动脚螺旋使标志点的影像移至刻画圆圈中心。然后，通过伸缩三脚架腿，调节三脚架的长度，使经纬仪圆水准器气泡居中，再调节脚螺旋精确整平仪器。接着通过对中器观察地面标志点，如偏刻画圆圈中心，可稍微松开连接螺旋，在架头移动仪器，使其精确对中，此时，如水准管气泡偏移，则再整平仪器，如此反复进行，直至对中、整平同时完成。

（3）瞄准。指望远镜准确瞄准目标，一般需要以下四个步骤。

1）目镜对光。将望远镜对准明亮背景，转动目镜对光螺旋，使十字丝成像清晰，即十字丝最细最黑的状态。

2）粗略瞄准。松开照准部制动螺旋与望远镜制动螺旋，转动照准部与望远镜，通过望远镜上的瞄准器对准目标，然后旋紧制动螺旋。

3）物镜对光。转动位于镜筒上的物镜对光螺旋，使目标成像清晰并检查有无视差存在，如果发现有视差存在，应重新进行对光，直至视差消除。

4）精确瞄准。旋转微动螺旋，使十字丝准确对准目标。观测水平角时，应尽量瞄准目标的基部，当目标宽于十字丝双丝距时，宜用单丝平分，如图2-14（*a*）所示。目标窄于双丝距时，宜用双丝夹住，如图2-14（*b*）所示。观测竖直角时，用十字丝横丝的中心部分对准目标位，如图2-14（*c*）所示。

（4）读数。读数前应调整反光镜的位置与开合角度，使读数显微镜视场内亮度适当，然后转动读数显微镜目镜进行对光，使读数窗成像清晰，再按上节所述方法进行读数。

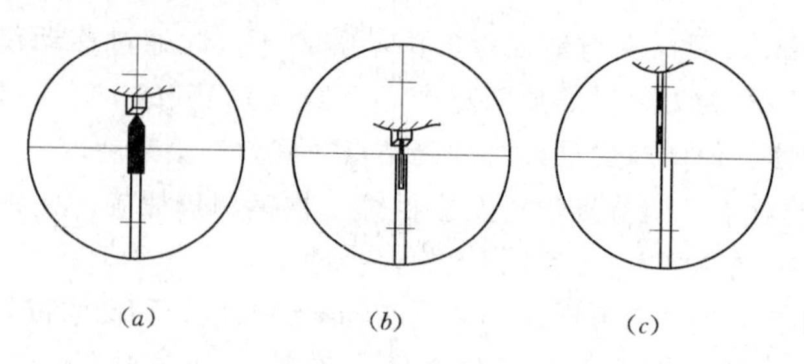

图 2-14　瞄准目标

三、DJ2 级光学经纬仪

1. DJ2 级光学经纬仪的构造

DJ2 级光学经纬仪与 DJ6 级光学经纬仪相比，在轴系结构和读数设备上均不相同。DJ2 级光学经纬仪一般都采用对径分划线影像符合的读数设备，即将度盘上相对 180°的分划线，经过一系列棱镜和透镜的反射与折射后，显示在读数显微镜内，应用双平板玻璃或移动光楔的光学测微器，使测微时度盘分划线做相对移动，并用仪器上的测微轮进行操纵。采用对径符合和测微显微镜原理进行读数。图 2-15 为苏州产 DJ2 级光学经纬仪。

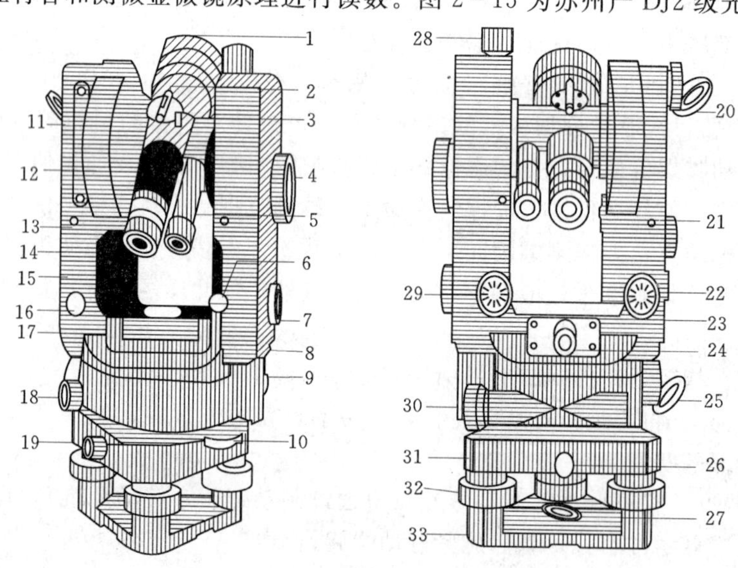

图 2-15　苏州产 DJ2 级光学经纬仪

1—望远镜物镜；2—光学瞄准器；3—十字丝照明反光板螺旋；4—测微轮；5—读数显微镜管；6—垂直微动螺旋弹簧套；7—度盘影像变换螺旋；8—照准部水准器校正螺钉；9—水平度盘物镜组盖板；10—水平度盘变换螺旋护盖；11—垂直度盘转像透镜组盖板；12—望远镜调焦环；13—读数显微镜目镜；14—望远镜目镜；15—垂直度盘物镜组盖板；16—垂直度盘指标水准器护盖；17—照准部水准器；18—水平制动螺旋；19—水平度盘变换螺旋；20—垂直度盘照明反光镜；21—垂直度盘指标水准器观察棱镜；22—垂直度盘指标水准器微动螺旋；23—水平度盘转像透镜组盖板；24—光学对中器；25—水平度盘照明反光镜；26—照准部与基座的连接螺旋；27—固紧螺母；28—垂直制动螺旋；29—垂直微动螺旋；30—水平微动螺旋；31—三角基座；32—脚螺旋；33—三角底板

2. DJ2 级光学经纬仪读数设备特点

与 DJ6 级光学经纬仪相比，DJ2 级光学经纬仪读数设备有以下特点：

（1）照准部水准管灵敏度高。

（2）望远镜放大倍率大。

（3）采用对径读数的方法能读得度盘对径分划数的读数平均值，从而消除了照准部偏心的影响，提高了读数的精度。

（4）在读数显微镜中，只能看到水平度盘读数或竖盘读数，可通过换像手轮分别读数。

3. DJ2 级光学经纬仪的读数方法

DJ2 级光学经纬仪读数方法较多，不同厂家大多有各自的习惯，大致有以下几种：

（1）对径符合读数。图 2－16 所示为一种 DJ2 级光学经纬仪读数显微镜内符合读数法的视窗。读数窗中注记正字的为主像，倒字的为副像。其度盘分划值为 20′，左侧小窗内为分微尺影像。分微尺刻画由 0′～10′，注记在左边。最小分划值为 1″，按每 10″注记在右侧。

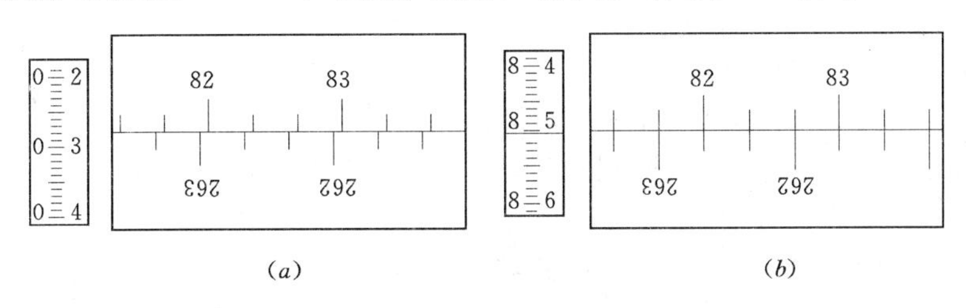

图 2－16　苏州产 DJ2 级光学经纬仪对径符合读数

读数时，先转动测微轮，使相邻近的主、副像分划线精确重合，如图 2－16（b）所示，以左边的主像度数为准读出度数，再从左向右读出相差 180°的主、副像分划线间所夹的格数，每格以 10′计。然后在左侧小窗中的分微尺上，以中央长横线为准，读出分数，10 秒数和秒数，并估读至 0.1″，三者相加即得全部读数。如图 2－16（b）所示的读数为 82°28′51″。

注意：在主、副像分划线重合的前提下，也可读取度盘主像上任何一条分划线的度数，但如与其相差 180°的副像分划线在左边时，则应减去两分划线所夹的格数乘 10′，小数仍在分微尺上读取。例如图 2－16（b）中，在主像分划线中读取 83°，因副像 263°分划线在其左边 4 格，故应从 83°中减去 40′，最后读数为 83°－ 40′＋ 8′ 51″＝82°28′51″，与根据先读 82°分划线算出的结果相同。

（2）数字化读数。近年来生产的 DJ2 级光学经纬仪采用了新的数字化读数装置。如图 2－17 所示，中窗为度盘对径分划影像，没有注记；上窗为度和整 10′注记，并用小方框标记整 10′数；下窗读数为不足 10′的分和秒的读数。读数时先转动测微轮，使中窗主、副像分划线重合，然后进行读数。

图中读数为 64°15′22.6″。

（3）符合读数。图 2－18 是北京光学仪器厂生产的 DJ2 级光学经纬仪，采用的也是符合读数装置，右下方为分划线重合窗，右上方读数窗中上面的数字为整度值，中间凸出的小方框中的数字为整 10′数，左下方为测微尺读数窗。

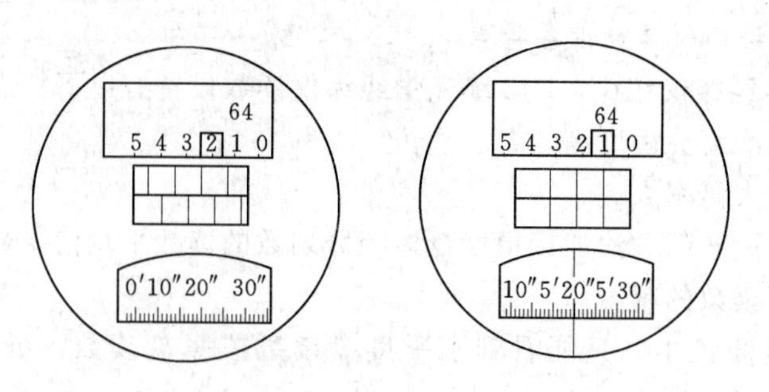

图 2-17　DJ2 级光学经纬仪“光学数字化”读数

测微尺刻画有 600 小格，最小分划为 1″，可估读到 0.1″，全程测微范围为 10′。测微尺的读数窗中左边注记数字为分，右边注记数字为整 10″数。

读数方法如下：

1）转动测微轮，使分划线重合窗中上、下分划线精确重合，由图 2-18（*a*）到图2-18（*b*）。

2）在读数窗中读出度数。

3）在中间凸出的小方框中读出整 10′数（显示数字×10）。

4）在测微尺读数窗中，根据单指标线的位置，直接读出不足 10′的分数和秒数，并估读到 0.1″。

5）将度数、整 10′数及测微尺上读数相加，即为度盘读数。

图 2-18（*b*）所示读数为：65°+5×10′+4′02.2″=65°54′02.2″。

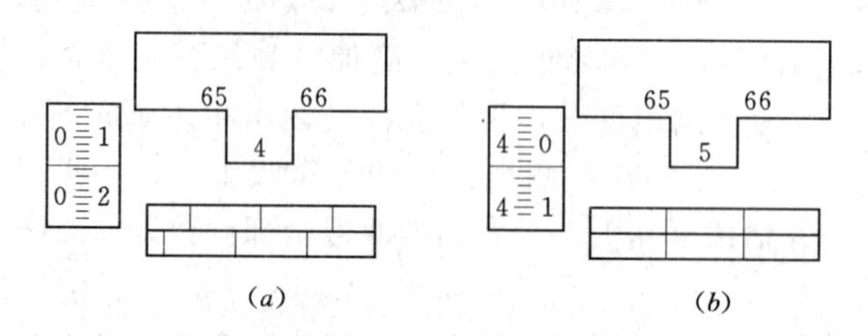

图 2-18　北京产 DJ2 级光学经纬仪符合读数

四、电子经纬仪

1. 电子经纬仪的结构

电子经纬仪与光学经纬仪具有类似的外形和结构特征，因此使用方法也基本相同。主要的区别在于读数系统，光学经纬仪是在 360°的全圆上均匀地刻上度（分）的刻划并注有标记，利用光学测微器读出分、秒值，电子经纬仪则采用光电扫描度盘和自动显示系统。

电子经纬仪获取电信号形式与度盘有关，目前电子测角有编码度盘、光栅度盘和格区式度盘三种形式。

2. 电子经纬仪的特点

电子经纬仪主要体现电子方面的特征：

（1）实现了测量的读数、记录、计算、显示自动一体化，避免了人为的误差影响。

（2）仪器的中央处理器配有专用软件，可自动对仪器几何条件进行检校。

（3）储存的数据可通过 I/O 接口输入计算机作相应的数据处理。

五、经纬仪的保养与维护

（1）操作过程中，严禁碰动经纬仪。仪器必须架稳、架牢，面板螺钉拧紧。经纬仪操作过程中，对各旋钮用力要轻。在外作业时，经纬仪旁要随时有人防护，以免造成重大损失。

（2）搬站时，应把经纬仪的所有制动螺旋适度拧紧，搬运过程中仪器脚架必须竖直拿稳，不得横扛在肩上。若距离远或者环境情况不好等，应将仪器装箱搬运。

（3）严禁随便拆开仪器。

（4）经纬仪从仪器箱中取出时，要用双手握住经纬仪基座部分，慢慢取出，作业完毕后，应将所有微动螺旋旋至中央位置，然后慢慢放入箱中，并固紧制动螺旋，不可强行或猛力关箱盖，仪器放入箱中后应立即上锁。

（5）在井下使用经纬仪时，必须架设在顶板完好、无滴水的地方。凡是经纬仪外露部分，上面不能留存油渍，以免积累灰沙。

（6）清洁物镜和目镜时，应先用干净的软毛刷轻轻拂拭，然后用擦镜纸擦拭，严禁用其他物品擦拭镜面。

（7）经纬仪上的螺旋不润滑时不可强行旋转，必须检查其原因及时排除，经纬仪任何部位发生故障，不应勉强继续使用，要立即检修，否则会加剧损坏的程度。

工作任务三　全站仪的构造及使用

一、全站仪概述

1. 全站仪的定义

全站仪（即全站型电子速测仪）是一种集光、机、电为一体的高技术测量仪器，是集水平角、垂直角、距离（斜距、平距）、高差测量功能于一体的测绘仪器系统。因其一次安置仪器就可完成该测站上全部测量工作，所以称之为全站仪。全站仪具有角度测量、距离（斜距、平距、高差）测量、三维坐标测量、导线测量、交会定点测量和放样测量等多种用途，广泛用于地上大型建筑和地下隧道施工等精密工程测量或变形监测领域。

2. 全站仪的特点

高度光、机、电集成，具有如下特点：

（1）测量的距离长、时间短、精度高。

（2）能同时测角、测距并自动记录测量数据。

（3）设有各种野外应用程序，能在测量现场得到归算结果。

目前，世界上最高精度的全站仪：测角精度（一测回方向标准偏差）0.5″，测距精度 1mm＋1ppm。利用目标自动识别（ATR）功能，白天和黑夜（无需照明）都可以工作。

全站仪已经达到令人不可置信的角度和距离测量精度，既可人工操作，也可自动操作；既可远距离遥控运行，也可在机载应用程序控制下使用，可使用在精密工程测量、变形监测、几乎是无容许限差的机械引导控制等应用领域。

3. 全站仪的标称精度

全站仪的标称精度是指距离测量的精度，表示为$\pm(a+b\times D)$，其中，a表示绝对误差，D表示测量两点之间的距离，$b\times D$为比例误差，b为比例误差系数。

如：日本索佳的SET1010全站仪的标称精度为$\pm$(2mm+2ppm$\times D$)。

二、全站仪的分类

(1) 按结构形式分。20世纪80年代末、90年代初，人们根据电子测角系统和电子测距系统的发展不平衡，将全站仪分成两大类，即组合式和整体式。

组合式也称积木式，是指电子经纬仪和测距仪既可以分离也可以组合，用户可以根据实际工作的要求，选择测角、测距设备进行组合；整体式也称集成式，是指电子经纬仪和测距仪做成一个整体，无法分离。90年代以来，已发展为整体式全站仪。

(2) 按数据存储方式分。有内存型和电脑型两种。内存型的功能扩充只能通过软件升级来完成；电脑型的功能可以直接通过二次开发来实现。

(3) 按测程来分。有短程、中程和远程三种。测程小于3km的为短程；测程在3～15km的为中程；测程大于15km的为远程。

(4) 按测距精度分。有Ⅰ级（5mm）、Ⅱ级（5mm～10mm）和Ⅲ级（>10mm）。

(5) 按测角精度分。有0.5″、1″、2″、5″、10″等多个等级。

(6) 按载波分。有微波测距仪和光电测距仪两种。采用微波段的电磁波作为载波的称为微波测距仪；采用光波作为载波的称为光电测距仪。

三、全站仪的构造

1. 全站仪基本构造

全站仪由测角、测距、计算和数据存储系统等组成。图2-19所示为我国生产的NTS-320型全站仪。

(1) 电子测角系统。全站仪的电子测角系统采用了光电扫描测角系统，其类型主要有编码盘测角系统、光栅盘测角系统及动态（光栅盘）测角系统三种。

(2) 四大光电系统。全站仪上半部分包含有测量的四大光电系统，即水平角测量系统、竖直角测量系统、水平补偿系统和测距系统。通过键盘可以输入操作指令、数据和设置参数。以上各系统通过I/O接口接入总线与微处理机联系起来。

(3) 数据采集系统。全站仪主要由为采集数据而设置的专用设备（主要有电子测角系统、电子测距系统、数据存储系统、自动补偿设备等）和过程控制机（主要用于有序地实现上述每一专用设备的功能）组成。过程控制机包括与测量数据相连接的外围设备及进行计算、产生指令的微处理机。只有上面两大部分有机结合，才能真正地体现“全站”功能，即既要自动完成数据采集，又要自动处理数据和控制整个测量过程。

(4) 微处理机（CPU）。是全站仪的核心部件，主要由寄存器系列（缓冲寄存器、数

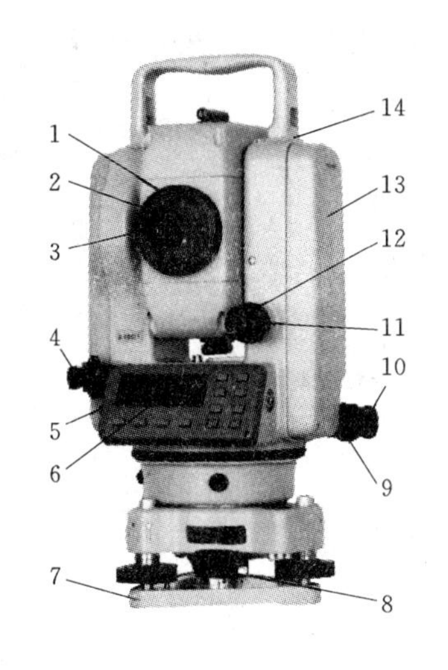

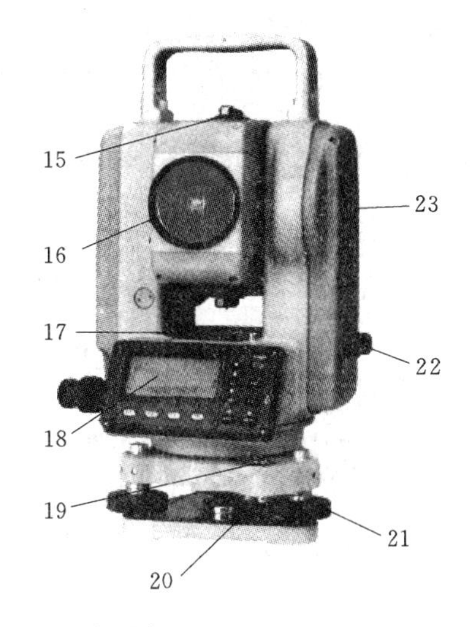

图 2-19　NTS-320 型全站仪

1—望远镜把手；2—望远镜调焦螺旋；3—目镜；4、22—光学对中器；5—数据通信接口；6、18—显示屏；7—底板；8—基座固定钮；9—水平制动螺旋；10—水平微动螺旋；11—垂直微动螺旋；12—垂直制动螺旋；13—电池 NB-20A；14—电池锁紧杆；15—粗瞄器；16—物镜；17—管水准器；19—圆水准器；20—圆水准器校正螺旋；21—脚螺旋；23—仪器中心标志

据寄存器、指令寄存器）、运算器和控制器组成。微处理机的主要功能是根据键盘指令启动仪器进行测量工作，执行测量过程中的检核和数据传输、处理、显示、储存等工作，保证整个光电测量工作有条不紊地进行。输入输出设备是与外部设备连接的装置（接口），输入输出设备使全站仪能与磁卡和微机等设备交互通信、传输数据。

2. 全站仪基本构造特点

同电子经纬仪、光学经纬仪相比，全站仪增加了许多特殊部件，因而使得全站仪具有比其他测角、测距仪器更多的功能，使用也更方便。

（1）同轴望远镜。全站仪的望远镜实现了视准轴、测距光波的发射、接收光轴同轴化。同轴性使得望远镜一次瞄准即可实现同时测定水平角、垂直角和斜距等全部基本测量要素的测定功能。加之全站仪强大、便捷的数据处理功能，使全站仪使用极其方便。

（2）双轴自动补偿。全站仪特有的双轴（或单轴）倾斜自动补偿系统，可对纵轴的倾斜进行监测，并在度盘读数中对因纵轴倾斜造成的测角误差自动加以改正。也可通过将由竖轴倾斜引起的角度误差，由微处理机自动按竖轴倾斜改正计算式计算，并加入度盘读数中加以改正，使度盘显示读数为正确值，即所谓纵轴倾斜自动补偿。

（3）键盘。是全站仪在测量时输入操作指令或数据的硬件，全站仪的键盘和显示屏均为双面式，便于正、倒镜作业时操作。

（4）存储器。存储器的作用是将实时采集的测量数据存储起来，再根据需要传送到其他设备（如计算机等）中，供进一步的处理或利用，全站仪的存储器有内存储器和存储卡两种。

全站仪内存储器相当于计算机的内存（RAM），存储卡是一种外存储媒体，又称 PC 卡，作用相当于计算机的磁盘。

四、几种常见全站仪主要参数

1. 主要技术指标

几种常见全站仪的技术参数见表 2-8。

表 2-8　几种常见全站仪的主要技术指标

指标项		测角精度（标准差）（″）	测距精度（mm+$D\times10^{-6}$）	测程（单棱镜）（km）	自动补偿机构	补偿范围（′）	补偿精度（″）	数据记录装置	内置应用程序
徕卡（Leica）	TC6005	5	3+3	1.1	双轴	±3	±2	内置内存或 RS-232 接口	有
	TC1100	3	2+2	3.5	双轴	±3	±1	PCMCIA 卡或 RS-232 接口	有
	TC1500	2	2+2	3.5	双轴	±3	±0.3	PCMCIA 卡或 RS-232 接口	有
拓普康（Topcon）	GTS-700	1	2+2	2.7	双轴	±3	1	PCMCIA 卡	有
	GTS-301S	2	2+2	2.7	双轴	±3	1	RS-232 接口	有
	GTS-211D	5	3+2	1.2	双轴	±3	1	RS-232 接口	有
索佳（Sokkia）	SET2C/2B	2	3+2	2.7	双轴	±3	±1	SDC4 卡或 RS-232 接口	有
	SET5F	5	3+2	1.5	双轴	±3	1	内置内存或 RS-232 接口	有
	NET2B	2	1+0.7	0.5—1.0	双轴	±3	1	RS-232 接口	有
尼康（Nikon）	DTM-A10LG	5	3+3	2.0	单轴	±3	±1	RS-232 接口或 NK-NET 接口	有
	DTM-A5LG	2	2+2	1.8 0.7	单轴	±3	±1	RS-232 接口或 NK-NET 接口	有
宾得（Pentax）	PTS-V2	2	5+3	3.6	双轴	±3	—	RS-232 接口	有
	PCS-215	5	5+3	2.0	无	±3	—	RS-232 接口	有

2. 全站仪数据通信

全站仪通信是指全站仪和计算机之间的数据交换。目前全站仪主要用两种方式与计算机通信：一种是利用全站仪原配置的 PCMCIA 卡；另一种是利用全站仪的输出接口，通过电缆传输数据。

(1) PCMCIA。简称 PC 卡，是机内存卡国际联合会（PCMCIA）确定的标准计算机设备的一种配件，目的在于提高不同计算机型以及其他电子产品之间的互换性，目前已成为便携式计算机的扩充标准。

在设有 PC 卡接口全站仪上，只要插入 PC 卡，全站仪测量的数据将按规定格式记录到 PC 卡上。取出该卡后，可直接插入带 PC 卡接口的计算机上，与之直接通信。

(2) 电缆传输。通信的另一种方式是全站仪将测量或处理的数据，通过电缆直接传输到电子手簿或电子平板系统。由于全站仪每次传输的数据量不大，所以几乎所有的全站仪

都采用串行通信方式。串行通信方式是数据依次一位一位地传递，每一位数据占用一个固定的时间长度，只需一条线传输。

最常用的串行通信接口是由电子工业协会（EIA）规定的 RS－232C 标准接口，每一针的传输功能都有标准的规定，传输测量数据最常用的只有 3 条传输线，即发送数据线、接收数据线和地线，其余的线供控制传输用。

（3）几种常用全站仪数据通信。徕卡（Lecica）全站仪设有数据接口，配专用 5 针插头，宾得（Pentax）、索佳（Sokkia）、拓普康（Topcon）全站仪都配 6 针接口，如图 2－20 所示。

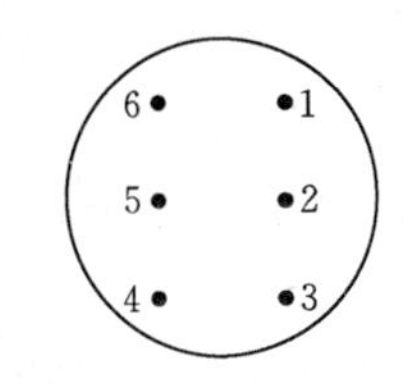

图 2－20　6 针接口

1—信号地；2—空；3—发送；4—接收；5—请求发送；6—电源

五、全站仪的工作原理

电子测距是以电磁波作为载波，传输光信号来测量距离的一种方法。欲测定 A、B 两点间的距离 D，安置仪器于 A 点，安置反射镜于 B 点。仪器发射的光束由 A 至 B，经反射镜反射后又返回到仪器。设光速 c 为已知，如果光束在待测距离 D 上往返传播的时间 t_0 已知，则距离 D 可由下式求出

$$D=\frac{1}{2}ct_0$$

其中

$$c=c_0/n$$

式中　c_0——真空中的光速值，其值为 299792458m/s；

n——大气折射率，它与测距仪所用光源的波长、测线上的气温 T、气压 P 和湿度 e 有关。

测定距离的精度，主要取决于测定时间的精度，例如要求保证±1cm 的测距精度，时间测定要求准确到 6.7×10^{-11}s，这是难以做到的。因此，大多采用间接测定法测定。间接测定的方法有下列两种：

（1）脉冲式测距。由测距仪的发射系统发出光脉冲，经被测目标反射后，再由测距仪的接收系统接收，测出这一光脉冲往返所需时间间隔的钟脉冲的个数以求得距离 D。由于计数器的频率一般为 300MHz（300×10^6Hz），测距精度为 0.5m，精度较低。

（2）相位式测距。由测距仪的发射系统发出一种连续的调制光波，测出该调制光波在测线上往返传播所产生的相位移，以测定距离 D。红外光电测距仪一般都采用相位测距法。

六、全站仪的使用

（1）安置仪器。与经纬仪相同。

（2）水平角测量。与经纬仪基本相同。

1）按角度测量键，使全站仪处于角度测量模式，照准第一个目标 A。

2）设置 A 方向的水平度盘读数为 $0°00'00''$。

3）照准第二个目标 B，此时显示的水平度盘读数即为两方向间的水平夹角。

(3) 距离测量。根据要求可以测量斜距、平距、高差等。

1) 设置棱镜常数。测距前须将棱镜常数输入仪器，仪器会自动对所测距离进行改正。

2) 设置大气改正值或气温、气压值。光在大气中的传播速度会随大气的温度和气压而变化，15℃和760mmHg是仪器设置的一个标准值，此时的大气改正值为0ppm。实测时，可输入温度和气压值，全站仪会自动计算大气改正值（也可直接输入大气改正值），并对测距结果进行自动改正。

3) 量仪器高、棱镜高并输入仪器。

4) 距离测量。照准目标棱镜中心，按测距键，距离测量开始，测距完成时显示斜距、平距、高差。

全站仪的测距模式分为精测模式、跟踪模式、粗测模式三种。精测模式是最常用的测距模式，测量时间约2.5s，最小显示单位1mm；跟踪模式常用于跟踪移动目标或放样时连续测距，最小显示一般为1cm，每次测距时间约0.3s；粗测模式测量时间约0.7s，最小显示单位1cm或1mm。在距离测量或坐标测量时，可按测距模式（MODE）键选择不同的测距模式。

注意：有些型号的全站仪在距离测量时不能设定仪器高和棱镜高，显示的高差值是全站仪横轴中心与棱镜中心的高差。

(4) 坐标测量。测量被测点的三维坐标。

1) 设定测站点的三维坐标。

2) 设定后视点的坐标或设定后视方向的水平度盘读数为其方位角。当设定后视点的坐标时，全站仪会自动计算后视方向的方位角，并设定后视方向的水平度盘读数为其方位角。

3) 设置棱镜常数。

4) 设置大气改正值或气温、气压值。

5) 量仪器高、棱镜高并输入全站仪。

6) 照准目标棱镜，按坐标测量键，全站仪开始测距并计算显示测点的三维坐标。

七、拓普康（Topcon）全站仪

拓普康全站仪有些型号的仪器是英文版的。

1. 角度测量（angle observation）

与电子经纬仪相同。

(1) 功能。可进行水平角、竖直角的测量。

(2) 方法。与经纬仪相同，若要测出水平角$\angle AOB$，方法如下：

1) 当精度要求不高时，瞄准A点—置零（0 SET）—瞄准B点，记下水平度盘HR的数值。

2) 当精度要求高时，可用测回法（method of observation set）。操作步骤与经纬仪操作一样，只是配置度盘时，按“置盘”（H SET）。

2. 距离测量（distance measurement）

与测距仪相同，目前大多采用全站仪，而不单独使用测距仪。PSM、PPM的设置——测距、测坐标、放样。

(1) 棱镜常数（PSM）的设置。一般 PSM=0（原配棱镜）或−30mm（国产棱镜）。

(2) 大气改正值（PPM）（乘常数）的设置。输入测量时的气温（TEMP）、气压（PRESS），或经计算后，直接输入 PPM 值。

(3) 功能。可测量平距 HD 、高差 VD 和斜距 SD（全站仪镜点至棱镜镜点间高差及斜距）。

(4) 方法。照准棱镜点，按“测量”（MEAS）。

3. 坐标测量（coordinate measurement）

普通测量不具备该项功能。

(1) 功能。可测量目标点的三维坐标（X，Y，H）。

(2) 方法。按以下步骤进行：

1) 输入测站 S（X，Y，H），仪器高 i，棱镜高 v。

2) 瞄准后视点 B，设置水平度盘读数。

3) 瞄准目标棱镜点 T，按“测量”，即可显示点 T 的三维坐标。

4. 点位放样（layout）

普通测量不具备该项功能。

(1) 功能。根据设计的待放样点 P 的坐标，在实地标出 P 点的平面位置及填挖高度。

(2) 方法。按以下步骤进行：

1) 在大致位置立棱镜，测出当前位置的坐标。

2) 将当前坐标与待放样点的坐标相比较，得距离差值 dD 和角度差 dHR 或纵向差值 ΔX 和横向差值 ΔY。

3) 根据显示的 dD、dHR 或 ΔX、ΔY，逐渐找到放样点的位置。

5. 程序测量（programs）

普通测量不具备该项功能。

(1) 数据采集（data collecting）。

(2) 坐标放样（layout）。

(3) 对边测量（MLM）、悬高测量（REM）、面积测量（AREA）、后方交会（RESECTION）测量等。

(4) 数据存储管理。包括数据的传输、数据文件的操作（改名、删除、查阅）。

6. 仪器面板外观和功能说明

不同厂家生产的全站仪的控制面板相差较大，同厂家不同型号的全站仪其控制面板基本相同，但要注意有些厂家生产的全站仪既有英文版（针对欧洲和美洲市场生产），又有汉语版（针对中国市场生产），注意控制面板的功能标注。使用前要仔细阅读使用说明书。

Topcon GTS-312 面板上按键功能见表 2-9。

表 2-9　　Topcon GTS-312 面板功能

符　　号	意　义
	进入坐标测量模式键
	进入距离测量模式键

续表

符号	意义
ANG	进入角度测量模式键
MENU	进入主菜单测量模式键
ESC	用于中断正在进行的操作，退回到上一级菜单
POWER	电源开关键
◀ ▶	光标左右移动键
▲ ▼	光标上下移动、翻屏键
F1、F2、F3、F4	软功能键，其功能分别对应显示屏上相应位置显示的命令

显示屏上显示符号的含义见表 2-10。

表 2-10　　显示屏上显示符号的含义

符号	意义	符号	意义
V	竖盘读数	HD	水平距离
HR	水平读盘读数（右向计数）	SD	斜距
HL	水平读盘读数（左向计数）	*	正在测距
VD	仪器望远镜至棱镜间高差	Z	天顶方向坐标，高程 H
N	北坐标，x	E	东坐标，y

7. 测量模式介绍

主要包括角度测量、距离测量、坐标测量三种模式。

（1）角度测量模式。按 ANG 进入，可进行水平、竖直角测量，倾斜改正开关设置，见表 2-11。

表 2-11　　角度测量模式

页	键	显示	功能
第 1 页	F1	OSET：	设置水平读数为 0°00′00″
	F2	HOLD：	锁定水平读数
	F3	HSET：	设置任意大小的水平读数
	F4	P1↓：	进入第 2 页
第 2 页	F1	TILT：	设置倾斜改正开关
	F2	REP：	复测法
	F3	V%：	竖直角用百分数显示
	F4	P2↓：	进入第 3 页
第 3 页	F1	H-BZ：	仪器每转动水平角 90°时，是否要蜂鸣声
	F2	R/L：	右向水平读数 HR/左向水平读数 HL 切换，一般用 HR
	F3	CMPS：	天顶距 V/竖直角 CMPS 切换，一般取 V
	F4	P3↓：	进入第 1 页

（2）距离测量模式。按◢进入，可进行水平角、竖直角、斜距、平距、高差测量及 PSM、PPM、距离单位等设置，见表 2-12。

表 2－12　距离测量模式

第 1 页	F1　MEAS：　偏心测量方式 F2　MODE：　设置测量模式，Fine/Coarse/Tracking（精测/粗测/跟踪） F3　S/A：　设置棱镜常数改正值（PSM）、大气改正值（PPM） F4　P1↓：　进入第 2 页
第 2 页	F1　OFSET：　设置倾斜改正开关 F2　SO：　距离放样测量方式 F3　m/f/i：　距离单位米/英尺/英寸切换 F4　P2↓：　进入第 1 页

（3）坐标测量模式。按 进入，可进行坐标（N，E，H）、水平角、竖直角、斜距测量及 PSM、PPM、距离单位等设置，见表 2－13。

表 2－13　坐标测量模式

第 1 页	F1　MEAS：　进行测量 F2　MODE：　设置测量模式，Fine/Coarse/Tracking F3　S/A：　设置棱镜常数改正值（PSM），大气改正值（PPM） F4　P1↓：　进入第 2 页
第 2 页	F1　R. HT：　输入棱镜高 F2　INS. HT：　输入仪器高 F3　OCC：　输入测站坐标 F4　P2↓：　进入第 3 页
第 3 页	F1　OFSET：　偏心测量方式 F2　— F3　m/f/i：　距离单位米/英尺/英寸切换 F4　P3↓：　进入第 1 页

8. 主菜单模式

按 MENU 进入，可进行数据采集、坐标放样、程序执行、内存管理（数据文件编辑、传输及查询）、参数设置等，见表 2－14。

表 2－14　主菜单模式

第 1 页	DATA COLLECT（数据采集） LAY OUT（点的放样） MEMORY MGR.（存储管理）
第 2 页	PROGRAM（程序） GRID FACTOR（坐标格网因子） ILLUMINATION（照明）
第 3 页	PARAMETERS（参数设置） CONTRAST ADJ（显示屏对比度调整）

（1）MEMORY MGR.（存储管理），见表 2－15。

表 2-15　　存储管理模式

第 1 页	1. FILE STATUS（显示测量数据、坐标数据文件总数） 2. SEARCH（查找测量数据、坐标数据、编码库） 3. FILE MAINTAIN（文件更名、查找数据、删除文件）
第 2 页	4. COORD. INPUT（坐标数据文件的数据输入） 5. DELETE COORD（删除文件中的坐标数据） 6. PCODE INPUT（编码数据输入）
第 3 页	7. DATA TRANSFER（向微机发送数据、接收微机数据、设置通信参数） 8. INITIALIZE（初始化数据文件）

（2）PROGRAM（程序），见表 2-16。

表 2-16　　程　序　模　式

第 1 页	1. REM（悬高测量） 2. MLM（对边测量） 3. Z COORD.（设置测站点 Z 坐标）
第 2 页	4. AREA（计算面积） 5. POINT TO LINE（相对于直线的目标点测量）

（3）PARAMETERS（参数设置），见表 2-17。

表 2-17　　参数设置模式

第 1 页	1. MINIMUM READING（最小读数） 2. AUTO POWER OFF（自动关机） 3. TILT ON/OFF（垂直角和水平角倾斜改正）

9．功能简介

测量前，要进行如下设置：按◢或∠，进入距离测量或坐标测量模式，再按第 1 页的 S/A（F3）。

（1）棱镜常数 PRISM 的设置。进口棱镜多为 0，国产棱镜多为－30mm。

（2）大气改正值 PPM 的设置。按“T-P”，分别在“TEMP”和“PRES”栏输入测量时的气温、气压。

注意：PRISM、PPM 设置后，在没有新设置前，仪器将保存现有设置。

10．测量方法

按以下步骤进行：

（1）角度测量。按 ANG 键，进入测角模式（开机后默认的模式），其水平角、竖直角的测量方法与经纬仪操作方法基本相同。照准目标后，记录下仪器显示的水平度盘读数 HR 和竖直度盘读数 V。

（2）距离测量。先按◢键，进入测距模式，瞄准棱镜后，按 F1（MEAS），记录下仪器测站点至棱镜点间的平距 HD、镜头与镜头间的斜距 SD 和高差 VD。

（3）坐标测量。按以下步骤进行：

1）按 ANG 键，进入测角模式，瞄准后视点 A。

2）按 HSET，输入测站 O 后视点 A 的坐标方位角。输入 65.4839，即输入了 65°48′39″。

3）按⊿键，进入坐标测量模式。按 P↓，进入第 2 页。

4）按 OCC，分别在 N、E、Z 输入测站坐标（X_0，Y_0，H_0）。

5）按 P↓，进入第 2 页，在 INS. HT 栏，输入仪器高。

6）按 P↓，进入第 2 页，在 R. HT 栏，输入 B 处的棱镜高。

7）瞄准待测量点 B，按 MEAS，得 B 点坐标（X_B，Y_B，H_B）。

11. 零星点的坐标放样

不使用文件。

（1）按 MENU，进入主菜单测量模式。

（2）按 LAYOUT，进入放样程序，再按 SKP，略过使用文件。

（3）按 OOC. PT（F1），再按 NEZ，输入测站 O 点的坐标（X_0，Y_0，H_0）；在 INS. HT 一栏，输入仪器高。

（4）按 BACKSIGHT（F2），再按 NE/AZ，输入后视点 A 的坐标（X_A，Y_A）；若不知 A 点坐标而已知坐标方位角 α_{OA}，则可再按 AZ，在 HR 项输入 α_{OA} 的值。瞄准 A 点，按 YES。

（5）按 LAYOUT（F3），再按 NEZ，输入待放样点 B 的坐标（X_B，Y_B，H_B）及测杆单棱镜的镜高后，按 ANGLE（F1）。使用水平制动和水平微动螺旋，使显示的 dHR=0°00′00″，即找到了 OB 方向，指挥持测杆单棱镜者移动位置，使棱镜位于 OB 方向上。

（6）按 DIST，进行测量，根据显示的 dHD 来指挥持棱镜者沿 OB 方向移动，若 dHD 为正，则向 O 点方向移动；若 dHD 为负，则向远处移动，直至 dHD=0 时，立棱镜点即为 B 点的平面位置。

（7）其所显示的 dZ 值即为立棱镜点处的填挖高度，正为挖，负为填。

（8）按 NEXT，反复（5）、（6）两步，放样下一个点 C。

八、苏州一光（RTS600）系列全站仪

1. 屏幕显示

RTS600 显示符号及含义见表 2-18。

表 2-18　RTS600 显示符号及含义

符　号	意　义	符　号	意　义
VZ	天顶距	PT#	点号
VH	高度角	ST/ BS/ SS	测站/后视/ 碎部点标志
V%	坡度	lns. Hi (l. HT)	仪器高
HR/HL	水平角（顺时针增/逆时针增）	Ref. Hr（R. HT）	棱镜高
SD/HD/ VD	斜距/平距/高差	ID	编码登记号
N	北向坐标	PCODE	编码
E	东向坐标	P1/P2/P3	第 1/2/3 页
Z	高程		

2. 角度测量模式

角度测量模式见表 2-19。

表 2-19 角度测量模式

模式	显示	软健	功能
角度测量	置零	F1	水平角置零
	锁定	F2	水平角锁定
	记录	F3	记录测量数据
	倾斜	F1	设置倾斜改正功能开或关
	坡度	F2	天顶距/坡度的变换
	竖角	F3	天顶距/高度角的变换
	直角	F1	直角蜂鸣（接近直角时蜂鸣器响）
	左右	F2	水平角顺/逆时针增加（默认顺时针）
	设角	F3	预置一个水平角

3. 距离测量模式

距离测量模式见表 2-20。

表 2-20 距离测量模式

模式	显示	软健	功能
斜距测量	瞄准/测距	F1	打开激光/启动测量并显示
	记录	F2	记录测量数据
	偏心	F1	偏心测量模式
	放样	F2	距离放样模式
平距测量	瞄准/测距	F1	打开激光/测量并计算平距、高差
	记录	F2	记录当前显示的测量数据
	偏心	F1	偏心测量模式
	放样	F2	距离放样模式

4. 坐标测量模式

坐标测量模式见表 2-21。

表 2-21 坐标测量模式

模式	显示	软健	功能
坐标测量	瞄准/测距	F1	打开激光/启动测量并计算坐标
	记录	F2	记录当前显示的坐标数据
	棱高	F1	输入棱镜高度
	测站	F2	输入测站点坐标
	偏心	F1	偏心测量模式
	后视	F2	输入后视点坐标

5. 主菜单模式

按 MENU 进入，可进行数据采集、坐标放样、程序执行、存储管理（数据文件编辑、传输及查询）、参数设置等。

6. 安置使用

按下列步骤使用和参数确定：

（1）安置仪器。对中整平（方法同经纬仪）后，按开关键开机，然后上下转动望远镜几周，使仪器水平盘转动几周，完成仪器初始化工作，直至显示水平度盘角值 HR、竖直度盘角值 VZ 为止。

（2）参数设置。按 EDM 键进入测距设置，按 F2（棱镜常数），按 F1（输入，一般为 −30），按 F4 两次（确认），按 F3（大气改正），按 F1（输入，在温度栏输入气温），按 F4（确认），向下移动光标（EDM）至气压栏，按 F1（输入气压），按 F4 两次（确认），按 ESC 键回到角度测量模式。

7. 测量方法

主要是角度、距离、坐标测量。

（1）角度测量。反复按 EDM 键，进入角度测量模式（开机即为角度测量模式）。若以测回法测量水平角∠*AOB*，步骤如下：

1）安置仪器于角顶 *O* 点。

2）盘左状态，瞄准左目标 *A* 点，水平度盘归零。方法为：若要配至 0°00′00″，则按置零 F1，确认 F3，HR 显示 0°00′00″；若要配至 0°01′20″，则按 F4 两次翻至第 3 页，按 F3（设角），再按 F1（输入），输入“0.0120”，按 F4 两次（确认）。

3）顺时针旋转望远镜瞄准右目标 *B* 点，记下水平度盘 HR 的大小。

4）盘右状态，瞄准右目标 *B* 点，记下 HR 的大小。

5）逆时针旋转望远镜瞄准左目标 *A* 点，记下 HR 的大小。

（2）距离测量。若要测量水平距离，则按 DISP 键 1～3 次，直至屏幕出现有 HD 栏；瞄准棱镜后，按 F1（测距），即得测站点至棱镜点间的平距 HD。通过按 DISP 键，可以查看镜头与镜头间的斜距 SD 和镜头与镜头间的高差 VD。

（3）坐标测量。按以下几个步骤进行：

1）按 DISP 键 1～3 次，直至屏幕出现有三维坐标 NEZ 栏；按 P1 翻页（F4）—测站（F3）—坐标（F4）—输入（F1），分别在 N、E、Z 栏输入测站点 *O* 的坐标（x_0，y_0，H_0）—确认（F4 两次）—输入（F1），在点号栏输入测站点号 *O*，按 F4 两次（确认）。

2）按 EDM（▼）键两次，将光标移至“仪高”栏，按 F1（输入仪器高），按 F4（确认），按 ESC（返回），按 F1（输入待测量点 *B* 处的棱镜高），按 F4 两次（确认）。

3）按 P2 翻至 P3 页，按 F4（坐标），若已知后视点 *A* 的坐标（x_A，y_A），则按 F1［输入分别在 N、E 栏输入（x_A，y_A）］，按 F4 两次（确认）；若已知测站点 *O* 至后视点 *A* 的坐标方位角，如 $\alpha_{OA}=38°25'16''$，则按 F3（角度），在 HR 栏输入 38.2516 即可，再按 F4 两次（确认）。照准后视点 *A*，按 F3（是）。

4）按 ESC（返回），按 P3（F4）翻至 P1 页，旋转仪器，照准待测量点 *B* 的棱镜，按 F1（测距）后，显示的 N、E、Z 即为 *B* 点的坐标和高程。

(4) 零星点的坐标放样。不使用文件，分五个步骤进行：

1) 按 MENU 键，按 F1［放样，在“文件名”栏输入一个文件名。如：gcd，按 F4 两次（确认）］，按 F3（新建此文件），按 F1（测站设置），按 EDM（▼），将光标移至仪高栏，按 F1（输入仪器高），按 F4（确认），按 F3（坐标），按 F1（输入，分别在 N、E、Z 栏输入测站点 O 的 x_0、y_0、H_0），按 F4 两次（确认），按 ESC（返回）。

2) 按 F2（后视点设置），按 F3（坐标），按 F1（输入，分别在 N、E 栏输入后视点 A 的坐标 x_A，y_A），按 F4 两次（确认）；若已知测站点 O 至后视点 A 的坐标方位角 $\alpha_{OA}=32°45'18''$，则按 F3（角度），按 F1（输入，在 HR 项输入 32.4518，再按 F4 两次（确认）即可。

3) 旋转仪器，照准后视点 A 后，按 F3（是），按 F3（放样），按 F3（坐标），按 F1（输入，分别在 N、E、Z 栏输入待放样点 B 的坐标 x_B、y_B、H_B），按 F4 两次（确认），按 F1（输入，在镜高栏输入待放样点 B 的镜高），按 F4 两次（确认），按 F1（极差）；旋转仪器，使显示的 dHR=0°00′00″，即找到了 OB 方向，指挥持测杆单棱镜者移动位置，使棱镜位于 OB 方向上。

4) 按 F1（测距），根据显示的 dHD 来指挥持棱镜者沿 OB 方向移动，若 dHD 为正，则向 O 点方向移动；若 dHD 为负，则向远处移动，直至 dHD=0 时，立棱镜点即为 B 点的平面位置，其所显示的 dZ 值即为立棱镜点处的填挖高度，正为挖，负为填。

5) 若要放样下一个点 C，则按 F4（下点），按 F3（坐标，输入 C 的坐标），同理放样出 C 点。

(5) 建立坐标文件的方法。按 MENU 键，按 EDM（▼）键，翻页，按 F1（存储管理），按 EDM（▼）键，翻页，按 F1（输入坐标），按 F1（输入，在“文件名”栏输入一文件名），按 F4 两次（确认），按 F3（新建此文件），按 F1（输入，在“点号”栏输入 A），按 F4 两次（确认），按 F1（输入，分别在 N、E、Z 三栏分别输入 A 点坐标 x_A，y_A，H_A），按 F4 两次（确认）。以此类推，可输入 B、C、O 点的坐标。按 ESC 键三次，退出。

九、索佳（Sokkia）全站仪

1. 显示符号

Sokkia 显示符号见表 2-22。

表 2-22　Sokkia 显示符号

符　号	意　义	符　号	意　义
ZA	天顶距 $Z=0$	S	斜距
VA	垂直角 $H=0$	H	水平距
HAR	右水平角	V	高差
HAL	左水平角	Ht	悬高测量值
HARp	复测角	_ tK	跟踪测量数据
dHA	水平角放样数据	_ A	平均测量数据
X	视准轴方向的倾角	Stn	测站坐标
Y	水平轴方向的倾角	P	坐标放样数据

2. 键功能

仪器出厂时，各键的功能是默认的。各功能键意义见表 2-23。

表 2-23　　功能键意义

符　号	意　义	符　号	意　义
THEO	转换至经纬仪模式	EDIT	编辑数据
EDM	转换至测距模式	Input	改变显示数据
S—O	转换至放样测量模式	Clear	设置数据为 0
CONF	转换至设置模式	Off	关闭电源
→PX	翻至下一页	■↑■	移至上一选择项/增加计数
———	没有设置功能	■↓■	移至下一选择项/减少计数
ILLUM	显示窗和分划板照明开关	■→■	移至右选择项/至下一列
Enter	储存选择的数据	■1■	选择数字 1
Exit	从各种模式中退出	■2■	选择数字 2
CE	返回至先前显示	■3■	选择数字 3
ESC	转换成基本模式		
	按 ESC+ILLUM：显示窗和分划板照明开机		
	持续按 ESC，Off：关机		

(1) 角度测量。见表 2-24。

表 2-24　　角度测量模式

符　号	意　义	符　号	意　义
0SET	设置水平角为 0/V 度盘指标	FS	完成 NO. 2 点的照准
HOLD	锁定/释放水平角	ZA%	天顶距/%坡度
Tilt	显示倾角	VA%	垂直角/%坡度
REP	转换至复测模式	R/L	选择左/右水平角
BS	完成 NO. 1 点的照准		

(2) 距离测量。见表 2-25。

表 2-25　　距离测量模式

符　号	意　义	符　号	意　义
_ dist	距离测量	M/TRK	多次或单次测量/跟踪测量
◢ SHV	选择测距模式（S 表示斜距/H 表示平距/V 表示高差）	SIGNL	返回信号检查
		f/m	改变距离单位（米/英尺）5s
PPM	至 ppm 设置模式	RCL	调阅存储器中的测量数据

(3) 坐标测量。见表 2-26。

表 2-26　　坐标测量模式

符号	意义	符号	意义
Stn _ p	输入测站坐标	COORD	测量三维坐标
Ht	输入目标高和仪器高	MEM	坐标数据输入/删除/调阅
Bsang	后视点坐标输入和方位角设置		

3. 角度测量

测量水平角∠AOB。

(1) 设置。在角顶安置仪器，后视左目标 A，将后视目标方向设置为 0（在经纬仪模式下，按 0SET 键）。

设置一个已知的水平角（角锁定）要设置后视目标方向为已知值，利用水平角锁定功能。在经纬仪模式下，按 HOLD 键，水平角锁定，再按一次水平角解锁。

(2) 水平角显示的选择。在经纬仪模式下，按 R/L 显示水平左角，再按一次显示为水平右角。

(3) 复角测量。为了取得高精度的水平角测量结果，可进行角度复测，然后取其平均角值。仪器可计算并显示复测的平均值。具体步骤如下：在经纬仪模式第 3 页菜单下，照准左目标 A，按 REP 进入水平角复测模式，按 BS 开始第 1 次测量，照准右目标 B，按 FS 显示两点间的夹角，且右目标 B 的角值被锁定。再次照准左目标 A（显示不变），按 BS，水平角解锁并开始第 2 次测量，再照准右目标，显示两次测量的平均值且右目标的角值被锁定。重复上述步骤继续测量，退出按 EXIT。需要注意测量次数最多为 10 次，复测显示范围为±3599°59′59″。

(4) 坡度。经纬仪模式第 3 页上，按 ZA%显示坡度，再按 ZA%显示竖直角。

4. 距离测量

距离测量模式下，按◢ SHV 选择斜距/平距/高差。照准目标 A，按 _ dist 开始测量距离，显示距离、竖直角和水平角测量值。

(1) 精测模式。在距离测量模式下，按 Hdist，Hdist 闪烁并开始测距，显示平距、竖直角和水平角。测距共进行 3 次。0.4s 后，显示 3 次测距的平均值，至 0.1mm，然后停止测量。H-A 平距的平均值。H-1 为第一次测量的平距值。

(2) 跟踪测量。在测距模式下，按 M/TRK 进行跟踪测距，照准目标，按 _ dist 开始距离测量，显示距离、竖直角和水平角测量值，按 STOP 停止距离测量。

(3) 测量数据的查阅。最新测量的距离和角值存储在存储器中，直到断电为止。在距离测量模式下，按 RCL 显示存储的最新数据，按 ESC 退回基本模式。

【技　能　训　练】

1. 绘出符合水准气泡居中和不居中的示意图。

2. 已知 A、B 两点的高程分别为 24.185m 和 24.175m，AB 距离为 100m，现将仪器

安置于 A 点附近，读 A 尺读数为 $a=1.865\mathrm{m}$，B 尺读数为 $b=1.855\mathrm{m}$。问：水准管轴是否平行于视准轴？如果不平行，当水准管气泡居中时，视准轴是向上还是向下倾斜？i 角是多少？如何校正？

3. DJ6 级光学经纬仪主要由哪几个部分组成？各部分的作用是什么？

4. 如何消除瞄准目标时存在的视差？如何消除读数显微镜内存在的视差？

学习情境三　三项基本测量工作

【知识目标】

1. 理解水准测量的基本原理
2. 理解水平角的测量基本原理
3. 熟悉水平距离的测量原理，熟悉视距测量的原理
4. 掌握直线定向的方法和方位角计算方法

【能力目标】

1. 掌握水准测量的方法
2. 掌握水平角的测量方法
3. 掌握水平距离的测量方法
4. 掌握视距测量的方法
5. 掌握直线定向的方法

工作任务一　水　准　测　量

高程是确定地面点位的三要素之一，因此如何测量地面上点的高程是测量的基本工作。测定地面点高程的工作，称为高程测量。根据所使用的仪器和施测方法及精度要求的不同，可以分为水准测量、三角高程测量、GPS高程测量和气压高程测量。水准测量是精密测量地面点高程最主要的方法，广泛应用于国家高程控制、工程勘测和建筑工程施工测量中。

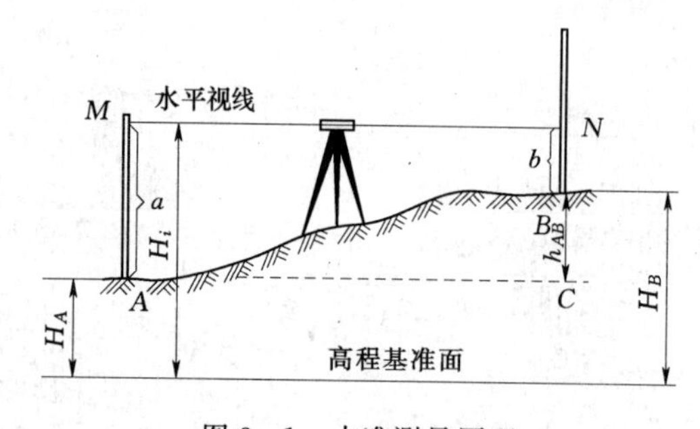

图 3-1　水准测量原理

一、水准测量原理

水准测量是利用水准仪提供的水平视线，借助于带有分划的水准尺，直接测定地面上两点间的高差，然后根据已知点高程和测得的高差，推算出未知点高程。

如图 3-1 所示，A、B 两点间高差 h_{AB} 为

$$h_{AB}=a-b \tag{3-1}$$

设水准测量是由 A 向 B 进行的，则 A 点为后视点，A 点尺上的读数 a 称为后视读数；B 点为前视点，B 点尺上的读数 b 称为前视读数。因此，高差等于后视读数减去前视读数。

注意：每安置一次仪器，称为一个测站，高程已知的点为后视点，读数为后视读数，

一律用 a 表示，与后视点名称无关；高程未知的点为前视点，读数为前视读数，一律用 b 表示，与前视点名称无关。

二、地面点的高程

高程是确定地面点高低位置的基本要素，分为绝对高程和相对高程两种。

1. 绝对高程

地面上任意一点到大地水准面的铅垂距离，称为该点的绝对高程（也称海拔），简称高程，如图 3-2 中的 H_A 和 H_B。

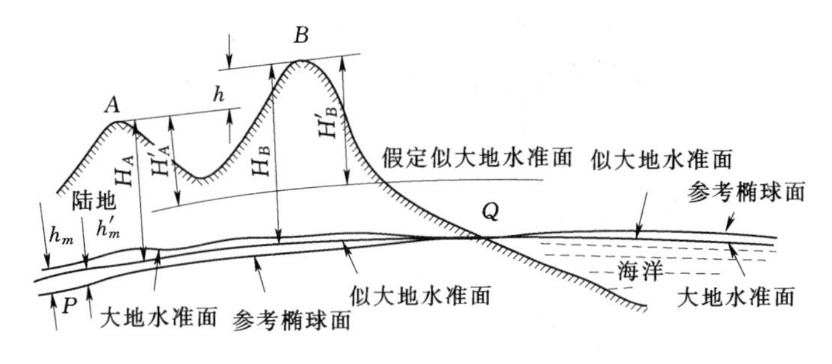

图 3-2　高程和高差

为了建立全国统一高程基准面，我国把 1950～1956 年间的黄海平均海水面作为大地水准面，也就是我国计算绝对高程的基准面，其高程为零。凡以此基准面起算的高程属于“1956 年黄海高程系”。为了使用方便，在验潮站附近设立一水准原点，并于 1956 年推算出位于山东青岛象鼻山的国家水准原点的高程为 72.289 m，作为全国高程起算的依据。

我国从 1987 年开始，决定采用青岛验潮站 1952～1979 年的周期平均海水面的平均值作为新的平均海水面，并命名为“1985 国家高程基准”。位于青岛的中华人民共和国水准原点，按“1985 国家高程基准”起算的高程为 72.260m。

目前，我国有些地区和行业仍然采用地方高程系统，下面是不同地方或已经过时的高程系统水准点高程的换算关系。

（1）吴淞与废黄河、黄海、八五基准点的关系如下：

吴淞＝废黄河＋1.763m

吴淞＝黄海＋1.924m

吴淞＝八五基准＋1.953m

（2）废黄河与吴淞、黄海、八五基准点的关系如下：

废黄河＝吴淞－1.763m

废黄河＝黄海＋0.161m

废黄河＝八五基准点 ＋0.190m

（3）黄海与吴淞、废黄河、八五基准点的关系如下：

黄海＝吴淞－1.924m

黄海＝废黄河－0.161m

黄海＝八五基准＋0.029m

（4）八五基准与吴淞、废黄河、黄海基准点的关系如下：

八五基准＝吴淞－1.953m

八五基准＝废黄河－0.190m

八五基准＝黄海－0.029m

2. 相对高程

在有些测区，引用绝对高程有困难，为工作方便而采用假定的水准面作为高程起算的基准面，那么地面上一点到假定水准面的铅垂距离称为该点的相对高程（或称假定高程）。

3. 高差

地面上两点间的高程之差称为高差。

A 点高程为 H_A，B 点高程为 H_B，则 B 点对于 A 点的高差 $h_{AB}=H_B-H_A$。当 h_{AB} 为负值时，说明 B 点高程低于 A 点高程；h_{AB} 为正值时，则相反。

三、计算未知点高程

1. 高差法

如果已知 A 点的高程为 H_A 和测得高差为 h_{AB}，则 B 点的高程为

$$H_B=H_A+h_{AB} \tag{3-2}$$

特点：每个测站都有一个后视读数，一个前视读数；此法适用于线水准测量，如道路、渠道的高程测量。

2. 视线高法

已知点高程加上后视读数显然等于视线的高程（视线高程 H_i），即 $H_i=H_A+a$，则有

$$H_B=H_i-b \tag{3-3}$$

特点：一个测站上，一个后视读数，多个前视读数；此法适用于面水准测量，如场地平整测量。

四、连续水准测量

1. 需要连续观测的条件

取决于下述各项：

（1）距离过长。需要测量高差的两点之间距离太长，超过仪器2倍允许观测距离。

（2）高差过大。两点之间的高差太大，超过仪器和水准尺允许的高度。

（3）视线不好。两点间由于有建筑等，使视线不通畅。

2. 连续观测的方法

如果高差测量中出现上述情况，需要在两点间增设若干个作为传递高程的临时立尺点 TP_1、TP_2、…、TP_n，称为转点（其传递高程的作用，有前视，也有后视），并依次连续设站观测，A、B 两点间的高差计算公式为

$$h_{AB}=\sum_{i=1}^{n}h_i=\sum_{i=1}^{n}a_i-\sum_{i=1}^{n}b_i \tag{3-4}$$

显然有

$$H_B=H_A+\sum h \tag{3-5}$$

（1）视线高法。如图3-3所示，在相邻两测站之间有了1、2、3与4、5等中间点

(不起传递高程的作用，只有前视，无后视)，它们是待测的高程点，而不是转点。

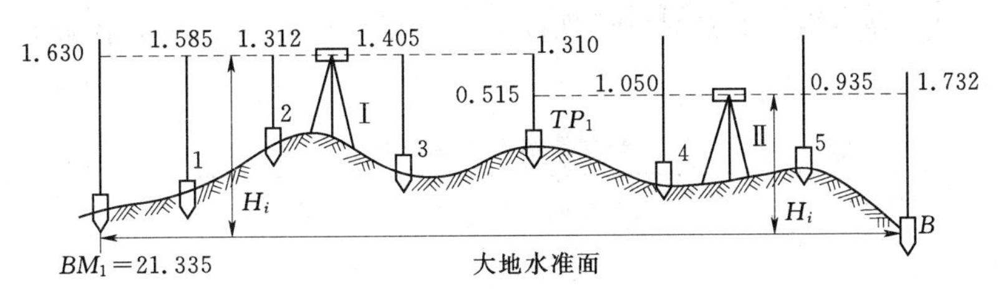

图 3－3　视线高法连续水准测量

在测站Ⅰ，除了读出 TP_1 点上的前视读数，还要读出中间点 1、2、3 的读数；在测站Ⅱ，要读出 TP_1 点上的后视读数，以及中间点 4、5 的读数。

视线高法的计算方法与高差法不同，须先计算仪器视线高程 H_i，再推算前视点和中间点高程。记录与计算见表 3－1 相应栏。

为了减少高程传递误差，观测时应先观测转点，后观测中间点。

表 3－1　　视线高法水准测量手簿

测站	测点	后视读数 (m)	视线高程 (m)	前视读数 (m)		高程 (m)	备　注
				转点	中间点		
Ⅰ	BM_1	1.630	22.965			21.335	
	1				1.585	21.380	
	2				1.312	21.653	
	3				1.405	21.560	
Ⅱ	TP_1	0.515	22.170	1.310		21.655	
	4				1.050	21.120	
	5				0.935	21.235	
	B			1.732		20.438	
计算检核	∑后＝2.145 ∑后 － ∑前＝－0.897			∑前＝3.042（不包括中间点） $H_{终}-H_{始}=-0.897$			

(2) 高差法。每安置一次仪器，测得一个高差，如图 3－4 所示。观测、记录与计算见表 3－2。

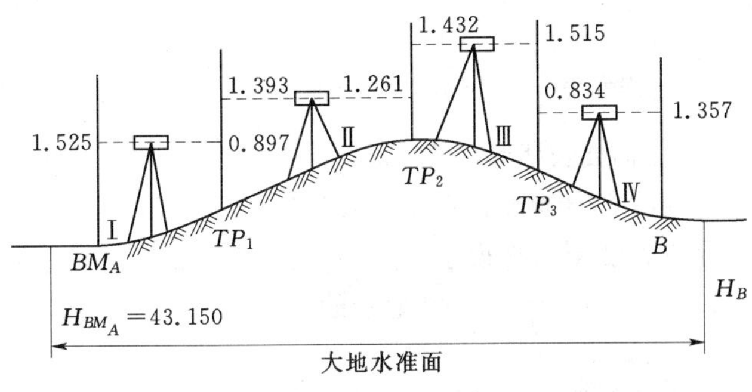

图 3－4　高差法连续水准测量

每个测站，都有一个后视读数和一个前视读数，每个立尺点（转点）上水准尺也都有后视读数和一个前视读数（起点只有后视读数，终点只有前视读数），因此，每个测站都必须计算高差。

表 3-2　高差法水准测量手簿

测　点	后视读数（m）	前视读数（m）	高　差（m）	高　程（m）	备　注
BM_A	1.525			43.150	已知水准点
			0.628		
TP_1	1.393	0.897		43.778	
			0.132		
TP_2	1.432	1.261		43.910	
			−0.083		
TP_3	0.834	1.515		43.827	
			−0.523		
B		1.357		43.304	
计算校核	$\sum$后＝5.184	$\sum$前 ＝ 5.030	$\sum h$＝0.154	$H_{终}-H_{始}$＝0.154	计算无误
	$\sum$后 － $\sum$前 ＝ 0.154				

五、水准测量校核方法

1. 水准点

用水准测量的方法测定的高程控制点，称为水准点，记为 BM。水准点有永久性水准点和临时性水准点两种。

（1）永久性水准点。永久性水准点是需要长时间保留的水准点，国家等级水准点都是永久性水准点，如图 3-5 和图 3-6 所示。

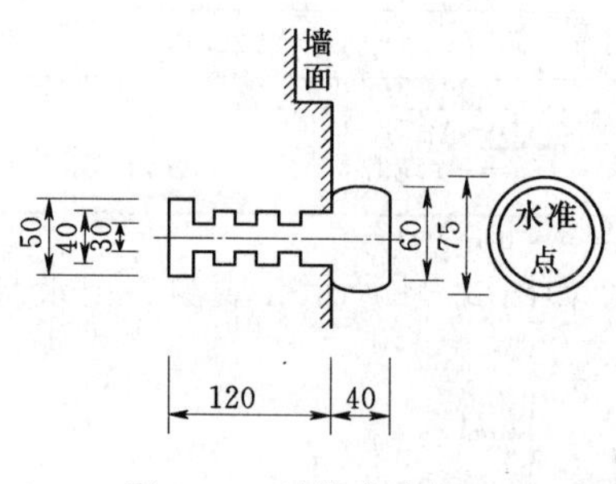

图 3-5　墙脚水准标志

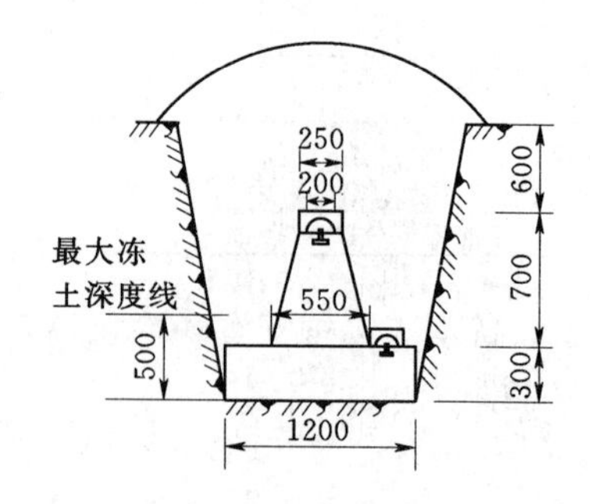

图 3-6　国家等级混凝土水准标志

（2）临时性水准点。不需要长期保留的水准点，临时性水准点可用地面上突出的坚硬岩石或用大木桩打入地下，桩顶钉以半球状铁钉作为水准点的标志，如图 3-7 和图 3-8 所示。

为了方便以后的寻找和使用，埋设水准点后，应绘出能标记水准点位置的草图（称点之记），图上要注明水准点的编号、与周围地物的位置关系。

2. 水准测量测站检核方法

在一个测站上进行测量数据的校核，保证每个测站的数据可靠程度。

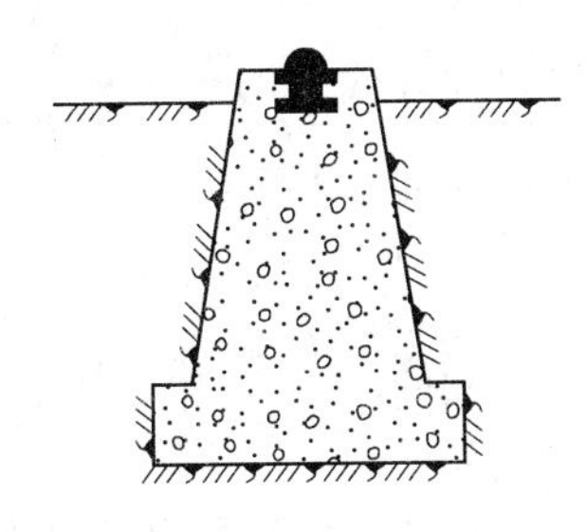

图 3－7　混凝土水准标志

图 3－8　木桩水准点

(1) 两次仪器高法。在每一测站上用两次不同仪器高度的水平视线（改变仪器高度±10cm 左右）来测定相邻两点间的高差，理论上两次测得的高差相等。如果两侧观测高差不相等，对图根水准测量，其差的绝对值应小于 5mm，否则应重新观测。表 3－3 给出了 A、B 两点间采用变动仪器高法进行水准测量的记录表格，括号内的数值表示两次观测高差之差的绝对值。

表 3－3　**两次仪器高法水准测量记录表**

测站	点号	水准尺读数（mm）		高差（m）	平均高差（m）	高程（m）	备注
		后视 a	前视 b				
1	BM_A	1134		−0.543	(0.000)	13.428	
		1011					
	TP_1		1677	−0.543	−0.543		
			1554				
2	TP_1	1444		0.120	(0.004)		
		1624					
	TP_2		1324	0.116	0.118		
			1508				
3	TP_2	1822		0.946	(0.000)		
		1710					
	TP_3		0876	0.946	0.946		
			0764				
4	TP_3	1820		0.385	(0.002)		
		1923					
	TP_4		1435	0.383	0.384		
			1540				
5	TP_4	1422		0.114	(0.002)		
		1604					
	BM_B		1308	0.116	0.115	14.448	
			1488				
检核计算	Σ	15514	13474	2.040	1.020		
	(Σ后视读数 － Σ前视读数)/2＝Σ高差/2＝Σ平均高差＝H_B-H_A						

对于记录表中的观测数据还要进行计算检核，计算检核的条件是满足以下等式

$$\frac{\sum a-\sum b}{2}=\frac{\sum h}{2}=\sum h_{平均}=H_{终}-H_{始}$$

否则说明计算有错误。例如表3-3中，有

$$(15.514-13.474)/2=2.040/2=1.020=14.448-13.428$$

等式条件成立，说明高差计算正确。

(2) 双面尺法。在每一测站上同时读取每一根水准尺的黑面和红面分划读数，然后由前、后视尺的黑面读数计算出一个高差，前、后视尺的红面读数计算出另一个高差，以这两个高差之差是否小于某一限值来进行检核。由于在每一测站上仪器高度不变，这样可加快观测的速度。立尺点和水准仪安置同两次仪器高法。每站仪器粗平后的观测步骤为：

1）瞄准后视点水准尺黑面分划→精平→读数。

2）瞄准后视点水准尺红面分划→精平→读数。

3）瞄准前视点水准尺黑面分划→精平→读数。

4）瞄准前视点水准尺红面分划→精平→读数。

其观测顺序简称为"后—后—前—前"，对于尺面分划来说，顺序为"黑—红—黑—红"。表3-4给出了双面尺法水准测量记录表，括号内数值表示两次观测高差之差的绝对值。

表3-4　　双面尺法水准测量记录表

测站	点号	水准尺读数（mm）		高差（m）	平均高差（m）	高程（m）	备注
		后视 a	前视 b				
1	BM_1	1211 5998		0.625	(0.000)	20.000	
	TP_1		0586 5273	0.725	0.625		
2	TP_1	1554 6241		1.243	(0.001)		
	TP_2		0311 5097	1.144	1.2435		
3	TP_2	0398 5186		−1.125	(0.001)		
	D		1523 6210	−1.024	−1.1245	20.744	
检核计算	Σ	20588	19000	1.588	0.744		

由于在一对双面水准尺中，两把尺子的红面零点注记分别为4687和4787，零点差为100mm，所以在表3-4每站观测高差的计算中，当4787水准尺位于后视点而4687水准尺位于前视点时，采用红面尺读数计算出的高差比采用黑面尺读数计算出的高差大100mm；反之，则小100mm。因此，在每站高差计算中，应先将红面尺读数计算出的高

差减或加 100mm 后才能与黑面尺读数计算出的高差取平均值。

3. 水准测量路线检核

采用不同的测量路径，根据理论值和测量值的差值判定结果的可靠程度。

(1) 附合水准路线的成果检核。如图 3-9 (a) 所示，BM_1 和 BM_2 为已知高程水准点，1、2、3 为待定高程点。从水准点 BM_1 出发，沿各个待定高程点进行水准测量，最后附合到另一已知水准点 BM_2，这种水准路线称为附合水准路线，这种水准路线适用于比较狭长的工程中，如铁路工程、管道工程、道路工程等。

理论上，附合水准路线中各待定高程点间高差的代数和，应等于始、终两个已知水准点的高程之差，即

$$\sum h_{理} = H_{终} - H_{始} \tag{3-6}$$

如果不相等，两者之差称为高差闭合差，用 f_h 表示，有

$$f_h = \sum h_{测} - (H_{终} - H_{始}) \tag{3-7}$$

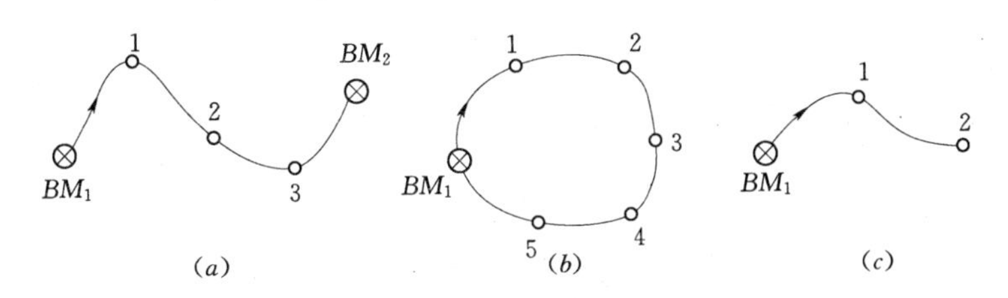

图 3-9　水准路线

(a) 附合水准路线；(b) 闭合水准路线；(c) 支水准路线

(2) 闭合水准路线的成果检核。如图 3-9 (b) 所示，当测区内只有一个水准点时，可以从这个已知水准点开始，依次对待定高程点进行水准测量，最后重新闭合到该已知点上，这种水准路线称为闭合水准路线，一般应用在比较开阔的工程区域中。理论上，闭合水准路线中各待定高程点间高差的代数和应等于零，即

$$\sum h_{理} = 0 \tag{3-8}$$

但实际上总会有误差，致使高差闭合差不等于零，则高差闭合差为

$$f_h = \sum h_{测} \tag{3-9}$$

(3) 支水准路线的成果检核。如图 3-9 (c) 所示，由已知水准点出发，沿各待定高程点进行水准测量，既不附合到其他水准点上，也不自行闭合，这种水准路线称为支水准路线。支水准路线要进行往返测，往测高差与返测高差的代数和理论上应为零，并以此作为支水准路线测量正确与否的检验条件。如不等于零，则高差闭合差为

$$f_h = \sum h_{往} + \sum h_{返} \tag{3-10}$$

六、成果处理

水准测量的外业测量数据，如经检核无误，满足规定等级精度要求，就可以进行内业成果计算。内业计算工作的主要内容是调整高差闭合差，最后计算出各待定点的高程。

1. 限差规定

各种路线形式水准测量，其高差闭合差均不应超过规定容许值，否则即认为水准测量

结果不符合要求。高差闭合差容许值的大小与测量等级有关。测量规范中，对不同等级的水准测量作了高差闭合差容许值的规定。实际测量时，需要按照工程要求查相应的测量规范，以满足最低要求为准。

例如，等外水准测量的高差闭合差容许值规定为

平地　　$f_{h容}=\pm 40\sqrt{L}$ (mm)

山地　　$f_{h容}=\pm 12\sqrt{n}$ (mm)　　(3－11)

式中　L——水准路线长度，km；

n——测站数。

2. 附合水准路线的成果计算

如图 3－10 所示为一附合水准路线，已知各相关外业测量数据和已知数据。计算结果填入表 3－5，方法和步骤如下：

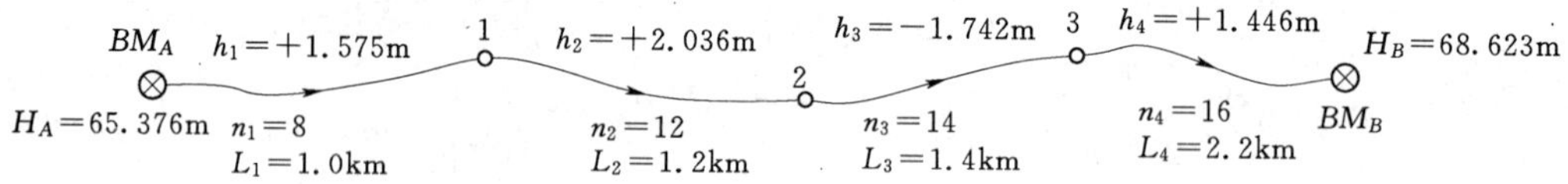

BM_A　$H_A=65.376$m　$h_1=+1.575$m　$n_1=8$　$L_1=1.0$km　1　$h_2=+2.036$m　$n_2=12$　$L_2=1.2$km　2　$h_3=-1.742$m　$n_3=14$　$L_3=1.4$km　3　$h_4=+1.446$m　$n_4=16$　$L_4=2.2$km　BM_B　$H_B=68.623$m

图 3－10　附合水准路线

表 3－5　　**附合水准路线成果计算表**

点　号	距离 (km)	测站数	实测高差 (m)	改正数 (mm)	改正后高差 (m)	高程 (m)	备　注
BM_A						65.376	
	1.0	8	1.575	−12	1.563		
1						66.939	
	1.2	12	2.036	−14	2.022		
2						68.961	
	1.4	14	−1.742	−16	−1.758		
3						67.203	
	2.2	16	1.446	−26	1.420		
BM_B						68.623	
Σ	5.8	50	3.315	−68	3.247		
辅助计算	$f_h=68$mm　$L=5.8$km $f_{h容}=\pm 40\sqrt{L}=\pm 40\sqrt{5.8}=\pm 96$mm $\vert f_h\vert<\vert f_{h容}\vert$　所以成果合格						

(1) 闭合差的计算。由式 (3－7) 计算得

$$f_h=\sum h_{测}-(H_{终}-H_{始})=3.315-(68.623-65.376)=0.068\text{m}$$

(2) 高差闭合差容许值。高差闭合差可用来衡量测量成果的精度，等外水准测量的高差闭合差容许值规定为 (式 3－11)

$$f_{h容}=\pm 40\sqrt{L}=\pm 40\sqrt{5.8}=\pm 96\text{mm}$$

$|f_h|<|f_{h容}|$，故其精度符合要求。

(3) 闭合差的调整。对于同一条水准路线，假设观测条件是相同的，可认为每个测站

产生误差的机会是相等的。高差闭合差的调整原则如下：

1）调整数的符号与高差闭合差 f_h 符号相反。

2）调整数值的大小是按测段长度或测站数成正比例的分配。

3）调整数最小单位为 0.001m。

得改正后高差，即

$$\left.\begin{aligned}&\text{按距离} \quad &v_i=-\frac{f_h}{\sum l}\cdot l_i\\&\text{按测站数} \quad &v_i=-\frac{f_h}{\sum n}\cdot n_i\end{aligned}\right\} \tag{3-12}$$

改正后高差 $$h_{i改}=h_{i测}+v_i$$

式中　v_i，$h_{i改}$——第 i 测段的高差改正数与改正后高差；

$\sum n$，$\sum l$——路线总测站数与总长度；

n_i，l_i——第 i 测段的测站数与长度。

以第 1 和第 2 测段为例，测段改正数为

$$v_1=-\frac{f_h}{\sum l}\cdot l_1=-(0.068/5.8)\times 1.0=-0.012\text{m}$$

$$v_2=-\frac{f_h}{\sum l}\cdot l_2=-(0.068/5.8)\times 1.2=-0.014\text{m}$$

检核 $$\sum v=-f_h=-0.068\text{m}$$

第 1 测段和第 2 测段改正后的高差为

$$h_{1改}=h_{1测}+v_1=1.575-0.012=1.563\text{m}$$

$$h_{2改}=h_{2测}+v_2=2.036-0.014=2.022\text{m}$$

检核 $$\sum h_{i改}=H_B-H_A=3.247\text{m}$$

（4）高程的计算。根据检核过的改正后高差，由起点 A 开始，逐点推算出各点的高程，如

$$H_1=H_A+h_{1改}=65.376+1.563=66.939\text{m}$$

$$H_2=H_1+h_{2改}=66.939+2.022=68.961\text{m}$$

逐点计算各点高程，最后算得的 B 点高程应与已知高程 H_B 相等，即

$$H_{B(算)}=H_{B(已知)}=68.623\text{m}$$

否则说明高程计算有误。

3. 闭合水准路线的成果计算

闭合水准路线各测段高差的代数和应等于零，其步骤与附合水准路线相同。

如图 3-11 所示，闭合水准路线 BM_A、1、2、3、4，各段观测数据及起点高程均注于图中，现以该闭合水准路线为例，将成果计算的步骤介绍如下，并将计算结果列入表 3-6 中。

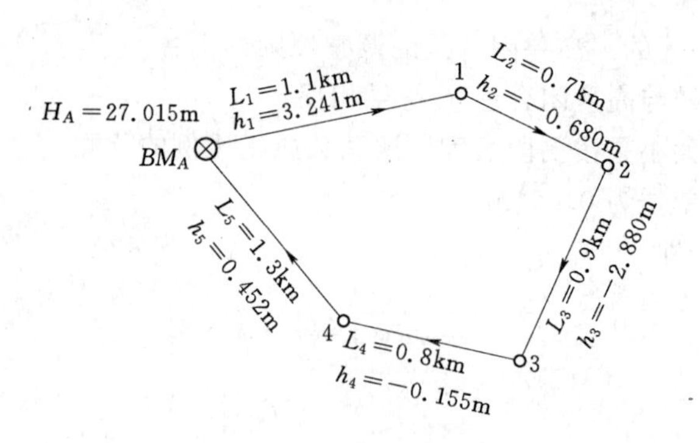

图 3-11　闭合水准路线

表 3-6　　**闭合水准路线成果记录表**

测点	距离 (km)	实测高差 (m)	高差改正数 (m)	改正后高差 (m)	高程 (m)	备注
BM_A					27.015	已知
	1.1	+3.241	0.005	+3.246		
1					30.261	
	0.7	−0.680	0.003	−0.677		
2					29.584	
	0.9	−2.880	0.004	−2.876		
3					26.708	
	0.8	−0.155	0.004	−0.151		
4					26.557	
	1.3	+0.452	0.006	+0.458		
BM_A					27.015	与已知高程相符
Σ	4.8	−0.022	+0.022	0		
辅助计算	$f_h=\sum h_{测}=-0.022$m　$f_{h容}=\pm 40\sqrt{L}=\pm 40\sqrt{4.8}=\pm 87$mm；$\lvert f_h\rvert<\lvert f_{h容}\rvert$，精度合格					

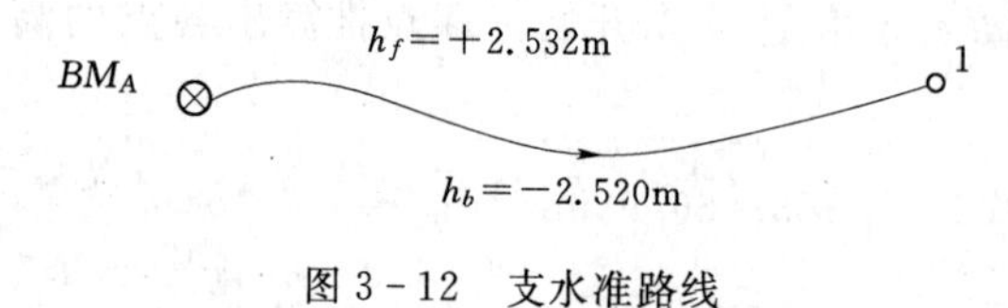

图 3-12　支水准路线

4. 支水准路线的成果计算

对于支水准路线，取其往返测高差的平均值作为成果，高差的符号应以往测为准，最后推算出待测点的高程。如图 3-12 所示，已知水准点 A 的高程为 186.000m，往、返测站共 16 站。高差闭合差为

$$f_h=h_{往}+h_{返}=2.532-2.520=0.012\text{m}$$

闭合差容许值为

$$f_{h容}=\pm 12\sqrt{n}=\pm 12\sqrt{16}=\pm 48\text{mm}$$

$\lvert f_h\rvert<\lvert f_{h容}\rvert$，说明符合普通水准测量的要求。经检核符合精度要求后，可取往测和返测高差绝对值的平均值作为 A、1 两点间的高差，其符号与往测高差符号相同，即

$$h_{A1}=(2.532+2.520)/2=2.526\text{m}$$

$$H_1=186+2.526=188.526\text{m}$$

七、水准测量的误差及其减弱方法

水准测量的误差包括仪器误差、观测误差和外界环境影响三个方面。测量工作者应根据误差产生的原因，采取相应的措施，尽量减少或消除各种误差的影响。

1. 仪器误差

仪器误差是指仪器自身因为制造、使用过程中几何条件不满足等引起的误差。

（1）仪器校正后的残余误差。规范规定，DS3 水准仪的 i 角大于 20″才需要校正，因此，正常使用情况下，i 角将保持在±20″以内。i 角引起的水准尺读数误差与仪器至标尺的距离成正比，只要观测时注意使前、后视距相等，便可消除或减弱 i 角误差的影响。在水准测量的每站观测中，使前后视距完全相等是不容易做到的，因此规范规定，对于四等水准测量，一站的前后视距差应小于等于 5m，任一测站的前后视距累积差应小于等于 10m。

（2）水准尺误差。由于水准尺分划不准确、尺长变化、尺身弯曲等原因而引起的水准尺分划误差会影响水准测量的精度。因此，水准尺要经过检验才能使用，不合格的水准尺不能用于测量作业。此外，由于水准尺长期使用而使底部磨损，或由于水准尺使用过程中粘上泥土，这些相当于改变了水准尺的零点位置，称水准尺零点误差。它会给测量成果的精度带来影响。如果测量过程中，以两只水准尺交替作为后视尺和前视尺，并使每一测段的测站数为偶数，即可消除此项误差。

2. 观测误差

主要是操作使得观测出现误差。

（1）水准管气泡居中误差。水准测量的原理要求视准轴须水平，视准轴水平是通过管水准气泡居中来实现的。精平仪器时，如果管水准气泡没有精确居中，将造成视线偏离水平位置，从而带来读数误差。采用符合式水准器时，气泡居中的精度可提高一倍，操作中应使符合气泡严格居中，并在气泡居中后立即读数。

（2）读数误差。普通水准测量中的 mm 位数字是根据十字丝横丝在水准尺厘米分划内的位置进行估读的，在望远镜内看到的横丝宽度相对于厘米分划格宽度的比例决定了估读的精度。读数误差与望远镜放大倍数和视线长度有关，视线越长，读数误差越大。因此，规范规定，使用 DS3 水准仪进行四等水准测量时，视线长度应小于等于 80m。

（3）水准尺倾斜。读数时，水准尺必须竖直。如果水准尺前后倾斜或左右倾斜都会引起读数的误差，尤其是前后倾斜，在水准仪望远镜的视场中不会察觉，但由此引起的水准尺读数总是偏大，且视线高度越大，误差就越大。在水准尺上安装圆水准器是保证尺子竖直的主要措施。

（4）视差。视差是指在望远镜中，水准尺的像没有准确地成在十字丝分划板上，造成眼睛的观察位置上下不同时，读出的标尺读数也不同，由此产生读数误差。因此，观测时要仔细进行目镜和物镜调焦，以便消除视差。

3. 外界环境影响

观测过程中外界条件变化会增大误差。

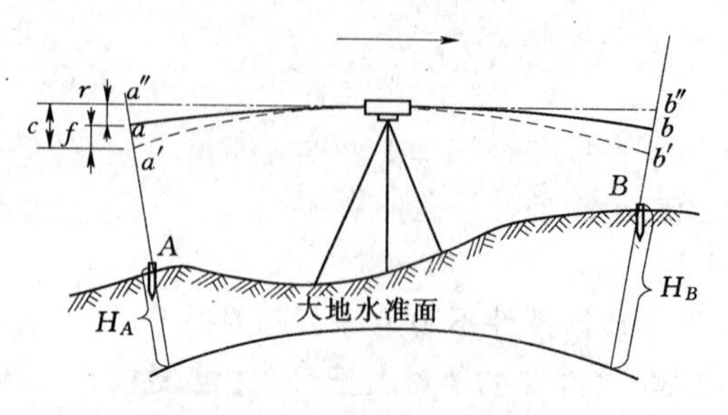

图 3-13　地球曲率与大气折光对水准测量的影响

（1）仪器下沉和尺垫下沉。仪器或水准尺安置在软土或植被上时，容易产生下沉。采用“后—前—前—后”的观测顺序可以削弱仪器下沉的影响，采用往返测取观测高差的中数可以削弱尺垫下沉的影响。

（2）地球曲率和大气折光影响。前述水准测量原理是把大地水准面看作水平面，但大地水准面并不是水平面，而是一个曲面，如图 3-13 所示。

水准测量时，用水平视线代替大地水准面在水准尺上的读数，产生的影响为

$$c=\frac{D^2}{2R}$$

式中　D——仪器至水准尺的距离；

R——地球平均半径。

另外，由于地面大气层密度的不同，使仪器水平视线因折光而弯曲，弯曲的半径为地球半径的 6～7 倍，且折射量与距离有关。它对读数产生的影响为

$$r=\frac{D^2}{2\times 7R}$$

地球曲率和大气折光两项影响之和

$$f=c-r=0.43\frac{D^2}{R} \tag{3-13}$$

由图 3-13 可知，前、后视距离相等时，通过高差计算可消除或减弱此两项误差的影响。

（3）温度和风力的影响。大气温度的变化会引起大气折光的变化，以及水准管气泡居中的不稳定。尤其是当强阳光直射仪器时，会使仪器各部件因温度的急剧变化而发生变形，水准管气泡会因烈日照射而缩短，从而产生气泡居中误差。另外，大风可使水准尺竖直不稳，水准仪难以置平。因此，在水准测量时，应随时注意撑伞，以遮挡强烈阳光的照射，并应避免大风天气观测。

工作任务二　角　度　测　量

一、角度的概念

1. 水平角

地面上两条直线之间的夹角在水平面上的投影称为水平角。水平角一般用 β 表示，角值范围为 0°～360°。如图 3-14 所示，A、B、O 为地面上的任意点，通过 OA 和 OB 直线各做一垂直面，并把 OA 和 OB 分别投影到水平投影面 P 上，其投影线 O_1A_1 和 O_1B_1 的夹角 $\angle A_1O_1B_1$ 就是 $\angle AOB$ 的水平角 β。

如图 3-14 所示，可在 O 点的上方任意高度处，水平安置一个带有刻度的圆盘，并使

圆盘中心在过 O 点的铅垂线上；通过 OA 和 OB 铅垂面在刻度盘上截取的读数分别为 a 和 b，则水平角 β 的角值为

$$\beta = b - a \tag{3-14}$$

用于测量水平角的仪器，必须具备一个能置于水平位置的水平度盘，且水平度盘的中心位于水平角顶点的铅垂线上。仪器上的望远镜不仅可以在水平面内转动，而且还能在竖直面内转动。经纬仪就是根据上述基本要求设计制造的测角仪器。

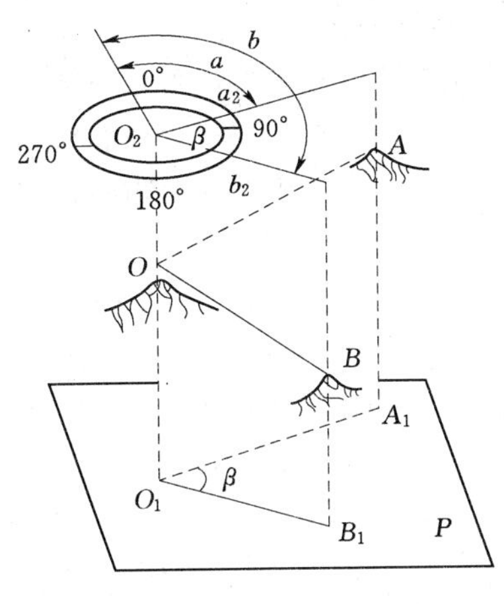

图 3－14　水平角观测原理

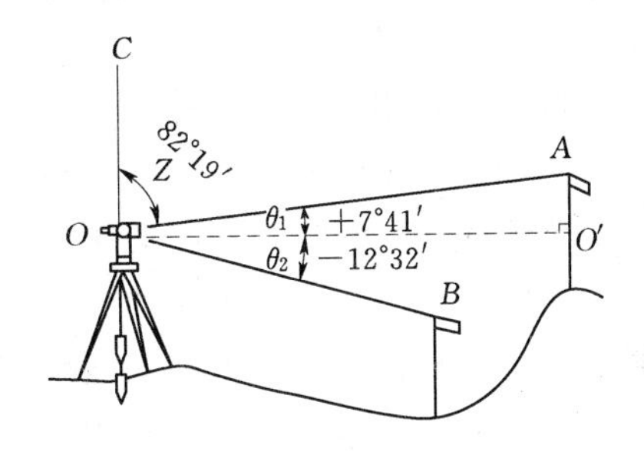

图 3－15　竖直角概念

2. 竖直角

在同一个竖直面内测站点到目标点的视线与水平线间的夹角，用 α 表示，如图 3－15 所示。α 为 AB 方向线的竖直角。其值从水平线算起，向上为正，称为仰角，范围是 0°～90°；向下为负，称为俯角，范围为 0°～－90°。

二、水平角测量

常用的水平角观测方法有测回法和全圆测回法（方向法）两种。

1. 测回法

测回法适用于观测两个方向之间的单个水平角。如图 3－16 所示，欲测出地面上 OA、OB 两方向间的水平角 β，可按下列步骤进行观测：

（1）安置仪器。在角顶 O 点安置经纬仪，在 A、B 点上分别竖立测杆。

图 3－16　测回法

（2）盘左观测。以盘左位置（竖盘在望远镜的左侧，也称正镜）照准左边目标（归零后）A，得水平度盘读数 $a_{左}$（如 0°1′10″），记入表 3-7（观测手簿）的相应位置。松开照准部和望远镜制动螺旋，顺时针转动照准部，瞄准右边目标 B，得水平度盘读数 $b_{左}$（如 145°10′25″），记入观测手簿相应栏内。

以上称为上半测回。用式（3-14）计算盘左所测的角值为 145°09′15″。为了检核及消除仪器误差对测角的影响，应该以盘右（竖盘在望远镜的右侧，也称倒镜）位置再做下半个测回观测。

（3）盘右观测。松开照准部和望远镜制动螺旋，转动望远镜成盘右位置，先瞄准右边目标 B，得水平度盘读数 $b_{右}$（如 325°10′50″），记入手簿；逆时针方向转动照准部，瞄准左边目标 A，得水平度盘读数 $a_{右}$（如 180°01′50″），记入手簿，完成了下半测回，其水平角值为 145°09′00″。

计算时，均用右边目标读数 b 减去左边目标读数 a，不够减时，应加上 360°。

上、下两个半测回合称为一测回。用 DJ6 级经纬仪观测水平角时，上、下两个半测回所测角值之差（称不符值）应不大于±40″。达到精度要求取平均值作为一测回的结果。

本例中，因 $\beta_{左}-\beta_{右}=145°09'15''-145°09'00''=15''<+40''$，符合精度要求。

若两个半测回的不符值超过±40″（此数值与工程精度要求有关）时，应重新观测。

当测角精度要求较高时，须观测 n 个测回。为了消除度盘刻画不均匀的误差，每个测回应按 $180°/n$ 的差值变换度盘起始位置。记录见表 3-7。

表 3-7　　水平角观测手簿（测回法）

测点	竖盘位置	目标	水平度盘读数（° ′ ″）	半测回角值（° ′ ″）	一测回角值（° ′ ″）	各测回平均角值（° ′ ″）	备　注
O	左	A	0　01　10	145　09　15	145　09　08	145　09　06	
		B	145　10　25				
	右	A	180　01　50	145　09　00			
		B	325　10　50				
O	左	A	90　02　35	145　09　00	145　09　03		
		B	235　11　35				
	右	A	270　02　45	145　09　05			
		B	55　11　50				

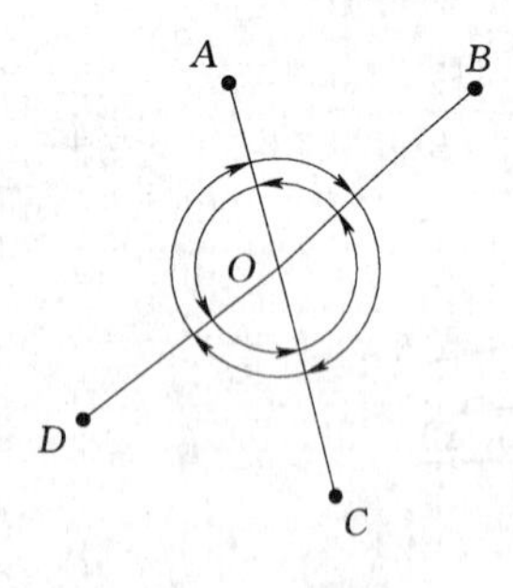

图 3-17　方向法

2. 方向法

在一个测站上，当观测方向在三个以上时，一般采用方向观测法，即从起始方向顺次观测各个方向后，最后要回测起始方向。最后一步称为“归零”，这种半测回归零的方法称为“方向法”，如图 3-17 中假定 OA 为起始方向，也称零方向。

（1）方向观测法水平角观测限差。具体要求见表 3-8。

表 3-8　　方向观测法水平角观测限差

项　目 \ 仪器类别	DJ2	DJ6
半测回归零差	8″	24″
一测回 2*c* 变动范围	13″	36″
各测回同一归零方向值互差	9″	24″
光学测微器两次重合差	3″	

（2）观测步骤。

1）安置仪器。安置仪器于 *O* 点，盘左位置状态，使水平度盘读数略大于 0°时照准起始方向，如图 3-17 中的 *A* 点，读取水平度盘读数 *a*，并记录在表格的相应位置，见表 3-9。

表 3-9　　水平角观测手簿（方向法）

测站	测回数	目标	水平度盘读数		2*c*	平均读数 (° ′ ″)	归零后方向值 (° ′ ″)	各测回归零后方向归零值	水平角 (° ′ ″)
			盘左 (° ′ ″)	盘右 (° ′ ″)					
O	1					(0　01　03)			
		A	0　01　12	180　01　00	+12	0　01　06	0　00　00	0　00　00	
		B	41　18　18	221　18　00	+18	41　18　09	41　17　06	41　17　02	
		C	124　27　35	304　27　30	+6	124　27　33	124　26　30	124　26　34	
		D	160　25　18	340　25　00	+18	160　25　09	160　24　06	160　24　06	
		A	0　01　06	180　00　54	+12	0　01　00			
	2					(90　03　09)			
		A	90　03　18	270　03　12	+6	90　03　15	0　00　00		
		B	131　20　12	311　20　00	+12	131　20　06	41　16　57		
		C	214　29　54	34　29　42	+12	214　29　48	124　26　39		
		D	250　27　24	70　27　06	+18	250　27　15	160　24　06		
		A	90　03　06	270　03　00	+6	90　03　03			

2）盘左顺时针。顺时针方向转动照准部，依次照准 *B*、*C*、*D* 各个方向，并分别读取水平度盘读数为 *b*、*c*、*d*，继续转动再照准起始方向，得水平度盘读数为 *a*′。*a*′与 *a* 之差，称为"半测回归零差"，需要满足表 3-8 的要求。

本例中，*A*、*B*、*C*、*D*、*A* 方向的读数一次为

A：0° 01′ 12″　　*B*：41° 18′ 18″

C：124° 27′ 35″　*D*：160° 25′ 18″

A：0° 01′ 06″

以上观测过程为方向法的上半个测回。

3）盘右逆时针。以盘右位置按逆时针方向依次照准 *A*、*D*、*C*、*B*、*A*，并分别读取水平度盘读数。以上为下半个测回，其半测回归零差不应超过限差规定。

本例中，*A*、*D*、*C*、*B*、*A* 方向的读数一次为

A：180° 00′ 54″　　D：340° 25′ 00″　　C：304° 27′ 30″

B：221° 18′ 00″　　A：180° 01′ 00″

注意：盘左的记录从上向下记，盘右时从下向上记。

若同一个方向的盘左、盘右读数相差与180°有明显差别，说明读数有问题。

上、下半测回合起来称为一测回。当精度要求较高时，可观测 n 个测回，为了消除度盘刻画不均匀误差，每测回要按 $180°/n$ 的差值变换度盘的起始位置。

(3) 方向法的计算。

1) 计算两倍照准误差 $2c$ 值。两倍照准误差是同一台仪器观测同一方向盘左、盘右读数之差，简称 $2c$ 值。它是由于视准轴不垂直于横轴引起的观测误差，计算公式为

$$2c = 盘左读数 - (盘右读数 \pm 180°)$$

对于DJ6级经纬仪，$2c$ 值只作参考，不作限差规定。如果其变动范围不大，说明仪器是稳定的，不需要校正，取盘左、盘右读数的平均值即可消除视准轴误差的影响。

2) 一测回内各方向平均读数的计算公式为

$$同一方向的平均读数 = [盘左读数 + (盘右读数 \pm 180°)]/2$$

起始方向有两个平均读数，应再取其平均值，将算出的结果填入同一栏的括号内，如第一测回中的（0°01′03″）。

3) 一测回归零方向值的计算。将各个方向（包括起始方向）的平均读数减去起始方向的平均读数，即得各个方向的归零方向值。显然，起始方向归零后的值为0°00′00″。

4) 各测回平均方向值的计算。每一测回各个方向都有一个归零方向值，当各测回同一方向的归零方向值之差不超限，则可取其平均值作为该方向的最后结果。

5) 水平角值的计算。将右方向值减去左方向值即为这两方向的夹角。

三、竖直角测量

1. 竖直度盘的构造

竖直度盘简称竖盘，如图3-18所示为DJ6级经纬仪竖盘构造示意图，主要包括竖盘、竖盘指标、竖盘指标水准管和竖盘指标水准管微动螺旋。竖盘固定在横轴的一侧，随望远镜在竖直面内同时上、下转动。竖盘读数指标不随望远镜转动，它与竖盘指标水准管连接在一个微动架上，转动竖盘指标水准管微动螺旋，可使竖盘读数指标在竖直面内做微小移动。当竖盘指标水准管气泡居中时，指标应处于竖直位置，即在正确位置。一个校正好的竖盘，当望远镜视准轴水平、指标水准管气泡居中时，读数窗上指标所指的读数应是90°或270°，此读数即为视线水平时的竖盘读数。一些新型的经纬仪安装了自动归零装置来代替水准管，测定竖直角时，放开阻尼器钮，待摆稳定后，直接进行读数，提高了观测速度和精度。

2. 竖直角计算公式的确定

由于竖盘注记形式不同，垂直角计算的公式也不一样。现在以顺时针注记的竖盘为例，推导竖直角计算的公式。

如图3-19所示，盘左位置：视线水平时，竖盘读数为90°，当瞄准一目标时，竖盘读数为 L，则盘左竖直角为

$$\alpha_{左}=90°-L \tag{3-15}$$

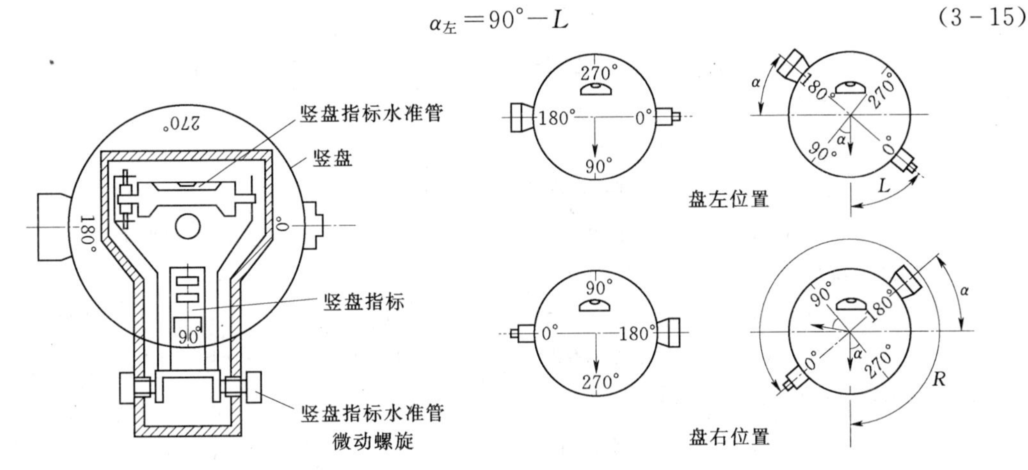

图 3-18　竖盘结构图　　　　图 3-19　竖直度盘与竖直角计算

盘右位置：视线水平时，竖盘读数为 270°。当瞄准原目标时，竖盘读数为 R，则盘右竖直角为

$$\alpha_{右}=R-270° \tag{3-16}$$

将盘左、盘右位置的两个竖直角取平均值，即得竖直角计算公式为

$$\alpha_{均}=\frac{\alpha_{左}+\alpha_{右}}{2} \tag{3-17}$$

对于逆时针注记的竖盘，用类似的方法推得竖直角的计算公式为

$$\alpha_{左}=L-90° \tag{3-18}$$
$$\alpha_{右}=270°-R$$

注意：一个仪器只有一组计算公式，计算结果为正为仰角，否则为俯角。

3. 竖直角的观测

与水平角相比，每一个方向就有一个竖直角。

(1) 在测站 O 点上安置经纬仪，以盘左位置用望远镜的十字丝中横丝瞄准目标上某一点 A。

(2) 转动竖盘指标水准管微动螺旋，使气泡居中，读取竖盘读数 L。

(3) 倒转望远镜，以盘右位置再瞄准目标上 A 点。调节竖盘指标水准管气泡居中，读取竖盘读数 R。竖直角的观测手簿见表 3-10。

表 3-10　　竖直角观测手簿

测站	目标	竖盘位置	竖盘读数 (° ′ ″)	半测回角值 (° ′ ″)	指标差 (″)	一测回角值 (° ′ ″)	备注
O	A	左	80 20 36	9 39 24	+15	9 39 39	盘左时竖盘注记 270° 180°　0° 90°
		右	279 39 54	9 39 54			
	B	左	96 05 24	−6 05 24	+6	−6 05 18	
		右	263 54 48	−6 05 12			

4. 竖直角的计算

分清竖直度盘的注记形式，采用公式进行计算。表3-10为顺时针注记形式，盘左按式（3-15），盘右按式（3-16）计算。

5. 竖盘指标差

当望远镜的视线水平，竖盘指标水准管气泡居中时，竖盘指标所指的读数应为90°或270°，否则，其差值即称为竖盘指标差，以x表示。它是由于竖盘指标水准管与竖盘读数指标的关系不正确等因素而引起的。

竖盘指标差有正、负之分，当指标偏移方向与竖盘注记方向一致时，会使竖盘读数中增大一个x值，即x为正；反之，当指标偏移方向与竖盘注记方向相反时，则使竖盘读数中减小了一个x值，故x为负。

因此，若用盘左读数计算正确的竖直角α，则$\alpha=(90°+x)-L=\alpha_L+x$；若用盘右读数计算正确的竖直角$\alpha$，则$\alpha=R-(270°+x)=\alpha_R-x$。显然这两式平均可以得到正确的结果，即可以消除竖盘指标差对竖直角的影响而得到正确的结果。这两式相减可得

$$x=\frac{\alpha_R-\alpha_L}{2}=\frac{(R+L)-360°}{2} \tag{3-19}$$

在测量竖直角时，虽然利用盘左、盘右两次观测能消除指标差的影响，但求出指标差的大小可以检查观测成果的质量。同一仪器在同一测站上观测不同的目标时，在某段时间内其指标差应为固定值，但由于观测误差、仪器误差和外界条件的影响，使实际测定的指标差数值总是在不断变化，对于DJ6级经纬仪该变化不应超过25″。

四、角度测量的误差及注意事项

1. 角度测量的误差

角度测量的误差主要来源于仪器误差、人为操作误差以及外界条件的影响等几个方面。认真分析这些误差，找出消除或减小误差的方法，从而提高观测精度。

由于竖直角主要用于三角高程测量和视距测量，在测量竖直角时，只要严格按照操作规程作业，采用测回法消除竖盘指标差对竖直角的影响，测得的竖直角值即能满足对高程和水平距离的求算。因此，下面只分析水平角的测量误差。

（1）仪器制造加工不完善所引起的误差。主要的仪器误差有水准管轴不垂直于竖轴、视线不垂直于横轴、横轴不垂直于竖轴、照准部偏心、光学对中器视线不与竖轴旋转中心线重合及竖盘的指标差等。

（2）仪器校正不完善所引起的误差。如望远镜视准轴不严格垂直于横轴、横轴不严格垂直于竖轴所引起的误差，可以采用盘左、盘右观测取平均的方法来消除；而竖轴不垂直于水准管轴所引起的误差则不能通过盘左、盘右观测取平均或其他观测方法来消除，因此，必须认真做好仪器的此项检验和校正。

（3）观测误差。造成观测误差的原因有二：一是工作时不够细心；二是受人的器官及仪器性能的限制。观测误差主要有测站偏心、目标偏心、照准误差及读数误差等。对于竖直角观测，则有指标水准器的调平误差。

1）对中误差。仪器对中不准确，使仪器中心偏离测站中心的位移称为偏心距，偏心

距将使所观测的水平角值不是大就是小。经研究已经知道，对中引起的水平角观测误差与偏心距成正比，并与测站到观测点的距离成反比。因此，在进行水平角观测时，仪器的对中误差不应超出相应规范规定的范围，特别对于短边的角度进行观测时，更应该精确对中。

2）整平误差。若仪器未能精确整平或在观测过程中气泡不再居中，竖轴就会偏离铅直位置。整平误差不能用观测方法来消除，此项误差的影响与观测目标时视线竖直角的大小有关，当观测目标与仪器视线大致同高时，影响较小；当观测目标时，视线竖直角较大，则整平误差的影响明显增大，此时，应特别注意认真整平仪器。当发现水准管气泡偏离零点超过一格以上时，应重新整平仪器，重新观测。

3）目标偏心误差。由于测点上的测杆倾斜而使照准目标偏离测点中心所产生的偏心差称为目标偏心误差。目标偏心是由于目标点的标志倾斜引起的。观测点上一般都是竖立测杆，当测杆倾斜而又瞄准其顶部时，测杆越长，瞄准点越高，则产生的方向值误差越大；边长短时误差的影响更大。为了减少目标偏心对水平角观测的影响，观测时，测杆要准确而竖直地立在测点上，且尽量瞄准测杆的底部。

4）照准误差。引起误差的因素很多，如望远镜孔径的大小、分辨率、放大率、十字丝粗细、清晰度，人眼的分辨能力，目标的形状、大小、颜色、亮度和背景，以及周围的环境，空气透明度，大气的湍流、温度等，其中与望远镜放大率的关系最大。经计算，DJ6 级经纬仪的照准误差为±2″～±2.4″，观测时应注意消除视差，调清十字丝。

5）读数误差。读数误差与读数设备、照明情况和观测者的经验有关。一般来说，主要取决于读数设备。对于 DJ6 级光学经纬仪，估读误差不超过分划值的 1/10，即不超过±6″。如果照明情况不佳，读数显微镜存在视差，以及读数不熟练，估读误差还会增大。

（4）外界条件的影响。影响角度测量的外界因素很多，大风、松土会影响仪器的稳定；地面辐射热会影响大气稳定而引起物像的跳动；空气的透明度会影响照准的精度，温度的变化会影响仪器的正常状态等。这些因素都会在不同程度上影响测角的精度，要想完全避免这些影响是不可能的，观测者只能采取措施及选择有利的观测条件和时间，使这些外界因素的影响降低到最小的程度，从而保证测角的精度。

2. 角度测量的注意事项

用经纬仪测角时，往往由于粗心大意而产生错误，如测角时仪器没有对中整平，望远镜瞄准目标不正确，度盘读数读错，记录记错和拧错制动螺旋等，因此，角度测量时必须注意下列几点：

（1）仪器安置。高度要合适，三脚架要踩牢，仪器与脚架连接要牢固；观测时不要手扶或碰动三脚架，转动照准部和使用各种螺旋时，用力要轻。

（2）对中、整平要准确。测角精度要求越高或边长越短的，对中要求越严格；如观测的目标之间高低相差较大时，更应注意仪器整平。

（3）仪器操作。在水平角观测过程中，如同一测回内发现照准部水准管气泡偏离居中位置，不允许重新调整水准管使气泡居中；若气泡偏离中央超过一格时，则需重新整平仪器，重新观测。

（4）竖直度盘指标。观测竖直角时，每次读数之前，必须使竖盘指标水准管气泡居中或自动归零开关设置“ON”位置。

（5）瞄准。测杆要立直于测点上，尽可能用十字丝交点瞄准测杆或测钎的基部；竖角观测时，宜用十字丝中丝切于目标的指定部位。

（6）记录。不要把水平度盘和竖直度盘读数弄混淆，记录要清楚，并当场计算校核，若误差超限应查明原因并重新观测。

（7）度盘变换。观测水平角时，同一个测回内不能转动度盘变换手轮或按水平度盘复测扳钮。

工作任务三　钢尺量距测量

地面上 A、B 两点间的水平距离指 A、B 点在水平面的投影长度。距离测量就是测量地面上 A、B 两点间的水平距离。

一、量距的工具

1. 钢尺

钢尺是优质钢制成的带状尺，又称钢卷尺。尺宽 10～15mm，最小分划以毫米为单位，在米、分米、厘米处刻有标记，其长度有 20m、30m、50m 等几种。根据尺的零点位置不同，有端点尺和刻线尺两种，如图 3-20（*a*）、（*b*）所示。

优点：钢尺抗拉强度高，不易拉伸，量距精度较高，在工程测量中常用。

缺点：钢尺性脆，易折断，易生锈，使用时要避免扭折、防止受潮。

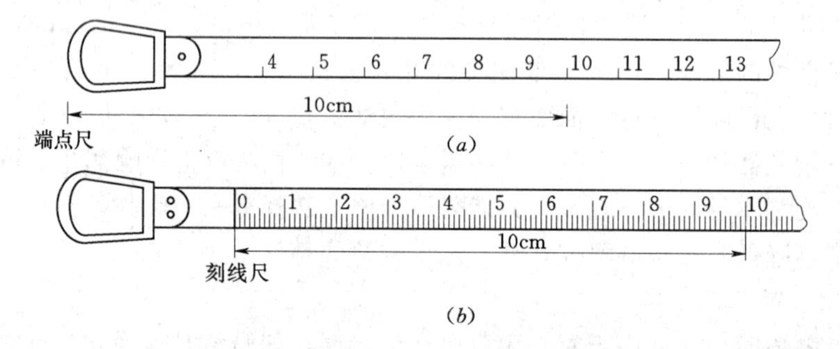

图 3-20　端点尺和刻线尺

2. 测杆

测杆长 2～3m，用圆木或合金制成，杆身做成红白相间，每节长为 20cm，因此又称花杆。测杆底装有锥形铁脚以便插入土中，或对准点的中心。测杆可用于标定直线、标志点位，以及粗略测高差。

3. 测钎

测钎用粗铁丝加工制成，长 20～30cm，上端弯成环形，下端磨尖。常用于标定尺的端点和计算整尺的段数，也可作为瞄准的标志。一般 6 根或 11 根为一组，穿在铁环中。量距时，将测钎插入地面，用以标定尺端点的位置，亦可作为近处目标的瞄准标志。

4. 锤球、弹簧秤和温度计等

锤球常用于在斜坡上丈量水平距离，弹簧秤和温度计等则在精密量距中应用。

二、直线定线

在丈量 A、B 两点间距离时，如距离较长，一个尺段不能完成测量时，为了使尺子能在直线上进行丈量，就要在 A、B 两点间的直线上标定一些点，然后再进行分段丈量。在已知两点的直线方向线上确定一些点，用以标定这条直线的工作，称为直线定线。

直线定线的方法一般采用目估定线，在精度要求高时可用经纬仪定线。

1. 目估定线法

(1) 两点间定线。如图 3-21 所示，A、B 为地面上相互通视的两点，现要在该方向两点之定出 1 等点。定线由甲、乙两人进行，先在 A、B 两点插一测杆，甲站在 A 点测杆后 1～2m 处，通过 A 点测杆瞄准 B 点测杆。乙拿测杆在 1 点附近按甲的指挥左右移动测杆，直至 1 点测杆在 A、B 方向线上，然后将测杆垂直插在 1 点上，即定出 1 点（分点），同法依次定出另外点。定线工作也可与丈量工作同时进行。

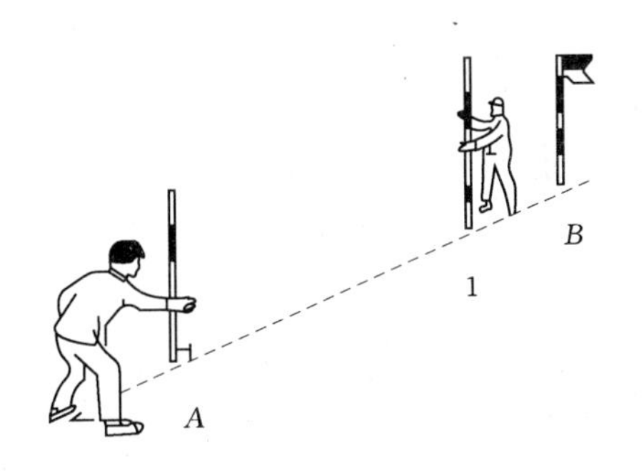

图 3-21 两点间定线

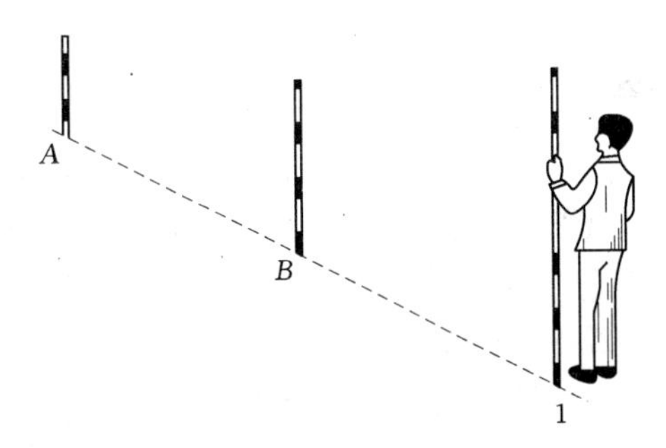

图 3-22 两点延长线上定线

(2) 两点延长线上定线。如图 3-22 所示，设 A、B 为直线的两端点，现需将直线 AB 延长。观测者在 AB 的延长线方向适当距离 1 处立测杆，观测自己所立测杆是否与 A、B 两测杆复合，经左右移动测杆，直到 1 点测杆在 A、B 方向线上，即定出 AB 上的 1 点，同法再定出其他点。

2. 经纬仪定线法

在待测点的一端点 A 安置经纬仪，然后照准另一端点 B 的测杆，固定照准部，并指挥另一司尺员在距 B 小于一整尺段的地方沿垂直于测线方向左右移动，直到与望远镜完全重合为止。

三、直线丈量的一般方法

1. 平坦地面的直线丈量

平坦地面直线丈量主要采用平量法，如图 3-23 所示。

(1) 丈量方法。因为地面平坦，可以量整尺长。丈量时，可边定线边丈量。需要注意的是，钢尺一定要拉平，前后两个尺段间衔接要准确。前司尺员插测钎，后司尺员拔测钎，最后数测钎的个数就是整尺段的个数。

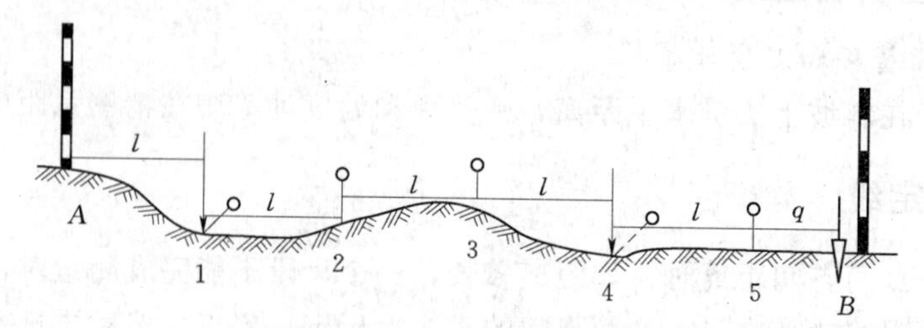

图 3-23 平坦地面直线丈量

则 AB 的水平距离为

$$D=nl+q \tag{3-20}$$

式中 l——整尺段长度；

n——测钎数，即整尺段数；

q——不足整尺的零尺段长。

（2）丈量精度的评定。为了防止错误和提高丈量的精度，通常丈量工作必须往返丈量。若往测的距离为 $D_{往}$，返测距离为 $D_{返}$，往返测较差为 ΔD，平均值为 $\overline{D}$，则丈量精度 K 按下式计算

$$K=\frac{1}{\overline{D}/\Delta D}=\frac{1}{M} \tag{3-21}$$

在一般情况下，平坦地区钢尺量距的相对误差不应大于 1/3000；在量距困难的地区，相对误差不应大于 1/2000。如果超出该范围，应重新进行丈量。满足精度要求时，用平均值作为测量结果。

2. 倾斜地面的直线丈量

倾斜地面直线丈量应视不同地形采用平量法和斜量法。

（1）平量法。当地面倾斜，但地面起伏不大时，沿倾斜地面丈量距离，一般将尺子抬平进行丈量，如图 3-24 所示。

（2）斜量法。当地面倾斜比较均匀时，如图 3-25 所示，可沿地面量出倾斜距离 l，并用罗盘仪或经纬仪测出地面倾斜角 θ，然后按下式计算水平距离

$$D=l\cos\theta \tag{3-22}$$

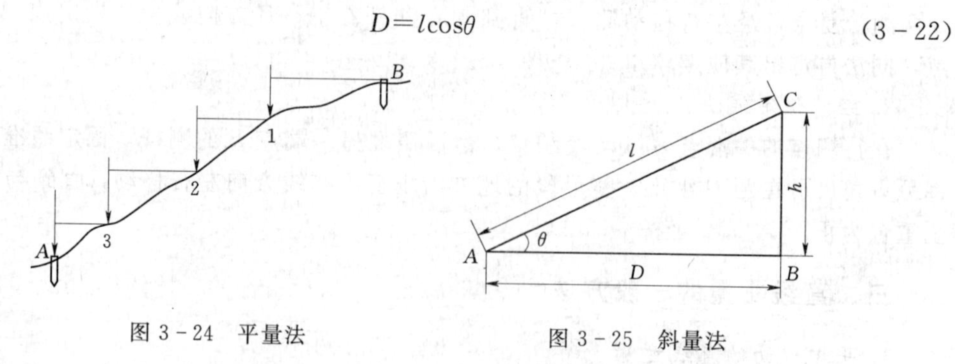

图 3-24 平量法　　图 3-25 斜量法

四、钢尺丈量的精密方法

1. 精密丈量方法

直线丈量精度较高时，需采用精密丈量方法。精密丈量方法与一般方法相同，需要注

意以下几点：

(1) 必须采用经纬仪定线，且在分点上定木桩，桩顶高出地面 2～4cm，再用经纬仪在木桩桩顶精确定线。

(2) 丈量两个相邻点间的倾斜长度，测量其高差。每尺段要用不同的尺位读取三次读数，三次算出的尺段长度其较差如不超过 2～3mm，取其平均值作为丈量结果。每量一个尺段，均要测量温度，温度值按要求读至 0.5℃或 1℃。相同方法丈量各尺段长度，当往测完毕后，再进行返测。

(3) 量距精度为 1/40000 时，高差较差不应超过±5mm；量距精度为 1/10000～1/20000时，高差较差不应超过±10mm。若符合要求，取其平均值作为观测结果。

2. 成果整理

精密测量时需要考虑温度、拉力等因素。

(1) 尺长方程式。为了改正量取的名义长度，获得实际距离，故需要对使用的钢尺进行检定。通过检定，求出钢尺在标准拉力（30m 钢尺为 100N）、标准温度（通常为 20℃）下的实际长度，给出在标准拉力下尺长随温度变化的函数关系式，这种关系式称尺长方程式。

$$l_t = l_0 + \Delta l_0 + \alpha(t - t_0) l_0 \quad (3-23)$$

式中　l_t——钢尺在标准拉力 F 下，温度为 t 时的实际长度；

l_0——钢尺的名义长度；

Δl_0——在标准拉力、标准温度下钢尺名义长度的改正数，等于实际长度减去名义长度；

α——钢尺的线膨胀系数，即温度变化 1℃，单位钢尺长度的变化量，其值取 $1.15\times10^{-5}\sim1.25\times10^{-5}$/(m・℃)；

t——量距时的钢尺温度，℃；

t_0——标准温度，通常为 20℃。

表 3-11　　精密量距记录计算表

尺段编号	钢尺读数			尺段长度 (m)	温度 (℃)	高差 (m)	尺长改正数 (mm)	温度改正数 (mm)	高差改正数 (mm)	改正后尺段平距 (m)
	次数	前尺读数	后尺读数							
A-1	1 2 3 平均	29.939 29.950 29.957 29.949	0.005 0.016 0.024 0.015	29.934 29.934 29.933 29.934	26.5	−0.15	+2.5	+2.4	−0.37	29.9385
…	…	…	…	…	…	…	…	…	…	…
4-B	1 2 3 平均	8.324 8.336 8.350 8.337	0.004 0.015 0.028 0.016	8.320 8.321 8.322 8.321	27.5	+0.07	+0.69	+0.68	−0.29	8.3221
总和				67.355			+5.69	+5.69	−1.16	67.365

(2) 各尺段平距的计算。精密量距中，每一实测的尺段长度，都需要进行尺长改正、

温度改正、倾斜改正，以求出改正后的尺段平距，见表 3－11。

1）尺长改正。按式（3－24）计算尺段 l 的尺长改正数 Δl

$$\Delta l=\frac{\Delta l_0}{l_0}\cdot l \tag{3-24}$$

2）温度改正。按式（3－25）计算尺段 l 的温度改正数 Δt

$$\Delta t=\alpha(t-t_0)l \tag{3-25}$$

3）倾斜改正。按式（3－26）计算倾斜改正 Δh

$$\Delta h=-\frac{h^2}{2l} \tag{3-26}$$

计算改正后的尺段平距 D 为

$$D=l+\Delta l+\Delta t+\Delta h \tag{3-27}$$

各尺段的水平距离求和，即为总距离。往、返总距离算出后，按相对误差评定精度。当精度符合要求时，取往、返测量的平均值作为距离丈量的最后结果。

五、钢尺量距的误差分析

（1）定线误差。分段丈量时，距离也应为直线，定线偏差使其成为折线，与钢尺不水平的误差性质一样使距离量长了。前者是水平面内的偏斜，而后者是竖直面内的偏斜。

（2）尺长误差。钢尺必须经过检定以求得其尺长改正数。尺长误差具有系统积累性，它与所量距离成正比。精密量距时，钢尺虽经检定并在丈量结果中进行了尺长改正，其成果中仍存在尺长误差，因为一般尺长检定方法只能达到 0.5mm 左右的精度。在一般量距时可不作尺长改正。

（3）温度误差。由于用温度计测量温度，测定的是空气的温度，而不是钢尺本身的温度。在夏季阳光暴晒下，此两者温度之差可大于 5℃。因此，钢尺量距宜在阴天进行，并要设法测定钢尺本身的温度。

（4）拉力误差。钢尺具有弹性，会因受拉力而伸长。量距时，如果拉力不等于标准拉力，钢尺的长度就会产生变化。精密量距时，用弹簧秤控制标准拉力，一般量距时拉力要均匀，不要或大或小。

（5）尺子不水平的误差。钢尺量距时，如果钢尺不水平，总是使所量距离偏大。精密量距时，测出尺段两端点的高差，进行倾斜改正。常用普通水准测量的方法测量两点的高差。

（6）钢尺垂曲和反曲的误差。钢尺悬空丈量时，中间下垂，称为垂曲。故在钢尺检定时，应按悬空与水平两种情况分别检定，得出相应的尺长方程式，按实际情况采用相应的尺长方程式进行成果整理，这项误差在实际作业中可以不计。

在凹凸不平的地面量距时，凸起部分将使钢尺产生上凸现象，称为反曲。如在尺段中部凸起 0.5 m，由此而产生的距离误差，这是不能允许的。应将钢尺拉平丈量。

（7）丈量本身的误差。它包括钢尺刻画对点的误差、插测钎的误差及钢尺读数误差等。这些误差是由人的感官能力所限而产生的，误差有正有负，在丈量结果中可以互相抵消一部分，但仍是量距工作的一项主要误差来源。

工作任务四　直　线　定　向

确定地面上两点之间的相对位置，除确定水平距离外，还必须确定此直线与标准方向之间的水平夹角，确定一直线与标准方向之间角度关系称为直线定向。

一、标准方向的种类

（1）真子午线方向。通过地球表面某点的真子午线的切线方向，称为该点的真子午线方向，真子午线北端所指的方向为真北方向。

（2）磁子午线方向。地球表面某点上的磁针在地球磁场的作用下，自由静止时其轴线所指的方向，称为磁子午线方向，磁针北端所指的方向为磁北方向。磁子午线方向可用罗盘仪测定。

（3）坐标纵轴方向。通过地面上某点平行于该点所处的平面直角坐标系的纵轴方向，称为坐标纵轴方向。坐标纵轴北端所指的方向为坐标北方向。如假定坐标系，则用假定的坐标纵轴（x 轴）作为标准方向。

以上三个标准方向的北方向，总称“三北方向”，在一般情况下，它们是不一致的。

二、直线方向的表示方法

表示直线方向的方法有方位角和象限角两种。

（1）方位角。由标准方向的北端起，顺时针方向到某一直线的水平夹角，称为该直线的方位角，其角值在 0°～360°。根据基本方向的不同，方位角可分为真方位角 A、磁方位角 A_m 和坐标方位角 α。

（2）象限角。由标准方向北端或南端起，顺时针或逆时针到某一直线所夹的水平锐角，称为该直线的象限角，以 R 表示，象限角的角值在 0°～90°。象限角不但要写出角值大小，还应注明所在的象限。测量中的象限顺序和数学中的象限顺序相反。象限角和方位角一样，可分为真象限角、磁象限角和坐标象限角三种，常用坐标象限角。

（3）方位角与象限角的关系。同一条直线的方位角和象限角存在着固定的关系，见表 3-12。

表 3-12　　方位角与象限角的换算关系

象限		根据方位角求象限角	根据象限角求方位角
编　号	名　称		
Ⅰ	北东（NE）	$R=\alpha$	$\alpha=R$
Ⅱ	南东（SE）	$R=180°-\alpha$	$\alpha=180°-R$
Ⅲ	南西（SW）	$R=\alpha-180°$	$\alpha=180°+R$
Ⅳ	北西（NW）	$R=360°-\alpha$	$\alpha=360°-R$

三、坐标方位角传递

在实际工作中，并不需要测定每条直线的坐标方位角，而是通过与已知坐标方位角的直线连测后，推算出各直线的坐标方位角；假定坐标系以起始边的坐标方位角推算其余边的坐标方位角。如图 3-26 所示，AB 为已知直线，测定了 $\beta_{B左}$、$\beta_{1左}$，推算直线 B_1 和直线 12 的坐标方位角 α_{B1}、α_{12}，过程如下：

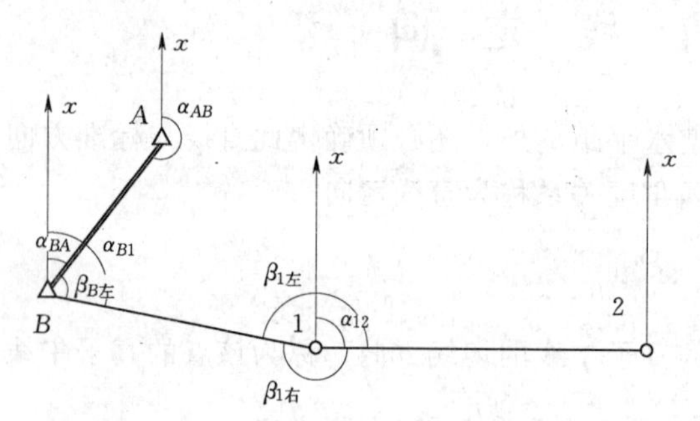

图 3-26　坐标方位角传递

由图 3-26 中的各角度的几何关系可以看出

$$\alpha_{B1}=\alpha_{BA}+\beta_{B左}$$

又知：$\alpha_{BA}=\alpha_{AB}\pm180°$，代入上式得

$$\alpha_{B1}=\alpha_{AB}+\beta_{B左}\pm180°$$

同理可推出

$$\alpha_{12}=\alpha_{B1}+\beta_{1左}\pm180°$$

若观测水平角为右角，则有

$$\beta_{左}=360°-\beta_{右}$$

归纳以上各式，可得出方位角推算的一般公式

$$\alpha_{前}=\alpha_{后}+\beta_{左}\pm180° \tag{3-28}$$

$$\alpha_{前}=\alpha_{后}-\beta_{右}\pm180° \tag{3-29}$$

注意：下一条边的方位角等于上一条边的方位角加左角或减右角（左“+”右“-”）后，再加或减 180°。当后一条边的坐标方位角加左角或减右角后的值大于或等于 180°时，就减 180°；否则，应加上 180°。

【例 3-1】 如图 3-27 所示，已知直线 BA 方位角 $\alpha_{BA}=30°\ 06'\ 24''$，测得 $\beta_B=39°\ 26'\ 08''$，$\beta_1=225°\ 34'\ 18''$，$\beta_2=40°\ 26'\ 36''$，$\beta_3=270°\ 27'\ 48''$，试推算各边的坐标方位角。

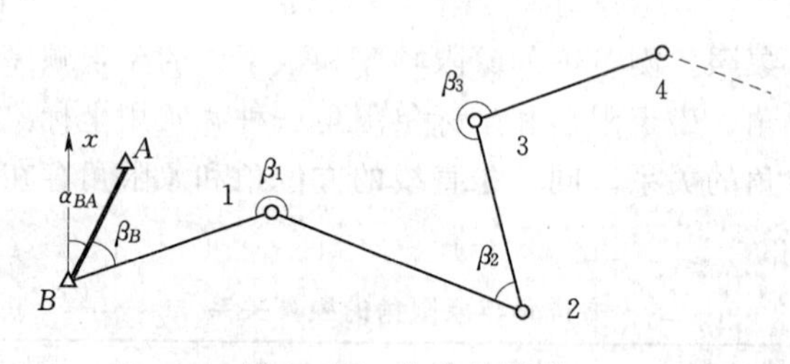

图 3-27　方位角推算

【解】
$$\alpha_{AB}=\alpha_{BA}+180°=30°\ 06'\ 24''+180°=210°\ 06'\ 24''$$

根据计算公式可知

$\alpha_{B1}=\alpha_{AB}+\beta_B\pm180°$

$=210°\ 06'\ 24''+39°\ 26'\ 08''-180°=69°\ 32'\ 32''$（前两项之和大于 180°，取减号）

$\alpha_{12}=\alpha_{B1}+\beta_1\pm180°$

$=69°\ 32'\ 32''+225°\ 34'\ 18''-180°=115°\ 06'\ 50''$

$\alpha_{23}=\alpha_{12}+\beta_2\pm180°$

$=115°06'50''+40°26'36''+180°=335°33'26''$（前两项之和小于 180°，取加号）

$\alpha_{34}=\alpha_{23}+\beta_3\pm180°$

$=335°33'26''+270°27'48''-180°$

$=426°01'14''-360°=66°01'14''$（前两项之和大于 180°，取减号；结果超过 360°，再减去 360°）

四、罗盘仪及磁方位角测量

罗盘仪是主要用来测定直线的磁方位角或磁象限角的仪器，也可以粗略地测量水平角和竖直角，还可以进行视距测量。罗盘仪测定的精度虽然不高，但其构造简单，使用方便。罗盘仪由于构造不同，常用的有望远镜罗盘仪和手持罗盘仪。现介绍望远镜罗盘仪。

1. 罗盘仪的构造

罗盘仪由望远镜、磁针、刻度盘和水准器等部分组成，如图 3-28 所示。

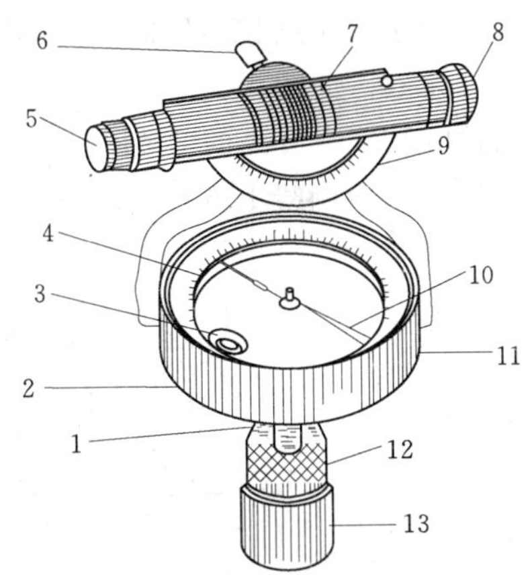

图 3-28 罗盘仪的构造

1—水平制动螺旋；2—磁针制动螺旋（在水平读盘下面）；3—圆水准器；4—水平度盘；5—目镜；6—望远镜制动螺旋；7—对光螺旋；8—望远镜物镜；9—竖直度盘；10—磁针；11—罗盘盒；12—球臼；13—连接螺旋

（1）望远镜。望远镜是罗盘仪的照准设备，由物镜、目镜和十字丝分划板三部分组成。在望远镜的左侧附有竖盘，可测量倾斜角，同时还有用作控制望远镜转动的制动螺旋和微动螺旋。

（2）磁针。磁针是一个长条形的人造磁铁，置于圆形罗盘盒的中央顶针上，可以自由转动。不用时可以旋转磁针制动螺旋，将磁针抬起而被磁针制动螺旋下面的杠杆压紧在圆形罗盘盒的玻璃盖上，避免磁针帽与顶针的碰撞和磨损。

为了消除磁倾角的影响，保持磁针两端的平衡，常在磁针南端缠绕几周金属丝以达到磁针的平衡。这也是区别磁针南端的重要标志之一。

（3）刻度盘。盘上最小分划为 1°或 30′，并每隔 10°做一注记。刻度盘的注记形式有两种——方位罗盘和象限罗盘。方位罗盘的刻度盘注记为 0°～360°，按逆时针方向注记，可直接测出磁方位角；象限罗盘则是由 0°直径的两端起，分别对称地向左右两边各刻画注记到 90°，它可直接测出磁象限角，所以称为象限式刻度盘。

（4）水准器和球臼。在罗盘盒内装有一个圆水准器或两个互相垂直的水准管，当圆水准器内的气泡位于中心位置，或两个水准管内的气泡同时居中，此时，罗盘盒处于水平状态。球臼螺旋在罗盘盒的下方，配合水准器可使罗盘盒处于水平状态；在球臼与罗盘盒之间的连接上安有水平制动螺旋，以控制罗盘的水平转动。

2. 罗盘仪测定方位角

用罗盘仪测定直线的磁方位角，要经过安置仪器、放下磁针、瞄准目标和读数四个

步骤。

（1）安置仪器。将仪器安置在直线的端点上，进行对中和整平。对中时，在三脚架下方悬挂一垂球，移动三脚架使垂球尖对准地面点的中心。对中的目的是使罗盘仪水平度盘的中心和地面点在同一条铅垂线上。对中容许误差为2cm。整平时，松开球臼螺旋，用手前后、左右摆动刻度盘，使度盘内的水准器气泡居中，然后拧紧球臼螺旋，此时罗盘仪刻度盘处于水平状态。

（2）放下磁针。仪器水平后，旋松磁针制动螺旋，使磁针自由支承在顶针上，在地磁影响下磁针变为静止，指向磁南北极。

（3）瞄准目标。松开水平制动螺旋和望远镜制动螺旋，旋转望远镜，瞄准直线另一端竖立的目标。瞄准时要通过目镜对光、粗略瞄准、物镜对光和精确瞄准。为了减小照准误差，应使十字丝交点瞄准目标基部中心。

（4）读数。如图3-29所示，待磁针静止后，可直接读取直线的磁方位角。读数时，当望远镜的物镜在度盘的0°刻画线上方时，读磁针指北端所指的读数；当望远镜的物镜在度盘的180°刻画线上方时，读磁针指南端所指的读数；读数可直接读1°，估读至30′。

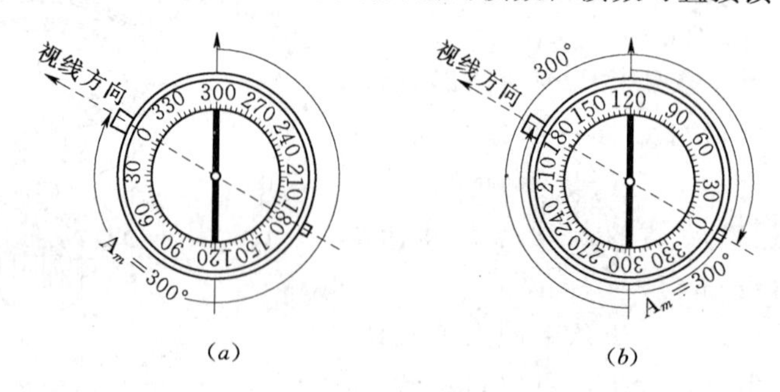

图3-29　罗盘仪测定磁方位角示意图

为了防止错误和提高观测成果的精度，往往在测得直线正磁方位角之后，还要测反磁方位角。在直线不太长的情况下，可以把两端点的磁子午线方向认为是平行的。若测得正、反方位角相差为±(180°±1°)之内，可按下式取其平均值作为最后的结果。否则应查明原因，重新观测。

$$A_{m均}=\frac{1}{2}[A_{m正}+(A_{m反}\pm180°)] \tag{3-30}$$

3. 罗盘仪使用注意事项

罗盘仪使用不当，测量结果相差很多。

（1）在磁铁矿区或离高压线、无线电天线、电视转播台等较近的地方不宜使用罗盘仪，有电磁干扰现象。

（2）观测时一切铁器等物体，如斧头、钢尺、测钎等不要接近仪器。

（3）读数时，眼睛的视线方向与磁针应在同一竖直面内，减少读数误差。

（4）在磁力异常的地区，不能使用罗盘仪测图，应用经纬仪等测图，使其不受磁力异常的影响。

（5）观测完毕后搬动仪器时，应固定磁针，以防损坏磁针。

工作任务五 视 距 测 量

同钢尺量距相比，视距测量一般不受地形起伏限制，有方法简单、工作效率高的优点。但是，视距测量的测量精度较低，其测距精度约为1/300。因此，这种测量方法只能用于精度要求较低的地形测量中。

一、视距测量的公式

如图3-30所示，A、B两点的水平距离和高差按式（3-31）和式（3-32）计算。

$$D=Kl\cos^2\alpha \tag{3-31}$$

$$h=0.5Kl\sin2\alpha+i-v \tag{3-32}$$

式中 K——视距乘常数，现代仪器均为100；

l——尺间隔，等于上丝读数m与下丝读数n的差值绝对值，即$l=|m-n|$；

α——竖直角；

i——仪器高；

v——中丝读数。

$h'=0.5Kl\sin2\alpha$称为出算高差或高差主值，测量时，若让中丝读数v等于仪器高i，则出算高差等于高差，可提高计算的速度。视距测量不需要专用仪器，常用的水准仪、经纬仪都可进行视距测量。当竖直角等于0°时，说明视线水平。

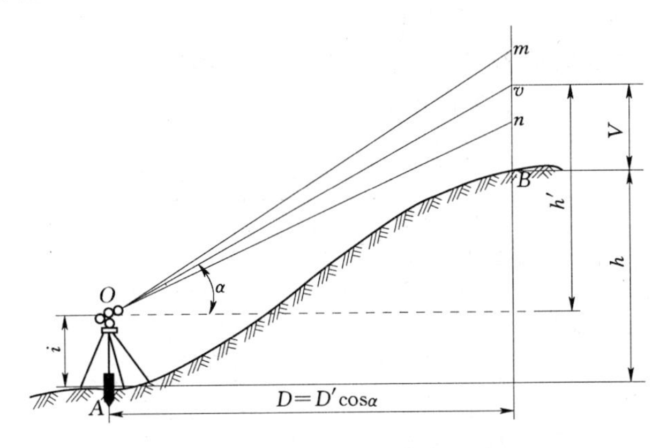

图3-30 视距测量

二、视距测量的方法

1. 视距测量的观测步骤

与竖直角测量基本相同，具体步骤如下：

（1）安置仪器于测站，对中、整平。

（2）量取仪器高i至厘米。

（3）在测点立视距尺。

(4) 用望远镜瞄准视距尺上某一高度，分别读取上、中、下丝读数，然后调节竖盘水准管微倾螺旋，使指标水准管气泡居中，读取竖盘读数，并将其观测的值记录于表3-13。

表 3-13　　　　距测量记录计算表

测站点：A　　测站高程：1142.60m　　仪器型号：DJ6　　仪器高：1.30m

测点	下丝读数 上丝读数 (m)	视距间隔 (m)	中丝读数 (m)	竖盘读数 (° ′)	竖直角 (° ′)	高差主值 (m)	$i-v$ (m)	水平距离 (m)	测点高程 (m)	已知高程 (m)
B	2.030 1.000	1.030	2.500	75 39	+14　21	+23.77	−1.2	96.67	59.19	35.42

2. 视距测量的计算

先根据上、下丝读数和竖直读数计算出尺间隔 l 和竖直角 α。再根据式 (3-31) 和式 (3-32) 计算水平距离和高差，并可计算出高程。

【技　能　训　练】

1. 名词解释：高程测量、高差、水准点、水准器分化值、高差闭合差。

2. 转点的作用是什么？为什么说转点很重要？

3. 水准测量已经进行了测站校核，为什么还要进行水准路线校核？

4. 已知 A 点的高程 $H_A=489.454$m，A 点立尺读数为 1.446m，B 点读数为 1.129m，C 点读数为 2.331m，求此时仪器视线高程是多少？H_B 和 H_C 各为多少？

5. 计算下表中水准测量观测高差及各点高程。

水准测量观测与高差和各点高程计算表

测站	目标	后视读数 (m)		前视读数 (m)		高差 (m)				改正后高差 (m)	高程 (m)
		黑面	红面	黑面	红面	黑面	红面	平均	改正数		
1	1	0.442	5.232								50.000
	2			1.157	5.944						
2	2	1.638	6.332								
	3			0.600	5.291						
3	3	1.452	6.239								
	1			1.013	5.802						
Σ											

辅助计算：

6. 什么是水平角？用经纬仪照准同一竖直面内不同高度的两个点，水平度盘上读数是否相同？测站与不同高度的两点所组成的夹角是不是水平角？

7. 为了计算方便，观测水平角时，要使某一起始方向的水平度盘读数为 0°00′00″，应如何进行操作？

8. 试分述用测回法与方向法测量水平角的操作步骤。

9. 用经纬仪测量水平角时，为什么要用盘左和盘右观测并取其平均值？

10. 什么是竖直角？用经纬仪照准同一竖直面内不同高度的两个点，在竖直度盘上的读数差是否就是竖直角？

11. 什么是竖盘指标差？如何检验校正？

12. 根据下表中观测数据，完成所有的计算工作。

水平角观测手簿（测回法）

测回	测站	目标	竖盘位置	水平度盘读数 (° ′ ″)	半测回角值 (° ′ ″)	一测回角值 (° ′ ″)	平均值 (° ′ ″)	备 注
1	*O*	*A*	左	0 03 06				
		B		78 49 54				
		A	右	180 03 36				
		B		258 50 06				
2	*O*	*A*	左	90 10 12				
		B		168 57 06				
		A	右	270 10 30				
		B		348 57 12				

13. 测站 *O* 点的观测数据见下表，完成计算工作。

水平角观测手簿（方向法）

测回	测站	目标	水平度盘读数		2*c*	平均读数	归零后方向值	各测回归零方向值之平均值
			盘 左 (° ′ ″)	盘 右 (° ′ ″)				
1	*O*	*A*	0 01 00	180 01 12				
		B	72 22 36	252 22 48				
		C	184 35 48	4 35 54				
		D	246 46 24	66 46 24				
		A	0 01 06	180 01 18				
2	*O*	*A*	90 01 00	270 01 06				
		B	162 22 24	342 22 18				
		C	274 35 48	94 35 36				
		D	336 46 42	156 46 48				
		A	90 01 12	270 01 18				

14. 下表是一竖直角观测记录表，将计算结果填入下表中相应位置。

竖直角观测手簿

测站	目标	竖盘位置	竖盘读数 (° ′ ″)	半测回角值 (° ′ ″)	指标差 (″)	一测回角值 (° ′ ″)	备　注
O	A	左	65　30　06				盘左时竖盘注记
		右	294　30　18				
	B	左	91　17　30				
		右	268　42　54				

15. 试述平坦地面直线丈量的方法。

16. 什么是直线定线？钢尺一般量距和精密量距各用什么方法定线？

17. 衡量距离测量精度用什么指标？如何计算？

18. 钢尺精密量距的三项改正数是什么？如何计算？

19. 什么是视距测量？测量两点间水平距离和高差各需读取什么数据？

20. 丈量 AB、CD 两段水平距离。AB 往测为 126.780m，返测为 126.735m；CD 往测为 357.235m，返测为 357.190m。问哪一段丈量精度更高？为什么？两段距离的丈量结果各为多少？

21. 叙述罗盘仪测定磁方位角的方法。

22. 罗盘仪安置在 O 点，测得 OA 的方位角为 $223°30'$，OB 的方位角为 $145°30'$，求锐角 $\angle AOB$ 的角值。

学习情境四　测量精度评定

【知识目标】

1. 了解测量精度的概念，了解分析误差的分布规律
2. 熟悉偶然误差的特性
3. 熟悉平均值中误差的含义
4. 掌握精度评定标准

【能力目标】

1. 会计算观测值的中误差
2. 会区分偶然误差和系统误差
3. 会求观测值的平均值及中误差

由于人员、仪器、天气等因素，测量结果一定存在不精确的因素，称为误差。为了评定测量结果的精度，需要解决两个问题：测量误差的种类、测量误差的限定。

工作任务一　精度评定概述

在实际的测量工作中发现，对角度、高差、距离等某个确定的量进行多次观测时，所得到的结果之间往往存在一些差异。另外对若干个量进行观测时，如果已经知道在这几个量之间应该满足某一理论值，实际观测结果往往不等于其理论上的应有值。例如，一个平面三角形的内角和理论值等于180°，但实测的三个内角和往往不等于180°，而是有差异，这些差异称为不符值。这种差异是测量工作中经常而又普遍发生的现象，这是由于观测值中包含有各种误差的缘故。这种差异实质上反映了各次测量所得的数值（称为观测值）与未知量的真实值（称为真值）之间存在的差值，称为测量误差。即

$$\Delta_i = x - X \quad (i=1,2,\cdots,n) \tag{4-1}$$

式中　x——观测值；

X——观测值的真值；

Δ_i——观测的真误差。

实践证明，测量时无论使用的仪器多么精密、采用的方法多么合理、所处的环境多么有利、观测者多么仔细，但各观测值之间总存在差异，这种差异就是观测值的测量误差。

一、误差产生的原因

1. 仪器因素

由于仪器构造上的不完善、制造和装配的误差、检验校正的残余误差、运输和使用过

程中仪器状况的变化等，必然在观测结果中产生误差。例如，在用只刻有厘米分划的普通水准尺进行水准测量时，就难以保证估读的毫米值完全准确。同时，仪器因装配、搬运、磕碰等原因存在自身的误差，如水准仪的视准轴不平行于水准管轴，就会使观测结果产生误差。

2. 人为因素

主要受观测者的感官限制、观测习惯和熟练程度的影响。由于观测者的视觉、听觉等感官的鉴别能力有一定的限制，所以在仪器的安置、使用中都会产生误差，如整平误差、照准误差、读数误差等。同时，观测者的工作态度、技术水平和观测时的身体状况等也是对观测结果的质量有直接影响的因素。

3. 外界因素

由于测量时所处的外界环境中的空气温度、压力、风力、日光照射、大气折光、烟尘等客观因素的不断变化，必将使测量结果产生误差。

二、测量误差的分类

按测量误差对测量结果影响性质的不同，可将测量误差分为系统误差、偶然误差和粗差三类。

1. 系统误差

在一定的测量条件下，对同一个被观测量进行多次重复测量时，误差值的大小和符号保持不变；或者在条件变化时，按一定规律变化的误差。如一把与标准尺比较相差 3mm 的 30m 钢尺，用该尺每丈量一尺段即产生 3mm 的误差，若丈量 300m 的距离就会产生 30mm 的误差。

系统误差具有累积性，它随着单一观测值观测次数的增多而积累。对观测结果的影响较为显著，它的存在必将给观测成果带来系统的偏差，降低观测结果的准确度。但是系统误差总表现出一定的规律，可以根据它的规律，采取相应措施，把它的影响尽量地减弱直至消除。通常有以下三种方法：

(1) 测定系统误差的大小，对观测值加以改正。如用钢尺量距时，通过对钢尺的检定求出尺长改正数，对观测结果加尺长改正数和温度变化改正数，来消除尺长误差和温度变化引起的误差。

(2) 采用对称观测的方法。使系统误差在观测值中以相反的符号出现，加以抵消。如水准测量时，采用前、后视距相等的对称观测，以消除由于视准轴不平行于水准管轴所引起的系统误差；经纬仪测角时，用盘左、盘右两个观测值取中数的方法可以消除视准轴误差等系统误差的影响等。

(3) 检校仪器。将仪器存在的系统误差降到最低程度或限制在允许的范围内，以减弱其对观测结果的影响。如经纬仪照准部水准管轴不垂直于竖轴的误差对水平角的影响，可通过精确检校仪器并在观测中仔细整平的方法，来减弱其影响。

2. 偶然误差（又称随机误差）

在相同观测条件下，对某一未知量进行一系列的观测，从单个误差看其大小和符号的出现，没有明显的规律，但从一系列误差总体看，则有一定的统计规律。

如用经纬仪测角时，就单一观测值而言，由于受照准误差、读数误差、外界条件变化所引起的误差、仪器自身不完善引起的误差等综合的影响，测角误差的大小和正负号都不能预知，即具有偶然性。所以测角误差属于偶然误差。

偶然误差反映了观测结果的精密度。精密度是指在同一观测条件下，用同一观测方法对某量进行多次观测时，各观测值之间相互的离散程度。

在观测过程中，系统误差和偶然误差往往是同时存在的。当观测值中有显著的系统误差时，偶然误差就居于次要地位，观测误差呈现出系统的性质；反之，呈现出偶然的性质。因此，对一组剔除了粗差的观测值，首先应寻找、判断和排除系统误差，或将其控制在允许的范围内，然后根据偶然误差的特性对该组观测值进行数学处理，求出最接近未知量真值的估值，称为最或是值；同时，评定观测结果质量的优劣，即评定精度。这项工作在测量上称为测量平差，简称平差。

3. 粗差（又称错误）

粗差是指由于观测者使用仪器不正确或疏忽大意，如测错、读错、听错、算错等造成的错误，或因外界条件发生意外的显著变动引起的差错。粗差的数值往往偏大，使观测结果显著偏离真值。因此，一旦发现含有粗差的观测值，应将其从观测成果中剔除出去。

一般来讲，只要严格遵守测量规范，工作中仔细谨慎，并对观测结果作必要的检核，粗差是可以避免和发现的。

在实际测量中，误差总是不可避免的，可以通过技术处理减弱或消除误差的影响，错误是不允许存在的，测量中要认真仔细且在测量前对测量仪器进行必要的校正，确保测量仪器达到精度标准。

工作任务二　偶然误差特性

偶然误差是由多种因素综合影响产生的，观测结果中不可避免地存在偶然误差，因而偶然误差是误差理论主要研究的对象。由上节知，就单个偶然误差而言，其大小和符号都没有规律性，呈现出随机性；但就其总体而言，却呈现出一定的统计规律性，并且是服从正态分布的随机变量。即在相同观测条件下，大量偶然误差分布表现出一定的统计规律性。

1. 分析方法

通常采用表格、直方图、曲线等方法。

（1）表格法。按区间划分，统计落入区间的个数。

（2）直方图。可以形象反映其分布。

（3）误差分布曲线。高斯误差分布曲线，便于数学分析。

2. 特性

大量误差的统计学结果如图 4－1 所示。

（1）有界性。在一定的观测条件下，偶然误差的绝对值不会超过一定的限值，即超过一定限值的误差，其出现的概率为零。

（2）方向性。绝对值小的误差比绝对值大的误差出现的概率大。

（3）对称性。绝对值相等的正负误差出现的概率相同。

（4）抵消性。当观测次数无限多时，偶然误差的算术平均值趋近于零。

上述第一个特性说明误差出现的范围，第二个特性说明误差值大小出现的规律，第三个特性说明误差符号出现的规律，第四个特性是由第三个特性导出的，这个特性对深入研究偶然误差具有十分重要的意义。

大量实验资料表明，在相同条件下重复观测某一量时，观测次数越多，偶然误差的统计性规律越明显。

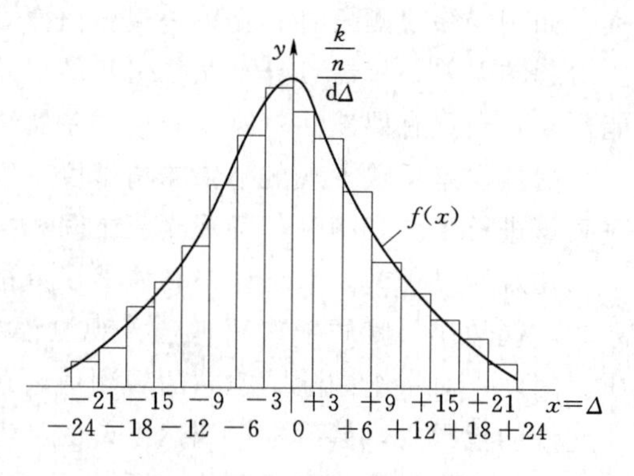

图 4－1 偶然误差分布曲线

例如，在相同条件下对某一个平面三角形的三个内角重复观测了 358 次（见表 4－1），由于观测值含有误差，故每次观测所得的三个内角观测值之和一般不等于 180°，按下式算得三角形各次观测的误差 Δ_i（称三角形闭合差）

$$\Delta_i=a_i+b_i+c_i-180°$$

式中 a_i、b_i、c_i——三角形三个内角的各次观测值（$i=1, 2, \cdots, 358$）。

现取误差区间 dΔ（间隔）为 0.2″，将误差按数值大小及符号进行排列，统计出各区间的误差个数 k 及相对个数 $k/n(n=358)$。

表 4－1 **误差统计表**

误差区间（″）	负误差		正误差	
	个数 k	相对个数	个数 k	相对个数
0.0～0.2	45	0.126	46	0.128
0.2～0.4	40	0.112	41	0.115
0.4～0.6	33	0.092	33	0.092
0.6～0.8	23	0.064	21	0.059
0.8～1.0	17	0.047	16	0.045
1.0～1.2	13	0.036	13	0.036
1.2～1.4	6	0.017	5	0.014
1.4～1.6	4	0.011	2	0.006
1.6 以上	0	0.000	0	0.000
总和	181	0.505	177	0.495

工作任务三 评定精度的标准

在任何观测结果中，都存在不可避免的偶然误差，即使在相同的观测条件下，同一个量的各次观测结果也不尽相同。为了说明测量结果的精确程度，就必须建立一个统一的衡

量精度的标准。常用的衡量精度的标准有平均误差、中误差、极限误差、相对误差等。

一、平均误差

平均误差是指一组真误差的绝对值的算术平均值。平均误差反映了一组观测值的平均程度，但不能反映误差的分布变化情况，所以实际应用价值不大。用“[　]”表示求和，有

$$\Delta_{均}=\pm\frac{[|\Delta|]}{n} \tag{4-2}$$

二、中误差

在相同的观测条件下，设对某一量进行了 n 次观测，其结果为 x_1，x_2，…，x_n，每个观测值的真误差为 Δ_1，Δ_2，…，Δ_n。则取各个真误差的平方总和的平均数的平方根，称为观测值的中误差，以“m”表示。即

$$m=\pm\sqrt{\frac{\Delta_1{}^2+\Delta_2{}^2+\cdots+\Delta_n{}^2}{n}}=\pm\sqrt{\frac{[\Delta\Delta]}{n}} \tag{4-3}$$

中误差又称为均方误差或标准差。

【例 4-1】 两个组对一个三角形分别做了 10 次观测，各组根据每次观测值求得三角形内角和的真误差为

第一组：+3″、−2″、−4″、+2″、0″、−4″、+3″、+2″、−3″、−1″

第二组：0″、−1″、−7″、+2″、+1″、+1″、−8″、0″、+3″、−1″

【解】 按式（4-3）计算两组观测值的中误差分别为

$$m_1=\pm2.7'',\ m_2=\pm3.6''$$

因 $m_1<m_2$，所以第一组的精度高于第二组。

从中误差的定义和上例可以看出：中误差与真误差不同，中误差只表示该观测系列中一组观测值的精度；真误差则表示每一观测值与真值之差，用 Δ 表示。显然，一组观测值的真误差越大，中误差也就越大，精度就越低；反之，精度就越高。由于是同精度观测，故每一观测值的精度均为 m。通常称 m 为任一次观测值的中误差。

三、极限误差

由偶然误差的特性可知，在一定的观测条件下，偶然误差的绝对值大小不会超过一定的限值。如果某个观测值的误差超过了这个限值，就说明这个观测值中，除含有偶然误差外，还含有不能容许的粗差或错误，必须舍去，应当重测。

至于这个限值究竟应定多大，根据误差理论及大量实验资料的统计结果表明，大于 2 倍中误差的偶然误差出现的概率只有 5%，而大于 3 倍中误差的偶然误差出现的概率仅有 0.3%，所以在实际工作中，一般以 2～3 倍中误差作为容许误差，即

$$\Delta_{容}=(2\sim3)m \tag{4-4}$$

各种测量误差的限值在测量规范中都有规定。

四、相对误差

有时仅利用中误差还不能反映出测量的精度，例如丈量了两条直线，其长度分别为100m和500m，它们的中误差都为±0.01m。显然，不能认为所丈量的两条直线距离的精度是相等的，因为量距误差的大小和距离的长短有关，所以必须引入另一个衡量精度的标准——相对中误差。

相对中误差就是以中误差的绝对值和相应的观测结果之比，它是个无量纲数，并以分子为1的分式表示，即

$$k=\frac{m}{x}=\frac{1}{x/m} \tag{4-5}$$

在上例中算得 $k_1=1/10000$，$k_2=1/50000$，因 $k_1>k_2$，故后者的丈量精度高于前者。

应当注意的是，当误差的大小与所观测的量无关时，就不能采用相对中误差来衡量其精度。例如，在角度观测中，因为角度误差的大小与所测角值的大小无关，故只能直接用中误差来衡量其精度。

工作任务四 平均值及中误差

一、算术平均值及中误差

等精度观测条件下，观测值的最或是值（最可靠值）是算术平均值。

1. 算术平均值

在相同的观测条件下，设对某一量 x 进行了 n 次观测，其结果为 x_1，x_2，…，x_n，这些观测值的总除以个数 n，即为该观测值的算数平均值，即

$$\overline{x}=\frac{[x]}{n} \tag{4-6}$$

相同观测条件下的算数平均值也称最或是值，理论上可以证明，该值随着观测次数的增加与真值（观测值的实际值）之差逐渐减小，说明算术平均值是比任何单一观测值更符合实际。

2. 利用改正数求中误差

由于观测值的真值 x 一般无法知道，故真误差 Δ 也无法求得。所以不能直接求观测值的中误差，而是利用观测值的最或是值 $\overline{x}$ 与各观测值之差（改正数）v 来计算中误差，即

$$v=x-\overline{x} \tag{4-7}$$

实际工作中利用改正数计算观测值中误差的实用公式称为贝塞尔公式。即

$$m=\pm\sqrt{\frac{[vv]}{n-1}} \tag{4-8}$$

式（4-8）是利用改正数 v 计算中误差的使用计算公式，适用于如高程测量、距离测量等不能求真误差的情况。

3. 算术平均值的中误差

在求出观测值的中误差 m 后，就可应用误差传播定律求观测值算术平均值的中误差 M，有

$$M=\frac{m}{\sqrt{n}}=\pm\sqrt{\frac{[vv]}{n(n-1)}} \tag{4-9}$$

由上式可知，增加观测次数能削弱偶然误差对算术平均值的影响，提高其精度。但因观测次数与算术平均值中误差并不是线性比例关系，所以当观测次数达到一定数目后，即使再增加观测次数，精度却提高得很少。因此，除适当增加观测次数外，还应选用适当的观测仪器，选用科学而易于操作的观测方法，选择良好的外界环境，才能有效地提高精度。

二、加权平均值及中误差

不等精度观测条件下，观测值的最或是值是加权平均值。

【例 4-2】 四个人对同一段距离进行了观测：第一个人观测 4 个测回，平均结果为 271.425m；第二个人观测 6 个测回，平均结果为 271.404m；第三个人观测 1 个测回，结果为 271.400m；第四个人观测 2 个测回，平均结果为 271.428m。

【解】 四个人的平均观测结果为

$$\overline{x}=271.400+(4\times0.025+6\times0.004+1\times0+2\times0.028)/(4+6+1+2)=271.414\text{m}$$

显然上式计算时考虑了每个人测量结果在平均结果中的“比重”大小，即观测的测回数多的在平均值中所占的“比重”就大。这个“比重”在不等精度的计算中称之为权，权是衡量测量结果精度的无名数，这种方法就是加权平均值。

当观测条件不同时，如果仍然采用算术平均值显然没有考虑观测条件的差异，使得计算的结果不符合实际，此时需要用加权平均值。

1. 权

类似于权利，但不完全相同，注意区别。

（1）权的概念。权可以理解为中误差与任意大于零的实数的比值。

（2）权的计算公式。确定一个任意正数 C，则有

$$p_i=\frac{C}{m_i^2} \tag{4-10}$$

（3）权的性质。使用时要特别注意权的以下性质：

1）权与中误差均是用来衡量观测值精度的指示，但中误差是绝对性数值，表示观测值的绝对精度；权是相对性数值，表示观测值的相对精度。

2）权与中误差的平方成反比，中误差越小，其权越大，表示观测值精度越高。

3）由于权是一个相对数值，对于单一观测值而言，权无意义。

4）权恒取正值，权的大小是随 C 值的不同而异，但其比例关系不变。

5）在同一问题中只能选定一个 C 值，否则就破坏了权之间的比例关系。

2. 权的确定方法

不同测量的确定方法不尽相同。

（1）角度测量。测回数为“权”。

（2）高差测量。测站数的倒数为“权”。

（3）距离测量。公里数的倒数为“权”，或者以测回数为“权”。

（4）导线测量。一般以测量点的倒数为“权”，或者以距离公里数倒数为“权”。

3. 加权算术平均值的计算

设对某量进行了 n 次不同精度观测，观测值为 x_i，其对应的权 p_i，则有加权平均值的计算公式

$$\overline{x}=\frac{p_1x_1+p_2x_2+\cdots+p_nx_n}{p_1+p_2+\cdots+p_n}=\frac{[px_i]}{[p]} \tag{4-11}$$

4. 最或是值的中误差

由式（4－11）及误差传播定律可得加权平均值中误差公式

$$M=\frac{\mu}{\sqrt{[p]}}=\pm\sqrt{\frac{[pvv]}{[p](n-1)}} \tag{4-12}$$

其中

$$\mu^2=p_im_i^2$$

当 $p_i=1$ 时，$\mu=m$，即 μ 表示当权等于1时的中误差，称为单位权中误差。单位权中误差的计算公式为

$$\mu=\pm\sqrt{\frac{[pvv]}{(n-1)}} \tag{4-13}$$

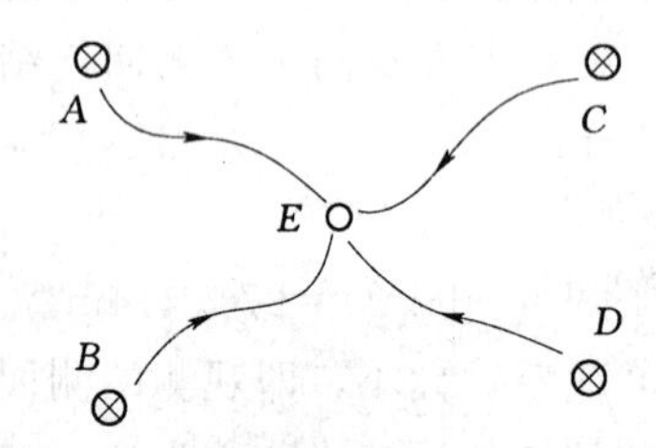

图4－2　不等精度高程测量路线

【例4－3】 如图4－2所示，在水准测量中，从已知水准点 A、B、C、D 经四条水准路线测到 E 点，各测段观测高差和水准路线长度见表4－2。

表4－2　**不等精度高程测量实例**

测段	高程观测值（m）	水准路线长度 S_i（km）	权 $p_i=1/S_i$	v	pv	pvv
AE	25.347	4.0	0.25	+17.0	4.2	71.4
BE	25.320	2.0	0.50	−10.0	−5.0	50.0
CE	25.332	2.5	0.40	+2.0	0.8	1.6
DE	25.330	2.5	0.40	0	0	0
			$[p]=1.55$		$[pv]=0$	$[pvv]=123.0$

【解】 由于测量路线长度不同，所以 E 点的高程显然要用加权的方法。权采用路线长度的倒数。

$$\overline{x}=25.330+(0.25\times0.017-0.50\times0.010+0.40\times0.002+0.40\times0)/(0.25+0.50+0.40+0.40)=25.330\text{m}$$

$$\mu=\pm\sqrt{\frac{[pvv]}{n-1}}=\pm\sqrt{\frac{123.0}{4-1}}=\pm6.4\text{mm}$$

$$M=\pm\frac{\mu}{\sqrt{[p]}}=\pm\frac{6.4}{\sqrt{1.55}}=\pm5.1\text{mm}$$

工作任务五　基本测量误差分析

一、水准测量的精度分析

1. 水准尺的读数中误差 m_D

水准尺上的读数误差，主要由水准管气泡居中误差、照准误差和估读误差组成。

（1）水准管气泡居中误差。实验证明，气泡偏离水准管中点的中误差约为水准管分划值的 0.15 倍，采用符合水准器时，气泡居中精度可提高一倍，当视距为 D 时，水准管居中误差对读数的影响为

$$m_\tau=\pm\frac{0.15\tau}{2\rho''}\cdot D$$

当 $D=100\text{m}$，τ 为 $20''/2\text{mm}$ 时，则

$$m_\tau=\pm\frac{0.15\times20\times100\times1000}{2\times206265}\approx\pm0.73\text{mm}$$

（2）照准误差。一般情况下人眼睛的分辨率为 $1'$，如果某两点在人眼睛中视角小于分辨率时会把两点看成一点，当望远镜放大率 $V=30$ 倍，视距 $D=100\text{m}$ 时，望远镜的照准中误差为

$$m_Z=\pm\frac{60''}{V}\times\frac{D}{\rho''}=\frac{60}{30}\times\frac{100\times1000}{20265}\approx\pm0.97\text{mm}$$

（3）估读误差。一般认为估读误差为 1.5mm 左右，即

$$m_G=\pm1.5\text{mm}$$

综合上述因素，所以水准尺度读数中误差 m_D 为

$$m_D=\pm\sqrt{m_\tau^2+m_Z^2+m_G^2}=\pm\sqrt{0.73^2+0.97^2+1.5^2}\approx\pm2.0\text{mm}$$

2. 水准路线高差的中误差

若在 A、B 两点间进行水准测量，共安置了 n 个测站，测得两点间的高差为 h_{AB}，下面分析水准路线高差的中误差及图根水准的允许闭合差。

每测站的高差公式为 $h=a-b$，因为是等精度观测，所以前、后视读数中误差均为 $m_D=\pm2\text{mm}$，则一个测站的中误差为

$$m_h=\pm\sqrt{m_a^2+m_b^2}=\pm\sqrt{2}m_D\approx\pm3.0\text{mm}$$

A、B 两点间高差的计算公式为

$$h_{AB}=h_1+h_2+\cdots+h_n$$

根据误差传播定律有

$$m_{h_{AB}}^2=m_{h_1}^2+m_{h_2}^2+\cdots+m_{h_n}^2$$

若每个测站高差中误差相等，即

$$m_{h_1}=m_{h_2}=\cdots=m_{h_n}=m_h$$

则可得

$$m_{h_{AB}}=\pm\sqrt{n}m_h=\pm3\sqrt{n}$$

设两水准点间的水准路线长为 D，前、后视距均为 d，则有 $n=D/2d$，考虑到 $m_{h_{AB}}=\pm\sqrt{n}m_h$，并令 $\mu=m_h/\sqrt{2d}$ 则有

$$m_{h_{AB}}=\pm m_h\sqrt{\frac{D}{2d}}=\pm\frac{m_h}{\sqrt{2d}}\sqrt{D}=\pm\mu\sqrt{D}$$

当 $D=1$ 单位长度时，$\mu=\pm m_{h_{AB}}$，若 D 以 km 为单位，则 μ 为 1km 水准路线的高差中误差，规范中规定图根水准 1km 的高差中误差 $\mu=\pm20$mm，所以 Dkm 的高差中误差 $m_{h_{AB}}=\pm20\sqrt{D}$mm，平地一般取 2 倍高差中误差为图根水准测量高差闭合差的允许值，即

$$f_{hR}=\pm40\sqrt{D}$$

因此由 $m_{h_{AB}}=\pm\sqrt{n}m_h$ 公式可知，当各测站高差的观测精度相同时，水准路线高差的中误差与测站的平方根成正比；由 $m_{h_{AB}}=\pm\mu\sqrt{D}$ 公式可知，水准路线高差中误差与水准路线长度的平方根成正比。

【例 4－4】 从 A 点到 B 点测得高差 $h_{AB}=+15.476$m，中误差 $m_{h_{AB}}=12$mm；从 B 点到 C 点测得高差 $h_{BC}=+5.747$m，中误差 $m_{h_{BC}}=\pm9$mm。求 A、C 两点间的高差及其中误差。

【解】

$$h_{AC}=h_{AB}+h_{BC}=15.476+5.747=+21.223\text{m}$$

$$m_{h_{AC}}=\pm\sqrt{m_{h_{AB}}^2+m_{h_{BC}}^2}=\pm\sqrt{12^2+9^2}=\pm15\text{mm}$$

所以

$$h_{AC}=+21.223\text{m}\pm0.015\text{m}$$

【例 4－5】 水准测量在水准点 1～6 各点之间往返各测了一次，各水准点间的距离均为 1km，各段往返测所得的高差见表 4－3。求每公里单程水准测量高差的中误差和每公里往返测平均高差的中误差。

表 4－3　往返测高差数值

测　段	高差观测值（m）		往返测高差之和 v	vv
	往　测	返　测		
1～2	－0.185	＋0.188	＋3	9
2～3	＋1.626	－1.629	－3	9
3～4	＋1.435	－1.430	＋5	25
4～5	＋0.505	－0.509	－4	16
5～6	－0.007	＋0.005	－2	4
Σ				63

【解】

$$m=\pm\sqrt{\frac{[vv]}{2n}}=\pm\sqrt{\frac{63}{2\times5}}\approx\pm2.5\text{mm}$$

每公里往返测平均高差的中误差为

$$m_{中}=\frac{m}{\sqrt{2}}=\frac{\pm2.5}{\sqrt{2}}\approx\pm1.8\text{mm}$$

二、水平角测量的精度分析

若用DJ6级光学经纬仪观测水平角，现以该型号仪器为基础来分析测水平角时的一些限差来源。按我国经纬仪系列标准，DJ6级光学经纬仪一测回方向中误差为±6″，它是指盘左、盘右两个半测回方向的平均值的中误差 $m_{方}$。

1. 一测回的测角中误差

水平角是由两个方向值之差求得的，角值 β 为右方向的读数 b 与左方向的读数 a 之差，则函数式为

$$\beta=b-a$$

根据误差传播公式有

$$m_\beta^2=m_b^2+m_a^2$$

当 $m_a=m_b=m_{方}=\pm6''$ 时，一测回的测角中误差为

$$m_\beta=\sqrt{2}m_{方}=\pm6''\sqrt{2}\approx\pm8.5''$$

2. 上、下半测回的允许误差

一测回的角值 β 等于该盘左角值 β_Z 与盘右角值 β_Y 的平均数，函数式为

$$\beta=\frac{\beta_Z+\beta_Y}{2}$$

根据误差传播公式有

$$m_\beta^2=\frac{1}{4}(m_{\beta左}^2+m_{\beta右}^2)$$

当 $m_{\beta_{左}}=m_{\beta_{右}}=m_{\beta_{半测回}}$ 时，则

$$m_\beta=\frac{m_{\beta_{半测回}}}{\sqrt{2}}$$

因此，半测回角值的中误差为

$$m_{\beta_{半测回}}=\sqrt{2}m_\beta=\pm\sqrt{2}\times8.5''=\pm12''$$

而两个半测回角值之间的函数式为

$$\Delta\beta=\beta_{左}-\beta_{右}$$

则两个半测回角值之差的中误差为

$$m_{\Delta\beta}^2=m_{\beta_{左}}^2+m_{\beta_{右}}^2=2m_{\beta_{半测回}}^2$$

$$m_{\Delta\beta}=\pm\sqrt{2}m_{\beta_{半测回}}=\pm\sqrt{2}\times12''\approx\pm17''$$

取两倍中误差作为允许误差，则两个半测回角值的允许误差为

$$f_{\Delta\beta允}=\pm2m_{\Delta\beta}=\pm34''$$

考虑到其他因素的影响，一般规定的允许误差为±36″。

3. 测回差的允许误差

设第 i 测回和第 j 测回的角值分别为 $\beta_{i测回}$ 和 $\beta_{j测回}$，测回差是两个测回角值的差，其函数式为

$$\Delta\beta_{测回差}=\beta_{i测回}-\beta_{j测回}$$

根据误差传播公式，则两个测回角值之差的中误差为

$$m_{\Delta\beta_{测回差}}^2 = m_{\beta_{i测回}}^2 + m_{\beta_{j测回}}^2$$

设各测回的测角中误差相同，则

$$m_{\Delta\beta_{测回差}} = \pm\sqrt{2}m_\beta = \pm\sqrt{2}\times 8.5'' = 12''$$

取两倍中误差作为允许误差，则测回差的允许误差为

$$f_{\beta_{测回差允}} = \pm 2\times m_{\Delta\beta_{测回差}} = \pm 2\times 12'' = \pm 24''$$

三、距离丈量的精度分析

若用长度为 l 的钢尺在等精度条件下丈量一直线，长度为 D，共丈量 n 个尺段，设已知丈量一尺段的中误差为 m_l，讨论直线长度 D 的中误差 m_D。

因为直线长度为各尺段之和，故

$$D = l_1 + l_2 + l_3 + \cdots + l_n$$

应用误差定律的公式得

$$m_D = \pm m_l\sqrt{n}$$

由于 $D = nl$，即 $n = \frac{D}{l}$，代入上式得

$$m_D = \pm m_l\sqrt{\frac{D}{l}} = \pm\frac{m_l}{\sqrt{l}}\sqrt{D}$$

令 $\mu = \pm\frac{m_l}{\sqrt{l}}$，则

$$m_D = \pm\mu\sqrt{D}$$

当 $D=1$ 时，则 $\mu = \pm m_D$，即 μ 表示单位长度的丈量中误差。

【技 能 训 练】

1. 测量误差的来源有哪些？
2. 什么是系统误差？什么是偶然误差？
3. 偶然误差有哪些特性？
4. 常用来衡量观测值精度的标准有哪些？
5. 已知圆的半径 $r = 15.0\text{m} \pm 0.1\text{m}$，计算圆的周长及其中误差。
6. 测得正方形的一条边长为 $a = 25.00\text{m}$，计算该正方形的面积及其中误差。如果该正方形量测了两边，中误差都是±0.05m，计算该正方形的面积及其中误差。
7. 用钢尺丈量某一距离，丈量结果为 312.581m、312.546m、312.551m、312.532m、312.537m、312.499m，试求该组观测值中误差与算术平均值中误差及最后的结果。
8. 用某经纬仪测量水平角，一测回的中误差 $m = \pm 15''$，欲使测角精度达到 $\pm 5''$，问需要观测几个测回？

9. 同精度观测一个三角形的两内角 α、β，其中误差：$m_\alpha = m_\beta = \pm 6''$，求三角形的第三角 γ 的中误差 m_γ。

10. 在水准测量中，设一个测站的中误差为 5mm，若 1km 有 15 个测站，求 1km 的中误差和 Lkm 的中误差。

11. 设量得 A、B 两点的水平距离 $D = 206.26$m，其中误差 $m_D = \pm 0.04$m，同时在 A 点上测得竖直角 $\alpha = 30°00'$，其中误差 $m_\alpha = \pm 10''$。试求 A、B 两点的高差（$h = D\tan\alpha$）及其中误差 m_h。

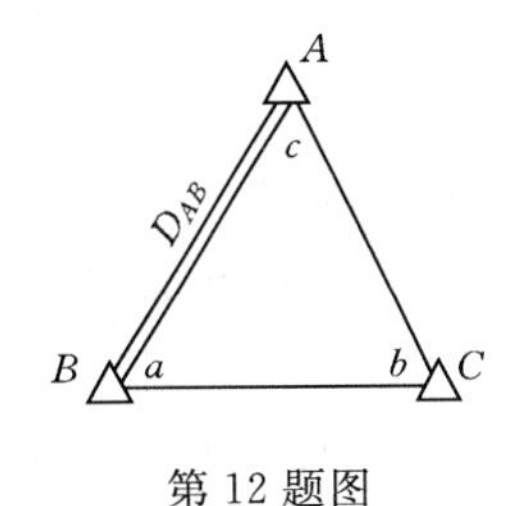

第 12 题图

12. 如图所示的三角形的三个角值为 $a = b = c = 60°$，测角中误差为 $\pm 10''$；AB 的边长 $D_{AB} = 150.000$m，其中误差为 ± 0.050m，试求 AC 和 BC 的边长及其中误差。

13. 用同一架经纬仪，以不同的测回数观测某一角度，其观测值为：$\beta_1 = 24°13'36''$（4 个测回），$\beta_2 = 24°13'30''$（6 个测回），$\beta_3 = 24°13'24''$（8 个测回），试求单位权观测值的中误差、加权平均值及其中误差。

学习情境五 小区域控制测量

【知识目标】

1. 明确平面控制测量和高程控制测量含义
2. 理解导线内业计算的原理
3. 理解高程控制测量的原理

【能力目标】

1. 掌握平面控制、高程控制测量的外业测量方法
2. 掌握导线测量的内业计算方法
3. 掌握高程控制测量的内业计算方法

工作任务一 控制测量概述

在实际测量工作中，为防止误差累积和传递，提高测量精度，测量工作必须遵循“从整体到局部，先控制后碎部”的基本原则。即先在测区内选定一些对周围地物和地貌具有控制意义的点，构成一定的几何图形，用比地物和地貌测量更精密的仪器和更符合实际的精确的测量方法测定控制点的平面位置和高程，这项测量工作称为控制测量。

控制测量分为平面控制测量和高程控制测量两部分。测定控制点平面坐标（x，y）的工作称为平面控制测量，测定控制点高程（H）的工作称为高程控制测量。

根据控制测量的范围和大小可分为国家控制网、城市控制网和小地区（面积在 $15km^2$ 以内）控制网；根据控制网作用不同又可分为平面控制网和高程控制网；按小地区平面控制测量的精度不同可分为首级控制网和图根控制网，首级控制网精度最高，图根控制网是直接为测图服务的。

一、平面控制测量

1. 一般规定

GB 50026—2007《工程测量规范》有如下规定：

（1）平面控制网的建立，可采用卫星定位测量、导线测量、三角形网测量等方法。

（2）平面控制网精度等级的划分，卫星定位测量控制网依次为二、三、四等和一、二级，导线及导线网依次为三、四等和一、二、三级，三角形网依次为二、三、四等和一、二级。

（3）平面控制网的布设，应遵循下列原则：

1）首级控制网的布设，应因地制宜，且适当考虑发展；当与国家坐标系统联测时，应同时考虑联测方案。

2）首级控制网的等级，应根据工程规模、控制网的用途和精度要求合理确定。

3）加密控制网，可越级布设或同等级扩展。

（4）平面控制网的坐标系统，应在满足测区内投影长度变形不大于2.5cm/km的要求下，作下列选择：

1）采用统一的高斯投影3°带平面直角坐标系。

2）采用高斯投影3°带，投影面为测区抵偿高程面或测区平均高程面的平面直角坐标系；或任意带，投影面为1985年国家高程基准面的平面直角坐标系。

3）小测区或有特殊精度要求的控制网，可采用独立坐标系。

4）在已有平面控制网的地区，可沿用原有的坐标系。

5）厂区内可采用建筑坐标系。

DL/T 5173—2012《水电水利工程施工测量规范》有如下规定：

（1）平面控制网的建立，宜采用全球定位系统（GPS）和地面边角等测量方法。

（2）平面控制网的等级划分，GPS网和地面三角形网按二、三、四等划分，地面导线（网）按三、四等和一级划分。在特殊情况下，高于上述等级要求时，需进行专门技术设计。

（3）平面控制网设计等级的选用，应满足工程设计、施工精度要求，做到技术先进、经济合理。

（4）首级平面控制网的坐标系统宜与规划勘测设计阶段的坐标系统一致。起算点可与邻近的国家三角点进行联测，其联测精度不低于国家四等网的精度要求。

（5）平面控制网宜分1～2级布设，末级控制网点相对于首级控制网的点位中误差不应超过±10mm。

2. 技术要求

三角网具有外业工作少、内业计算量大的特点，要求外业同视条件较高。精密导线测量是在通视条件困难的地区，采用精密导线测量来代替相应等级的三角测量，是非常方便的。尤其近年来各种测距仪和全站仪的出现，为精密导线测量创造了便利条件。导线测量是将一系列地面点组成一系列折线形状。在测量各转折角、各导线边长后，通过计算得到各导线点的平面坐标。精密导线测量也分为四个等级，即一、二、三、四等。

各等级平面控制测量主要技术指标见表5-1。

表5-1　　三角测量的主要技术要求

等级		平均边长（km）	测角中差（″）	起始边边长相对中误差	最弱边长相对中误差	测回数			三角形最大闭合差（″）
						DJ1	DJ2	DJ6	
二等		9	±1	≤1/250000	≤1/120000	12	—	—	±3.5
三等	首级	4.5	±1.8	≤1/150000	≤1/70000	6	9	—	±7
	加密			≤1/120000					
四等	首级	2	±2.5	≤1/100000	≤1/40000	4	6	—	±9
	加密			≤1/70000					
一级小三角		1	±5	≤1/40000	≤1/20000	—	2	4	±15
二级小三角		0.5	±10	≤1/20000	≤1/10000	—	1	2	±30

GPS测量是利用GPS接收仪接收全球定位系统卫星信号来确定接收仪位置平面坐标和高程的一种方法。由于GPS测量有不受天气、时间和地域限制的优点，目前已广泛用于各等级的控制测量。

由于图根控制测量的特点是范围小、边长较短、精度要求相对较低，因而图根点标志一般采用木桩或埋设简易混凝土标石，如图5-1所示，即可满足要求。为便于查找控制点的位置，需要在现场绘制简图，称为点之记，如图5-2所示。

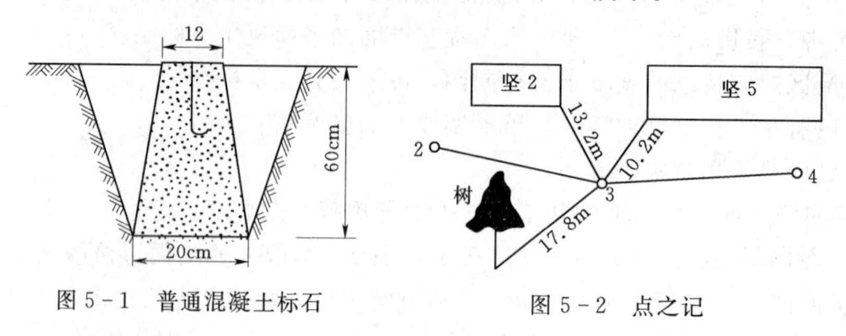

图5-1　普通混凝土标石　　　图5-2　点之记

二、高程控制测量

高程控制测量的方法主要采用水准测量和三角高程测量。

1. 一般规定

GB 50026—2007有如下规定：

(1) 高程控制测量精度等级的划分，依次为二、三、四、五等。各等级高程控制宜采用水准测量，四等及以下等级可采用电磁波测距三角高程测量，五等也可采用GPS拟合高程测量。

(2) 首级高程控制网的等级，应根据工程规模、控制网的用途和精度要求合理选择。首级网应布设成环形网，加密网宜布设成附合路线或结点网。

(3) 测区的高程系统，宜采用1985年国家高程基准。在已有高程控制网的地区测量时，可沿用原有的高程系统；当小测区联测有困难时，也可采用假定高程系统。

(4) 高程控制点间的距离，一般地区应为1～3km，工业厂区、城镇建筑区宜小于1km。但一个测区及周围至少应有3个高程控制点。

DL/T 5173—2012有如下规定：

(1) 高程控制网等级可划分为二、三、四等及等外，可布设一等水准高程控制网。

(2) 高程控制测量可采用几何水准、电磁波测距三角高程和GPS拟合高程等测量方法。

(3) 施工高程系统宜与规划勘测设计阶段的高程系统一致，如果采用地方高程系统或独立的高程系统，可与国家高程系统联测，其联测精度不宜低于四等水准测量的精度要求。

(4) 高程控制测量的精度应满足最末级高程控制点相对于首级高程控制点的高程中误差，对混凝土建筑物应不超过±10mm；对土石建筑物应不超过±20mm。

(5) 高程控制点的选点和埋设应选在质地坚硬、稳固的地方，且便于寻找、保存和引测，每一个单项工程的部位通常有2～3个高程控制点。

2. 技术要求

DL/T 5173—2012规定：高程控制测量分为水准测量、电磁波测距三角高程测量、

GPS 拟合高程测量等方法。

（1）水准高程控制测量。各等级水准测量的技术要求见表 5－2。

表 5－2　　各等级水准测量仪器的规格

<table>
<tr><td colspan="2">等　　级</td><td colspan="2">二　等</td><td>三　等</td><td>四　等</td></tr>
<tr><td colspan="2">偶然中误差 M_Δ（mm/km）</td><td colspan="2">±1</td><td>±3</td><td>±5</td></tr>
<tr><td colspan="2">仪器标称精度（mm/km）</td><td colspan="2">±0.5、±1</td><td>±1、±3</td><td>±3</td></tr>
<tr><td colspan="2">水准标尺类型</td><td colspan="2">铟瓦线条尺
铟因条码尺</td><td>铟因尺
红黑面尺</td><td>红黑面尺</td></tr>
<tr><td colspan="2">观测方法</td><td colspan="2">光学测微法
数字水准法</td><td>光学测微法
中丝读数法</td><td>中丝读数法</td></tr>
<tr><td rowspan="3">观测顺序</td><td rowspan="2">光学水准仪</td><td>往测</td><td>奇数站：后前前后
偶数站：前后后前</td><td rowspan="3">后前前后</td><td rowspan="3">后后前前</td></tr>
<tr><td>返测</td><td>奇数站：前后后前
偶数站：后前前后</td></tr>
<tr><td>数字水准仪</td><td colspan="2">奇数站：后前前后
偶数站：前后后前</td></tr>
<tr><td rowspan="2">观测次数</td><td>与已知点联测</td><td colspan="2">往返各一次</td><td>往返各一次</td><td>往返各一次</td></tr>
<tr><td>环线或附合</td><td colspan="2">往返各一次</td><td>往返各一次</td><td>往一次</td></tr>
<tr><td rowspan="2">往返较差、环线或附合线路闭合差(mm)</td><td>平丘地</td><td colspan="2">$\pm4\sqrt{L}$</td><td>$\pm12\sqrt{L}$</td><td>$\pm20\sqrt{L}$</td></tr>
<tr><td>山地</td><td colspan="2">$\pm0.6\sqrt{n}$</td><td>$\pm3\sqrt{n}$</td><td>$\pm5\sqrt{n}$</td></tr>
</table>

注　n 为水准路线单程测站数，每千米多于 16 站，按山地计算闭合差限差；L 为往返测段附合或环线的水准路线长度（km）；仪器标称精度为每千米水准测量高差平均值的偶然中误差。

各等级水准测量测站的技术要求见表 5－3。

表 5－3　　等级水准测量测站的技术要求

<table>
<tr><td>等　级</td><td colspan="2">二　等</td><td colspan="2">三　等</td><td>四　等</td></tr>
<tr><td rowspan="2">仪器标称精度（mm/km）</td><td colspan="2">±0.5、±1</td><td rowspan="2">±1</td><td rowspan="2">±3</td><td rowspan="2">±3</td></tr>
<tr><td>光学</td><td>数字</td></tr>
<tr><td>视线长度（m）</td><td>≤60</td><td>≥3 且≤50</td><td>≤100</td><td>≤75</td><td>≤80</td></tr>
<tr><td>前后视距差（m）</td><td>≤1</td><td>≤1.5</td><td colspan="2">≤2</td><td>≤3</td></tr>
<tr><td>前后视距差累积差（m）</td><td>≤3</td><td>≤6</td><td colspan="2">≤5</td><td>≤10</td></tr>
<tr><td>视线高度（m）</td><td>下丝≥0.3</td><td>≤2.80 且≥0.55</td><td colspan="2">三丝能读数</td><td>三丝能读数</td></tr>
<tr><td>基辅分划（黑红面）读数的差（mm）</td><td colspan="2">≤0.4</td><td colspan="2">光学测微法≤1.0
中丝读数法≤2.0</td><td>≤3.0</td></tr>
<tr><td>基辅分划（黑红面）所测高差的差（mm）</td><td colspan="2">≤0.6</td><td colspan="2">光学测微法≤1.5
中丝读数法≤3.0</td><td>≤5.0</td></tr>
<tr><td>上下丝读数平均值与中丝读数的差（mm）</td><td colspan="2">0.5cm 刻画标尺≤1.5
1cm 刻画标尺≤3.0</td><td colspan="2"></td><td></td></tr>
</table>

（2）电磁波测距三角高程测量。每站测前测后，各量测一次仪器高和棱镜高，两次互差不得超过2mm；采用每点设站法可单向观测，但总的观测测回数不变，技术要求见表5-4。

表5-4　　电磁波测距三角高程测量每点设站法的技术要求

等级	仪器标称精度		最大视线长度（m）	斜距测回数	天顶距			仪器高和棱镜高丈量精度（mm）	对向观测高差较差（mm）	附合或环线闭合差（mm）
	测距精度（mm/km）	测角精度（″）			中丝法测回数	指标差较差（″）	测回差（″）			
三等	±2	±1	700	3	3	8	5	±2	$\pm 35\sqrt{S}$	$\pm 12\sqrt{S}$
	±5	±2		4	4					
四等	±2	±1	1000	2	2	9	9	±2	$\pm 40\sqrt{S}$	$\pm 20\sqrt{S}$
	±5	±2		3	3					

（3）GPS拟合高程测量。仅适用于平原或丘陵地区的等外高程测量，且宜与GPS平面控制测量一起进行，主要技术要求应符合以下规定：GPS网应与四等或四等以上的水准点联测。联测的GPS点，宜分布在测区的四周和中央。若测区为带状地形，则联测的GPS点应分布于测区两端及中部；联测点数，宜大于选用计算模型中未知数个数的1.5倍，点间距宜小于10km；地形高差变化较大的地区，应适当增加联测的点数；地形趋势变化明显的大面积测区，宜采取分区拟合的方法。

工作任务二　导　线　测　量

一、导线测量概述

1. 导线网的布设形式

在通视条件较差的地区，平面控制大多采用导线测量。导线测量是在地面上按照一定的要求选定一系列的点（导线点），将相邻点连成直线而形成的几何图形，导线测量是依次测定各折线边（导线边）的长度和各转折角（导线角），根据起算数据，推算各边的坐标方位角，从而求出各导线点的坐标。按导线的布设形式来分，导线可分为闭合导线、支导线和附合导线，如图5-3所示。

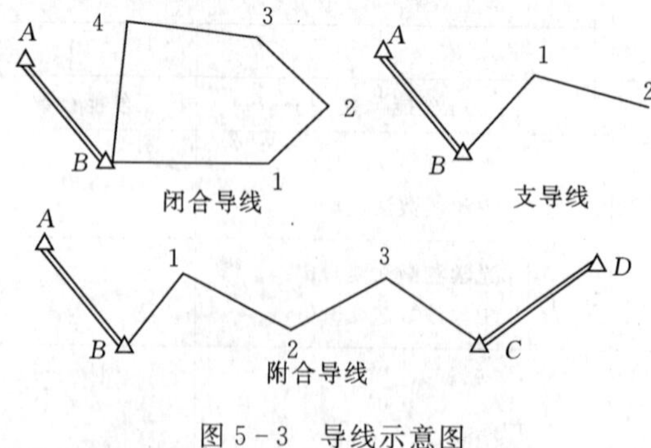

图5-3　导线示意图

（1）闭合导线。从已知控制点A和已知方向BA出发，经过1、2、3、4最后仍回到起点A，形成一个闭合多边形。闭合导线本身存在严密的几何条件，具有检核作用。

（2）支导线。由一已知点和已知方向出发，既不附合到另一已知点，又不回到原起始点的导线。支导线缺乏必要的检核

条件，因此，导线点一般不允许超过两个。图 5-3 所示 B 为已知控制点。

（3）附合导线。如图 5-3 所示，导线从已知控制点 B 和已知方向 BA 出发，经过 1、2、3 点，最后附合到另一已知点 C 和已知方向 CD 上，这样的导线称为附合导线。这种布设形式，具有检核观测成果的作用。

2. 导线网的技术要求

导线测量的主要技术要求见表 5-5。

表 5-5　导线测量的主要技术要求

等级	导线长度（km）	平均边长（km）	测角中误差（″）	测距中误差（mm）	测距相对中误差	测回数			方位角闭合差（″）	相对闭合差
						DJ1	DJ2	DJ6		
三等	14	3	±1.8	±20	≤1/150000	6	10	—	$3.6\sqrt{n}$	≤1/55000
四等	9	1.5	±2.5	±18	≤1/80000	4	6	—	$5\sqrt{n}$	≤1/35000
一级	4	0.5	±5	±15	≤1/30000	—	2	4	$10\sqrt{n}$	≤1/15000
二级	2.4	0.25	±8	±15	≤1/14000	—	1	3	$16\sqrt{n}$	≤1/10000
三级	1.2	0.1	±12	±15	≤1/7000	—	1	2	$24\sqrt{n}$	≤1/5000

注　表中 n 为测站数。

二、导线测量的外业工作

1. 导线网的布设

导线网的布设应符合下列规定：

（1）导线网用作测区的首级控制时，应布设成环形网，且宜联测两个已知方向。

（2）加密网可采用单一附合导线或结点导线网形式。

（3）结点间或结点与已知点间的导线段宜布设成直伸形状，相邻边长不宜相差过大，网内不同环节上的点也不宜相距过近。

2. 勘选点及建立标志

选点的基本准则如下：

（1）点位应选在土质坚实、稳固可靠、便于保存的地方，视野应相对开阔，便于加密、扩展和寻找。

（2）相邻点之间应通视良好，其视线距障碍物的距离，三、四等不宜小于 1.5m；四等以下宜保证便于观测，以不受旁折光的影响为原则。

（3）当采用电磁波测距时，相邻点之间视线应避开烟囱、散热塔、散热池等发热体及强电磁场。

（4）相邻两点之间的视线倾角不宜过大。

（5）充分利用旧有控制点。

首先要根据测量的目的、测区的大小以及测图比例尺来确定导线的等级，然后再到测区内踏勘，根据测区的地形条件确定导线的布设形式，还要尽量利用已知的成果来确定布点方案。选定点位时，还应注意以下几点：

（1）相邻导线点间应通视良好，以便测角、量边。

（2）点位应选在土质坚硬、便于保存标志和安置仪器的地方。

（3）视野开阔，便于碎部测量和加密图根点。

（4）导线边长应均匀，避免较悬殊的长边与短边相邻。

（5）点位分布要均匀，符合密度要求。

3. 水平角测量

水平角测量应满足以下规定：

（1）水平角观测宜采用方向法，并符合下列规定：

1）方向法的技术要求，不应超过表 5－6 的规定。

表 5－6　　水平角方向法的技术要求

等　级	仪器精度等级	光学测微器两次重合读数之差（″）	半测回归零差（″）	一测回内 $2c$ 互差（″）	同一方向值各测回较差（″）
四等及以上	1″级仪器	1	6	9	6
	2″级仪器	3	8	13	9
一级及以下	2″级仪器	—	12	18	12
	6″级仪器	—	18	—	24

2）当观测方向不多于 3 个时，可不归零。

3）当观测方向多于 6 个时，可进行分组观测。分组观测应包括两个共同方向（其中一个为共同零方向）。其两组观测角之差，不应大于同等级测角中误差的 2 倍。分组观测的最后结果，应按等权分组观测进行测站平差。

4）水平角的观测值应取各测回的平均数作为测站成果。

5）各测回间应配置度盘。

光学经纬仪、编码式测角法和增量式测角法全站仪（或电子经纬仪）在进行方向法多测回观测时，应配置度盘。采用动态式测角系统的全站仪或电子经纬仪不需进行度盘配置。

1″级光学经纬仪方向法观测测回数为 12、9、6、4。度盘配置要求如下：

观测测回数为 12 时，第 1 测回度盘配置为 00° 00′ 05″，第 n 测回度盘配置为 00°00′05″＋(n－1)×(15°04′10″) 。

观测测回数为 9 时，第 1 测回度盘配置为 00°00′07″，第 n 测回度盘配置为 00°00′07″＋(n－1)×(20°04′13″)。

观测测回数为 6 时，第 1 测回度盘配置为 00°00′10″，第 n 测回度盘配置为 00°00′10″＋(n－1)×(30°04′20″)。

观测测回数为 4 时，第 1 测回度盘配置为 00°00′15″，第 n 测回度盘配置为 00°00′15″＋(n－1)×(45°04′30″)。

2″级光学经纬仪方向法观测测回数为 9、6、3、2。度盘配置要求如下：

观测测回数为 9 时，第 1 测回度盘配置为 00° 00′ 33″，第 n 测回度盘配置为 00°00′33″＋(n－1)×(20°11′07″)。

观测测回数为 6 时，第 1 测回度盘配置为 00°00′50″，第 n 测回度盘配置为 00°00′50″＋(n－1)×(30°11′40″)。

观测测回数为 3 时，第 1 测回度盘配置为 00°01′40″，第 2 测回度盘配置为 60°15′00″，第 3 测回度盘配置为 120°28′20″。

观测测回数为 2 时，第 1 测回度盘配置为 00°02′30″，第 2 测回度盘配置为 90°17′30″。

(2) 水平角观测所使用的全站仪、电子经纬仪和光学经纬仪，应符合下列相关规定：

1) 照准部旋转轴正确性指标。管水准器气泡或电子水准器长气泡在各位置的读数较差，1″级仪器不应超过 2 格，2″级仪器不应超过 1 格，6″级仪器不应超过 1.5 格。

2) 光学经纬仪的测微器行差及隙动差指标。1″级仪器不应大于 1″，2″级仪器不应大于 2″。

3) 水平轴不垂直于垂直轴之差指标。1″级仪器不应超过 10″，2″级仪器不应超过 15″，6″级仪器不应超过 20″。

4) 补偿器的补偿要求。在仪器补偿器的补偿区间，对观测成果应能进行有效补偿。

5) 垂直微动旋转使用时，视准轴在水平方向上不产生偏移。

6) 仪器的基座在照准部旋转时的位移指标。1″级仪器不应超过 0.3″，2″级仪器不应超过 1″，6″级仪器不应超过 1.5″。

7) 光学（或激光）对中器的视轴（或射线）与竖轴的重合度不应大于 1mm。

(3) 水平角观测误差超限时，应在原来度盘位置上重测，并应符合下列规定：

1) 一测回内 $2c$ 互差或同一方向值各测回较差超限时，应重测超限方向，并联测零方向。

2) 下半测回归零差或零方向的 $2c$ 互差超限时，应重测该测回。

3) 若一测回中重测方向数超过总方向数的 1/3 时，应重测该测回。当重测的测回数超过总测回数的 1/3 时，应重测该站。

(4) 水平角观测的测站作业，应符合下列规定：

1) 仪器或反光镜的对中误差不应大于 2mm。

2) 水平角观测过程中，气泡中心位置偏离整置中心不宜超过 1 格。四等及以上等级的水平角观测，当观测方向的垂直角超过±3°的范围时，宜在测回间重新整置气泡位置。

3) 如受外界因素（如震动）的影响，仪器的补偿器无法正常工作或超出补偿器的补偿范围时，应停止观测。

4) 当测站或照准目标偏心时，应在水平角观测前或观测后测定归心元素。测定时，投影示误三角形（表示误差的三角形）的最长边，对于标石、仪器中心的投影不应大于 5mm，对于照准标志中心的投影不应大于 10mm。投影完毕后，除标石中心外，其他各投影中心均应描绘两个观测方向。角度元素应量至 15′，长度元素应量至 1mm。

4. 边长的测量

导线边长可用测距仪（或全站仪）直接测定，也可用钢尺丈量。测距仪或全站仪的测量精度较高。钢尺丈量时，应用检定过的钢尺按精密丈量方法进行往返丈量。

(1) 各等级控制网边长测距的主要技术要求，应符合表 5－7 的规定。

表 5-7　　　　测距的主要技术要求

平面控制网等级	仪器精度等级	每边测回数		一测回读数较差（mm）	单程各测回较差（mm）	往返测距较差（mm）
		往	返			
三等	5mm 级仪器	3	3	≤5	≤7	≤2(a+b×D)
	10mm 级仪器	4	4	≤10	≤17	
四等	5mm 级仪器	2	2	≤5	≤7	
	10mm 级仪器	3	3	≤10	≤15	
一级	10mm 级仪器	2	—	≤10	≤15	—
二、三级	10mm 级仪器	1	—	≤10	≤15	

（2）普通钢尺量距的主要技术要求，应符合表 5-8 的规定。

表 5-8　　　　普通钢尺量距的主要技术要求

等级	边长量距较差相对误差	作业尺数	量距总次数	定线最大偏差（mm）	尺段高差较差（mm）	读定次数	估读值至（mm）	温度读数值至（℃）	同尺各次或同段各尺的较差（mm）
二级	1/20000	1～2	2	50	≤10	3	0.5	0.5	≤2
三级	1/10000	1～2	2	70	≤10	2	0.5	0.5	≤3

（3）测距作业，应符合下列规定：

1）测站对中误差和反光镜对中误差不应大于 2mm。

2）当观测数据超限时，应重测整个测回，如观测数据出现分群时，应分析原因，采取相应措施重新观测。

3）四等及以上等级控制网的边长测量，应分别量取两端点观测始末的气象数据，计算时应取平均值。

4）测量气象元素的温度计宜采用通风干湿温度计，气压表宜选用高原型空盒气压表；读数前应将温度计悬挂在离开地面和人体 1.5m 以外阳光不能直射的地方，且读数精确至 0.2℃；气压表应置平，指针不应滞阻，且读数精确至 50Pa。

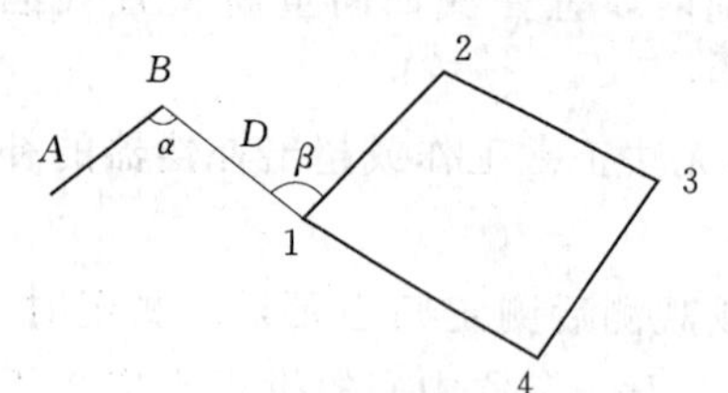

图 5-4　导线连测

5）每日观测结束，应对外业记录进行检查。当使用电子记录时，应保存原始观测数据，打印输出相关数据和预先设置的各项限差。

5. 测定连接角或方位角

如图 5-4 所示，当导线需要与高级控制点或同级已知坐标点间接连接时，还必须测出连接角 α、β 和连接边 D_{B1}，以便传递坐标方位角和 B 点的平面坐标。若单独进行测量时，可建立独立的假定坐标系，需要测量起始边的方位角。方位角可采用罗盘仪进行测量。

三、导线测量的内业计算

导线测量的内业计算是根据外业边长的测量值、内角或转折角观测值及已知起算数据或起始点的假定数据推算导线点坐标值。为了计算的正确，首先应绘出导线草图，把检核后的外业测量数据及起算数据注记在草图上，并填写在计算表格中。

导线计算的目的是计算各导线点的坐标，计算的手段是相邻导线点的坐标增量，计算的重点是误差的分配，计算工作需要耐心、仔细。

导线布设形式不同，其计算方法也有一定的差异，闭合导线与附合导线计算步骤基本相同，其主要区别是角度闭合差和坐标增量闭合差的计算方法不同，下面仅以闭合导线的内业计算为例加以说明。

1. 闭合导线的计算

分角度闭合差计算与调整、导线边坐标方位角的推算、相邻导线点之间的坐标增量计算、坐标增量闭合差的计算与调整、导线闭合坐标的计算等几个步骤进行。

【例 5-1】 如图 5-5 所示为一闭合导线外业观测成果草图，外业观测数据和已知点起算数据已在图上标明，试进行内业成果核算。

【解】

(1) 校核外业数据。保证外业观测数据的正确性。

1) 认真核对外业数据，绘制草图与成果核算表格，填写外业观测数据。

2) 根据外业观测数据，绘制外业成果草图如图 5-5 所示。

3) 绘制内业成果核算表格，见表 5-9。

4) 将校核过的外业观测数据填入相应栏内，如第 2 和第 6 列数据。

5) 把起算数据填入相应位置，加下划线表示。

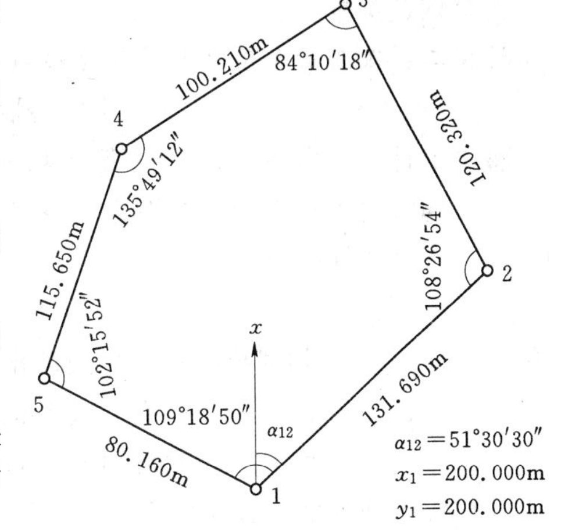

图 5-5　闭合导线计算实例

(2) 角度闭合差计算与调整。闭合导线是一个闭合的多边形，n 边形内角和应满足以下条件

$$\sum\beta_{理}=(n-2)\times180^\circ=(5-2)\times180^\circ=540^\circ00'00''$$

由于观测角存在误差，使实测内角总和 $\sum\beta_{测}$ 不等于理论内角总和 $\sum\beta_{理}$。其差值称为闭合导线的角度闭合差，以 f_β 表示，即

$$f_\beta=\sum\beta_{测}-\sum\beta_{理}=\sum\beta_{测}-(n-2)\times180^\circ \tag{5-1}$$

$$\begin{aligned}\sum\beta_{测}&=109^\circ18'50''+108^\circ26'54''+84^\circ10'18''+135^\circ49'12''+102^\circ15'52''\\&=540^\circ01'06''\end{aligned}$$

$$f_\beta=\sum\beta_{测}-\sum\beta_{理}=540^\circ01'06''-540^\circ00'00''=+66''$$

导线的角度闭合差容许值为

$$f_{\beta容}=\pm k\sqrt{n} \tag{5-2}$$

式中　k——根据工程性质和重要程度的不同进行选取，等级不同，其值亦变。

当$|f_\beta|\leqslant|f_{\beta容}|$时，说明角度的测量结果满足精度要求，可以对角度闭合差进行调整，调整的方法是按相反的符号平均分配到各内角观测值中。

即每个观测角的改正数应为

$$v_\beta=-\frac{f_\beta}{n} \tag{5-3}$$

改正后的内角等于观测的内角与改正数之和，且满足所有改正后的内角总和等于理论值，即$\sum\beta_{改}=\sum\beta_{理}$。

$$v_\beta=-\frac{f_\beta}{n}=-\frac{66''}{5}=-13.2''$$

v_β取整数，多余的秒数分配给与短边相邻的观测角，如观测角1与最短边相邻，则其改正数多分配了1″。

检核一：水平角改正数之和应与角度闭合差大小相等、符号相反，即

$$\sum v_\beta=-f_\beta$$

(3) 计算改正后角值。改正后的水平角$\beta_{i改}$等于所测水平角加上水平角改正数，例如

$$\beta_{1改}=\beta_1+v_{\beta1}=108°\,26'\,54''+(-13'')=108°\,26'\,41''$$

其余依此类推。

检核二：改正后角值之和等于导线内角理论值之和，此例为540°00′00″，即

$$\sum\beta_{i改}=\sum\beta_{理}$$

将以上计算数据填入表5-9第4列内。

(4) 导线边坐标方位角的推算。根据已知边坐标方位角和调整后的角值，可按方位角的计算公式计算导线各边坐标方位角。

$$\alpha_{后}=\alpha_{前}\pm180°\pm\beta_{改} \tag{5-4}$$

式中　$\alpha_{前}$、$\alpha_{后}$——相邻导线前、后边的坐标方位角；

$\beta_{改}$——改正后的内角，其前的符号按照“顺减逆加”，顺时针方向计算时取“－”号，逆时针方向计算时取“＋”号。

计算按下列各式，容易检查：

α_{12}	=		51	30	30	
		＋	108	26	41	2点内角，不能用1点内角
		＋	180			前两项之和小于180°，选择“＋”号
α_{23}	=		339	57	11	
		＋	84	10	05	图形为顺时针编号，要加内角
		－	180			前两项之和大于180°，选择“－”号
α_{34}	=		244	07	16	
		＋	135	48	59	
		－	180			

α_{45}	=		199	56	15
		+	102	15	39
		−	180		
α_{51}	=		122	11	54
		+	109	18	36
		−	180		
α_{12}	=		51	30	30

与已知相同，说明中间计算无误

将以上计算值填入表5-9第5列内。

检核三：最后推算出起始边坐标方位角 α'_{12}，它应与原有的起始边已知坐标方位角 α_{12} 相等，否则应重新检查计算。

(5) 相邻导线点之间的坐标增量计算。坐标增量为相邻两导线点的同名坐标值之差，有纵坐标增量 Δx 与横坐标增量 Δy。由图5-6容易看出，B 点对于 A 点坐标增量为

$$\begin{aligned}\Delta x &= D_{AB}\cos\alpha_{AB}\\ \Delta y &= D_{AB}\sin\alpha_{AB}\end{aligned} \tag{5-5}$$

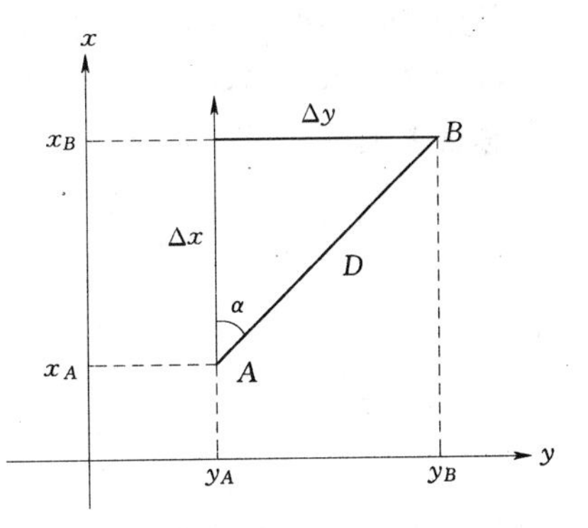

图5-6　坐标增量计算简图

例如

$$\begin{aligned}\Delta x_{12} &= D_{12}\cos\alpha_{12}\\ &= 131.690\times\cos 51°30'30'' = 81.964\text{m}\\ \Delta y_{12} &= D_{12}\sin\alpha_2\\ &= 131.690\times\sin 51°30'30'' = 103.074\text{m}\end{aligned}$$

其余依此类推。将以上计算值填入表5-9第7和第10列内。

(6) 坐标增量闭合差的计算与调整。闭合导线的纵、横坐标增量代数和在理论上应该等于零，即：$\sum\Delta x=0$，$\sum\Delta y=0$。

1) 坐标增量。由于测角、量边的误差存在，计算出来的纵、横坐标增量代数和不等于零，其值即为纵、横坐标增量的闭合差，分别计为 f_x、f_y，则

$$\begin{aligned}f_x &= \sum\Delta x\\ f_y &= \sum\Delta y\end{aligned} \tag{5-6}$$

2) 计算全导线绝对闭合差。纵、横坐标增量的闭合差只说明了在两个垂直方向上的精确度，无法表达导线全长的精确度，因此在导线测量中，导线全长绝对闭合差 f_D 常用导线全长相对闭合差 K 来衡量其精度。

$$f_D=\sqrt{f_x^2+f_y^2} \tag{5-7}$$

$$K=\frac{f_D}{\sum D_i} \tag{5-8}$$

式中　$\sum D_i$——导线总和。

若没有达到要求，则应进行检查计算，若计算无误，因为角度测量结果已经符合精度

要求，所以相对误差仍不满足精度要求，则边长需要重测。

3）计算闭合差改正数。坐标增量闭合差 f_x、f_y 的调整方法是：按与导线的边长成正比反号的原则分配到各坐标增量中，即

$$\delta x_{AB}=-f_x\cdot\frac{D_{AB}}{\sum D_i}$$

$$\delta y_{AB}=-f_y\cdot\frac{D_{AB}}{\sum D_i}\tag{5-9}$$

$$\delta x_{12}=-f_x\cdot\frac{D_{12}}{\sum D_i}=-(-0.177)\times\frac{131.690}{540.030}=+0.043\text{m}=+43\text{mm}$$

$$\delta y_{12}=-f_y\cdot\frac{D_{12}}{\sum D_i}=-0.065\times\frac{131.690}{540.030}=-0.016\text{m}=-16\text{mm}$$

其余依此类推。将计算数据填入表 5-9 第 8 和等 11 列中。

检核四：纵坐标改正数之和与纵坐标误差大小相等、符号相反，横坐标改正数之和与横坐标误差大小相等、符号相反。即

$$\sum v_x=-f_x$$

$$\sum v_y=-f_y$$

$$\sum v_x=-f_x=+0.177\text{m}=177\text{mm}$$

$$\sum v_y=-f_y=-0.065\text{m}=-65\text{mm}$$

检核五：改正后的纵坐标增量之代数和为 0，改正后的横坐标增量之代数和为 0。

(7) 计算改正后坐标增量。坐标增量与改正数之代数和得到正确的纵横坐标增量。

$$\Delta x_i+v_{xi}=\Delta x_{改}$$

$$\Delta y_i+v_{yi}=\Delta y_{改}$$

$$\Delta x_{1改}=\Delta x_1+v_{x1}=81.964+(+0.043=82.007\text{m}$$

$$\Delta x_{1改}=\Delta y_1+v_{y1}=103.074+(-0.016)=103.058\text{m}$$

其余依此类推。将计算数据填入表 5-9 第 9 和第 12 列中。

(8) 导线闭合坐标的计算。各导线点的坐标是根据已知点的坐标值及调整后的坐标增量 $\Delta x'$、$\Delta y'$ 逐点推算的，如图 5-6 所示，有

$$x_B=x_A+\Delta x_{AB改}$$

$$y_B=y_A+\Delta y_{AB改}\tag{5-10}$$

例如　$x_2=x_1+\Delta x_{12改}=200.000+82.007=282.007\text{m}$

$$y_2=y_1+\Delta y_{12改}=200.000+103.058=303.058\text{m}$$

其余依此类推。将计算数据填入表 5-9 第 13 和第 14 列中。

检核六：推算出 1 点坐标 x_1'、y_1' 与已知的 1 点坐标 x_1、y_1 相等。

表 5-9 闭合导线坐标计算表

点号	观测角 (″)	改正数 (″)	改后角 (° ′ ″)	坐标方位角 (° ′ ″)	边长 (m)	坐标增量计算 计算 Δx (m)	改正数 (mm)	改后 Δx (m)	计算 Δy (m)	改正数 (mm)	改后 Δy (m)	x (m)	y (m)	点号
1	2	3	4	5	6	7	8	9	10	11	12	13	14	15
1												200.000	200.000	1
				51 30 30	131.690	81.964	+43	82.007	103.074	−16	103.058			
2	108 26 54	−13	108 26 41									282.007	303.058	2
				339 57 11	120.320	113.030	+39	113.069	−41.244	−14	−41.258			
3	84 10 18	−13	84 10 05									395.076	261.800	3
				244 07 16	100.210	−43.739	+32	−43.707	−90.161	−12	−90.173			
4	135 49 12	−13	135 48 59									351.369	171.627	4
				199 56 15	115.650	−108.719	+38	−108.681	−39.436	−14	−39.450			
5	102 15 52	−13	102 15 39									242.688	132.177	5
				122 11 54	80.160	−42.713	+25	−42.688	67.832	−9	67.823			
1	109 18 50	−14	109 18 36									200.000	200.000	1
				51 30 30										
2														2
Σ	540 01 06	−66	540 00 00		548.030	−0.177	+177	0	+0.065	−65	0			
辅助计算	$f_\beta=\sum\beta_{测}-\sum\beta_{理}=+66''$ $f_D=0.189$			$f_{\beta容}=\pm60''\sqrt{n}=\pm60''\sqrt{5}=134''>66''=f_\beta$满足(等外) $K=f_D/\sum D_i=1/2900<1/2000$ 合格(等外)										

注 有双下划线数据为已知数据，有单下划线数据为观测数据。

2. 附合导线的计算

与闭合导线计算的过程完全一致，只是个别处的计算方法略有区别。通过实例重点介绍不同点。

【例 5-2】 如图 5-7 所示为一附合导线外业观测成果草图，已知数据和观测数据已在图上标明，试进行内业成果核算。

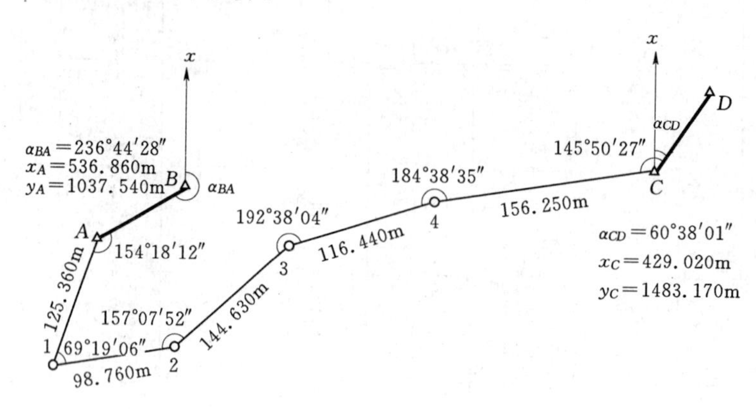

图 5-7　附合导线计算实例

【解】

(1) 角度闭合差的计算与调整。如图 5-7 所示附合导线，AB 和 CD 为高级控制边，其坐标方位角 α_{BA} 和 α_{CD} 已知。根据起始边 AB 的坐标方位角和观测的左角 $\beta_{左}$ 推算出终边 CD 的坐标方位角 α'_{CD}。

$$\alpha_{A1}=\alpha_{BA}+\beta_B\pm180°$$

$$\alpha_{12}=\alpha_{A1}+\beta_1\pm180°$$

$$\alpha_{23}=\alpha_{12}+\beta_2\pm180°$$

$$\alpha_{34}=\alpha_{23}+\beta_3\pm180°$$

$$\alpha_{4C}=\alpha_{34}+\beta_4\pm180°$$

$$\alpha'_{CD}=\alpha_{4C}+\beta_C\pm180°$$

合并以上六个算式，得

$$\alpha'_{CD}=\alpha_{BA}+\sum\beta\pm6\times180°$$

同理，根据观测角可进一步推导出附合导线方位角推算通用公式为

$$\alpha'_{终}=\alpha_{始}+\sum_{i=1}^{n}\beta_{左}\pm n\times180° \tag{5-11}$$

$$\alpha'_{终}=\alpha_{始}-\sum_{i=1}^{n}\beta_{右}\pm n\times180° \tag{5-12}$$

式中　n——观测角个数。

观测角值往往存在误差，因此由起始边方位角 $\alpha_{始}$ 推算出终边的方位角 $\alpha'_{终}$，一般与已知的方位角 $\alpha_{终}$ 不一致，其差值即为附合导线的角度闭合差，即

$$f_\beta = \alpha'_{终} - \alpha_{终} \tag{5-13}$$

如表 5-10 中 $f_\beta = -77''$。

(2) 坐标增量闭合差计算。根据附合导线的校核条件，由坐标方位角与测量的边长计算出纵横坐标增量的代数和应等于已知 $C(x_C, y_C)$ 与 $A(x_A, y_A)$ 两点的纵横坐标值之差，即

$$\sum \Delta x_{理} = x_C - x_A$$

$$\sum \Delta y_{理} = y_C - y_A$$

由于实际测量的边长含有误差，因此由转折角与边长推算出纵横坐标增量的代数和不等于理论值，其差值即为坐标增量闭合差 f_x 和 f_y

$$f_x = \sum \Delta x - \sum \Delta x_{理} = \sum \Delta x - (x_C - x_A)$$

$$f_y = \sum \Delta y - \sum \Delta y_{理} = \sum \Delta y - (y_C - y_A)$$

如表 5-10 中 $f_x = -0.079\text{m}$，$f_y = +0.210\text{m}$。

根据附合导线的条件，可写出如下附合导线坐标增量闭合差计算公式

$$f_x = \sum \Delta x - (x_{终} - x_{始})$$

$$f_y = \sum \Delta y - (y_{终} - y_{始}) \tag{5-14}$$

其他计算与闭合导线内业相同，不再赘述。其详细结果见表 5-10。这里仅强调计算过程中的检核，计算过程必须满足，且要做到步步检核。

1) 观测角改正数之和与观测角误差大小相等、符号相反，即

$$\sum v_{\beta改} = -f_\beta$$

表 5-10 中 $\sum v_\beta = -f_\beta = +77''$。

2) 改正后角值代数和 $\sum \beta_{改}$ 代入下式计算结果为 0，即

$$f_{\beta改} = \alpha_{始} + \sum \beta_{左改} \pm n \times 180 - \alpha_{终} = 0$$

表 5-10 中检核为 0，说明计算无误。

3) 由起始边方位角 $\alpha_{始}$ 推算出终边的方位角 $\alpha'_{终}$ 与已知的终边方位角 $\alpha_{终}$ 相等。

表 5-10 中 $\alpha'_{终} = \alpha_{终} = 60°\ 38'\ 01''$。

4) 纵横坐标改正数代数和与增量之误差大小相等、符号相反，即

$$\sum v_x = -f_x$$

$$\sum v_y = -f_y$$

表 5-10 中，$\sum v_x = -f_x = +0.079\text{m}$，$\sum v_y = -f_y = -0.210\text{m}$。

5) 改正后的坐标增量代入下式计算结果为 0，即

$$f_{x改} = \sum \Delta x_{改} - (x_{终} - x_{始}) = 0$$

$$f_{y改} = \sum \Delta y_{改} - (y_{终} - y_{始}) = 0$$

表 5-10 中检核为 0，说明计算无误。

表 5-10 **附合导线坐标计算表**

点号	观测角 (″)	改正数 (″)	改后角 (° ′ ″)	坐标方位角 (° ′ ″)	边长 (m)	坐标增量计算 计算 Δx (m)	改正数 (mm)	改后 Δx (m)	计算 Δy (m)	改正数 (mm)	改后 Δy (m)	x (m)	y (m)	点号
1	2	3	4	5	6	7	8	9	10	11	12	13	14	15
B														B
				236 44 28										
A	154 18 12	+13	154 18 25									536.860	1037.540	A
				211 02 53	125.360	−107.400	+15	−107.385	−64.655	−41	−64.696			
1	69 19 06	+12	69 19 18									429.475	972.844	1
				100 22 11	98.760	−17.777	+12	−17.765	+97.147	−32	+97.115			
2	157 07 52	+13	157 08 05									411.710	1069.959	2
				77 30 16	144.630	+31.293	+18	+31.311	+141.204	−47	+141.157			
3	192 38 04	+13	192 38 17									443.021	1211.116	3
				90 08 33	116.440	−0.290	+14	−0.276	+116.440	−38	+116.402			
4	184 38 35	+13	184 38 48									442.745	1327.518	4
				94 47 21	156.250	−13.045	+20	−13.025	+155.704	−52	+155.652			
C	145 50 27	+13	145 50 40									429.720	1483.170	C
				60 38 01										
D														D
Σ	903 52 16	+77	903 53 33		641.440	−107.219	+79	−107.140	+445.840	−210	+445.630			

辅助计算

$f_\beta=\alpha_{BA}+\sum\beta_{左}-6\times180-\alpha_{CD}=-77''$　　$f_{\beta容}=\pm60\sqrt{6}=\pm147''$　　$|f_\beta|<|f_{\beta容}|$，满足（等外）

$f_x=\sum\Delta x-(x_C-x_B)=-0.079\text{m}$　　$f_y==\sum\Delta y-(y_C-y_B)=+0.210\text{m}$　　$f_D=0.224\text{m}$　　$K=1/2859\leqslant1/2000$，合格（等外）

注　有双下划线数据为已知数据，有单下划线数据为观测数据。

3. 支导线的计算

与附合导线计算的过程完全相同，只是没有任何校核条件，因此，不需要平差计算。

【例 5-3】 如图 5-8 所示为一支导线外业观测成果草图，已知数据和观测数据已在图上标明，试进行内业成果核算。

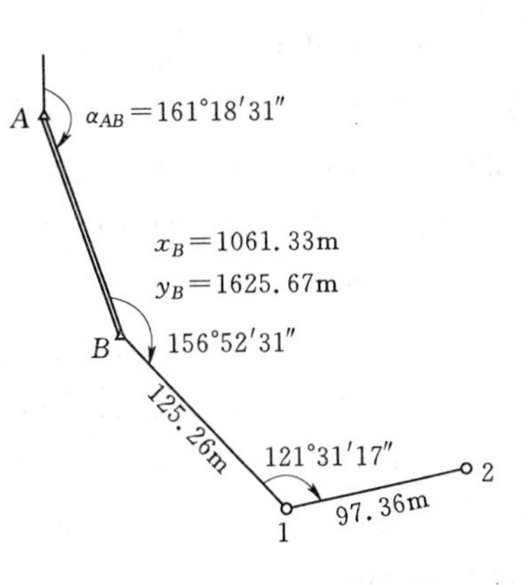

图 5-8　支导线计算实例

【解】

（1）填表。观测数据，经检查无误直接填入表格 5-11，如 B、1 点观测左角，B-1、1-2 边长，B 点坐标。

（2）计算。不需要平差计算，按照附合导线方法，分别计算方位角、坐标增量及坐标，详见表 5-11。

表 5-11　　**支导线计算表**

点号	观测角 (° ′ ″)	坐标方位角 (° ′ ″)	边长 (m)	坐标增量 (m)		坐标 (m)		点号
				Δx	Δy	x	y	
1	2	3	4	5	6	7	8	9
A								A
		161　18　31						
B	156　52　31					1061.33	1625.67	B
		138　11　02	125.26	−93.35	+83.52			
1	121　31　17					967.98	1709.19	1
		79　42　19	97.36	+17.40	+95.79			
2						985.38	1804.98	2

工作任务三　三（四）等水准测量

高程控制测量就是测定控制点的高程。为了方便工程建设中的测量工作，我国在全国范围内建立了统一的高程控制网。分为一、二、三、四等四个等级。其中一、二等水准网是国家高程控制测量的基础。三、四等水准测量是大比例尺测图、工程测量和地面沉降观测的基本控制。

三、四等水准测量与普通水准测量的观测过程相同，区别在于：

（1）使用仪器要经过严格的检验鉴定。

（2）精度要求有较大区别。

（3）每个测站都有校核。

一、三（四）等水准测量的观测方法

三、四等水准测量主要采用双面水准尺观测法，除各种限差有所区别外，观测方法大同小异。现以三等水准测量的观测方法和限差进行叙述。

每一测站上，首先安置仪器，调整圆水准器使气泡居中。分别瞄准后、前视尺，估读视距，使前、后视距离差不超限。否则需移动前视尺或水准仪，以满足要求。即每个测站都要有相应的校核方法。然后按下列顺序进行观测，并记于手簿中（见表5-12）。

（1）读取后视尺黑面读数，下丝（1），上丝（2），中丝（3）。

（2）读取前视尺黑面读数，下丝（4），上丝（5），中丝（6）。

（3）读取前视尺红面读数，中丝（7）。

（4）读取后视尺红面读数，中丝（8）。

每个测站共需读取8个读数，并立即进行测站计算与检核，满足四等水准测量的有关限差要求后方可迁站。此观测顺序简称为"后—前—前—后"，优点是可以减弱仪器下沉误差的影响。

二、三（四）等水准测量的计算与校核

测站上的计算有下面几项（参见表5-12）。

表5-12　　**三（四）等水准测量手簿**

测站编号	点号	后尺 下丝 上丝 后距（m） 前后视距差	前尺 下丝 上丝 前距（m） 累积差	方向及尺号	水准尺读数（m） 黑面	水准尺读数（m） 红面	K+黑−红（mm）	高差中数（m）
		(1) (2) (9) (11)	(4) (5) (10) (12)	后 前 后−前	(3) (6) (16)	(8) (7) (17)	(13) (14) (15)	(18)
1	$BM_2 \sim TP_1$	1.614 1.156 45.8 +1.0	0.774 0.326 44.8 +1.0	后1 前2 后−前	1.384 0.551 +0.833	6.171 5.239 +0.932	0 −1 +1	+0.8325
2	$TP_1 \sim TP_2$	2.188 1.682 50.6 +1.2	2.252 1.758 49.4 +2.2	后2 前1 后−前	1.934 2.008 −0.074	6.622 6.796 −0.174	−1 −1 0	−0.0740
3	$TP_2 \sim TP_3$	1.922 1.529 39.3 −0.5	2.066 1.668 39.8 +1.7	后1 前2 后−前	1.726 1.866 −0.140	6.512 6.554 −0.042	+1 −1 +2	−0.1410
4	$TP_3 \sim BM_7$	2.041 1.622 41.9 −1.1	2.220 1.790 43.0 +0.6	后2 前1 后−前	1.832 2.097 −0.175	6.520 6.793 −0.273	−1 +1 −2	−0.1740
校核		$\Sigma(9)=177.6$ $\Sigma(10)=177.0$ (12)末站=+0.6 总距离=354.6			$\Sigma(3)=6.876$　$\Sigma(8)=25.825$ $\Sigma(6)=6.432$　$\Sigma(7)=25.382$ $\Sigma(16)=+0.444$　$\Sigma(17)=+0.443$ $[\Sigma(16)+\Sigma(17)]/2=+0.4435$ $=\Sigma(18)$			$\Sigma(18)=$ $+0.4435$

(1) 视距部分。后距(9)＝[(1)－(2)]×100；前距(10)＝[(4)－(5)]×100；后、前视距差(11)＝[(9)－(10)]；后、前视距离累积差(12)＝本站的(11)＋前站的(12)。

(2) 高差部分。后视尺黑、红面读数差(13)＝K_1＋(3)－(8)；前视尺黑、红面读数差(14)＝K_2＋(6)－(7)；上两式中的 K_1 及 K_2 分别为两水准尺的黑、红面的起点差，亦称尺常数。

黑面高差(16)＝(3)－(6)；红面高差(17)＝(8)－(7)；黑红面高差之差(15)＝(16) －(17)±0.100＝(13) － (14)。

由于两根水准尺的红面起始读数相差 0.100m，即 4.787 与 4.687 之差，因此，红面测得的高差应为 (17)±0.100，“加” 或 “减” 应以黑面高差为准来确定。例如，表 5－12 中第一个测站红面高差为 (17)－0.100，第二个测站因两水准尺交替，红面高差为 (17)＋0.100，以后单数站用 “减”，双数站用 “加”。需要说明的是，现在有些水准尺生产厂家生产的水准尺不存在起始读数差，在使用时要特别注意。

每一测站经过上述计算，符合要求，才能计算高差中数(18)＝0.5[(16)＋(17)±0.100]作为该两点测得的高差。

表 5－12 为三等水准测量手簿，括号内的数字表示观测和计算校核的顺序。当整个水准路线测量完毕，应逐页校核计算有无错误，校核的方法是：

先计算∑(3)、∑(6)、∑(9)、∑(10)、∑(16)、∑(17)、∑(18)，之后用下式校核。

∑(9) － ∑(10)＝(11) ——某站。

0.5[∑(16)＋∑(17)±0.100]＝∑(18)——当测站总数为奇数时。

0.5[∑(16)＋∑(17)]＝∑(18)——当测站总数为偶数时。

最后算出水准路线总长度 L＝∑(9)＋∑(10)。

四等水准测量一个测站的观测顺序，可采用后（黑）、后（红）、前（黑）、前（红），即读取后视尺黑面读数后随即读红面读数，然后瞄准前视尺，读取黑面及红面读数。

三、三（四）等水准测量的成果整理

当测量工作完成后，首先应将手簿的记录计算进行详细检查，并计算高差闭合差是否超限，确实无误后，才能进行高差闭合差的调整和高程的计算。单一水准路线有附合水准路线、闭合水准路线和往返水准路线。闭合差的调整及高程计算与一般水准测量中的方法相同。

四、三（四）等水准测量的注意事项

(1) 观测时，必须用测伞遮挡阳光，迁站时应罩上仪器罩，避免仪器被太阳直接照射。

(2) 仪器尽量架设在土质坚硬地段，若土质较松软，必须踩实脚架腿，以免仪器下沉，影响观测精度。

(3) 迁站时，只能够进行后视尺移动，本站前视尺的尺垫不动，作为下一站的后视尺。

(4) 除线路转弯处外，每一测站上的仪器和前视水准尺尽量在一条直线上。

【技　能　训　练】

1. 何谓平面控制测量？建立平面控制测量的方法有哪几种？

2. 何谓图根控制网？什么是图根控制测量？

3. 导线布设的形式有哪几种？各在什么情况下采用？

4. 导线测量外业工作有哪几项？选择导线点要注意哪些问题？

5. 附合导线计算与闭合导线计算有哪些异同点？

6. 根据下面已知数据和观测数据进行附合导线的计算。

已知数据：$\alpha_{AB}=167°32'00''$，$\alpha_{CD}=319°03'00''$，$x_B=200.00$m，$y_B=300.00$m，$x_C=241.28$m，$y_C=307.80$m。

导线观测左角：$\angle B=178°23'42''$，$\angle 1=53°45'06''$，$\angle 2=92°47'24''$，$\angle C=186°35'12''$。

测量边长：$D_{B1}=93.56$m，$D_{12}=87.42$m，$D_{2C}=95.93$m。

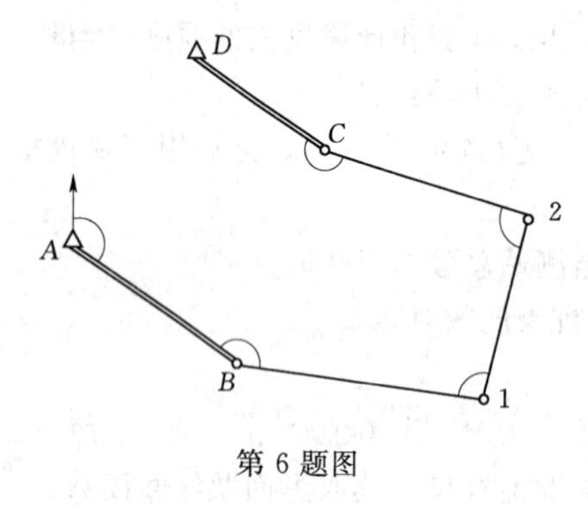

第 6 题图

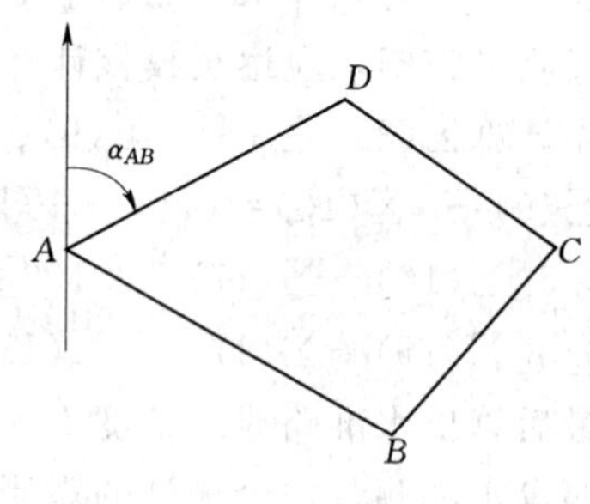

第 7 题图

7. 根据数据进行闭合导线的计算。

已知数据和观测数据：$\alpha_{AB}=42°32'00''$，$x_A=500.00$m，$y_A=500.00$m，$\angle A=89°15'12''$，$\angle B=75°56'00''$，$\angle C=107°19'32''$，$\angle D=87°30'12''$。

测量边长：$D_{AB}=299.31$m，$D_{BC}=232.40$m，$D_{CD}=239.92$m，$D_{DA}=239.19$m。

8. 小三角测量的特点是什么？其外业工作有哪几项？

学习情境六　大比例尺地形图测绘

【知识目标】

1. 了解大比例尺地形图的测绘原理
2. 熟悉大比例尺地形图测绘的实施步骤
3. 掌握等高线的特性

【技能目标】

1. 掌握大比例尺地形图的测绘方法
2. 掌握地物、地貌的表示方法
3. 熟悉等高线的描绘方法

工作任务一　地形图的比例尺

地形图上任一线段距离与地面上相应线段的实际水平距离之比，称为地形图的比例尺。

一、比例尺的种类

1. 数字比例尺

数字比例尺一般用分子为 1 的分数形式表示。设图上某一直线的长度为 d，地面上相应线段的水平长度为 D，则地形图的比例尺为

$$比例尺=\frac{d}{D}=\frac{1}{D/d}=\frac{1}{M} \tag{6-1}$$

式中　M——比例尺分母；

d——图上两点之间的距离；

D——实际地面的相应水平距离。

含义为，图上 1 个单位的距离，实际地面的相应水平距离为 M。即分母 M 就是将实地水平距离缩绘在图上的倍数。

比例尺的大小是以比例尺的比值来衡量的，分数值越大（分母 M 越小），比例尺越大。为了满足经济建设和国防建设的需要，需要测绘和编制各种不同比例尺的地形图。按照地形图图式规定，比例尺书写在图幅下方正中央。

2. 图示比例尺

为了用图方便，以及减弱由于图纸伸缩而引起的误差，在绘制地形图时，常在图上绘制图示比例尺，如图 6－1 所示。如 1∶1000 的图示比例尺，绘制时先在图上绘两条平行线，再把它分成若干相等的线段，称为比例尺的基本单位，一般为 2cm；将左端的一段基本单位又分成十等份，每等份的长度相当于实地 2m。而每一基本单位所代表的实地长度

2cm×1000=20m。

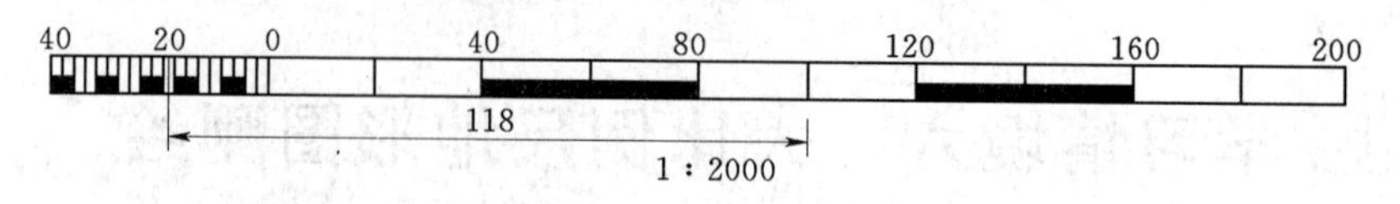

图 6-1　地形图比例尺

二、比例尺的精度

一般认为，人的肉眼能分辨的图上最小距离是 0.1mm，因此通常把图上 0.1mm 所表示的实地水平长度，称为比例尺的精度。即

$$比例尺精度=0.1M \quad (mm)$$

不同比例尺的精度见表 6-1。根据比例尺的精度，可以确定在测图时量距应准确到什么程度。例如，测绘 1∶1000 比例尺地形图时，其比例尺的精度为 0.1m，故量距的精度只需 0.1m，小于 0.1mm 在图上表示不出来。另外，当设计规定需在图上能量出的实地最短长度时，根据比例尺的精度，可以确定测图比例尺。比例尺越大，表示地物和地貌的情况越详细，精度越高。但是必须指出，同一测区，采用较大比例尺测图往往比采用较小比例尺测图的工作量和投资增加数倍，因此采用哪一种比例尺测图，应从工程规划、施工实际需要的精度出发，不应盲目追求更大比例尺的地形图。

表 6-1　　**几种常用地形图比例尺的精度**

比例尺	1∶5000	1∶2000	1∶1000	1∶500
比例尺精度（m）	0.50	0.20	0.10	0.05

【例 6-1】　如果规定在地形图上能够表示出的最短距离 0.5m，则测图比例尺最小应为多少？

【解】　根据比例尺定义有

$$\frac{1}{M}=\frac{0.1\text{mm}}{0.5\text{m}}=\frac{0.1\text{mm}}{500\text{mm}}=\frac{1}{5000}$$

三、比例尺的选择

在城市和工程设计、规划、施工中，需要用到不同的比例尺，见表 6-2。

表 6-2　　**地形图比例尺的选择**

比例尺	用　途
1∶10000	城市总图规划、厂址选择、区域布置、方案比较
1∶5000	
1∶2000	城市详细规划、工程项目初步设计
1∶1000	建筑设计、城市详细规划、工程施工设计、竣工图
1∶500	

工作任务二　地物及其表示方法

地形是地物和地貌的总称。地物是地面上人工建造或自然形成的具有明显轮廓线的物体，如湖泊、河流、房屋、道路、村镇、城市等。地面上的地物和地貌，应按国家测绘总局颁发的GB/T 20257.1—2007《国家基本比例尺地图图式　第1部分：1：500、1：1000、1：2000地形图图式》中规定的符号表示。

一、地物的表示符号

1. 比例符号

像村镇、农田和湖泊等物体的形状和大小可以按测图比例尺缩小并按规定的符号绘在图纸上，这种地物称为比例地物，表示的符号称为比例符号。如房屋、池塘、工厂、学校等。

在测量和绘制比例地物时，要按地物实际的大小、形状、方位进行绘制。为了能够交流，则需要按照图示规定的符号进行绘制。

2. 非比例符号

三角点、水准点、独立树和里程碑等地物的轮廓较小，无法将其形状、大小按测图比例尺绘制到图上，这种地物称为非比例地物或点状地物。绘图时不考虑其实际大小，而采用规定的符号进行表示，这种符号称为非比例符号或点状符号。绘图时要使符号的规定中心和地物的平面中心一致。如水井、独立树、测量控制点等。

非比例地物不仅其形状和大小不按比例绘出，而且符号的中心位置与地物实际中心位置关系也随各种不同的地物而异，在测图和用图对应注意以下几点：

(1) 规则的几何图形符号（圆形、正方形、三角形等），以图形几何中心点为实际地物的中心位置。

(2) 底部为直角形的符号（如独立树、路标等），以符号的直角顶点为实际地物的中心位置。

(3) 宽底符号（烟囱、岗亭等），以符号底部中心为实际地物的中心位置。

(4) 几种图形组合符号（路灯、消火栓等），以符号下方图形的几何中心为实际地物的中心位置。

(5) 下方无底线的符号（山洞、窑洞等），以符号下方两端点连线的中心为实际地物的中心位置。

各种符号均按直立方向描绘，即与南图廓垂直。

3. 半比例符号

像道路、水渠等带状延伸地物，其长度可按比例尺缩绘，而宽度不能按比例尺缩绘，这种地物称为半比例地物或线性地物，表示的符号称为半比例符号或线性符号。绘图时要使符号的中心线与实际地物的中心位置一致。如铁路、一般渠道、输电线路等。

4. 注记符号

用文字、数字或特有符号对地物加以说明的符号称为注记符号。城镇、工厂、河流、道路的名称，桥梁的长宽及载重量，江河的流向、流速及深度，道路的走向及森林、果树的类别等，都以文字或特定符号加以说明。如城镇名、道路名、高程注记、平面控制点点号等。

需要说明的是，一个地物属于哪一种地物与测图比例尺有关，同一个地物在不同的比例尺下属性可能会有所变化，只有当比例尺确定以后，才能确定是哪一种地物。

表 6-3 是部分符号。

表 6-3　　**常用地物、注记和地貌符号**

编号	名　称	符　号	编号	名　称	符　号
1	三角点	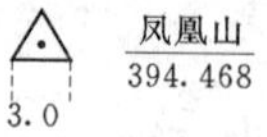 3.0 凤凰山/394.468	14	山洞	
2	埋石的图根点	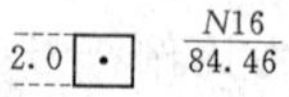 2.0 N16/84.46	15	消火栓	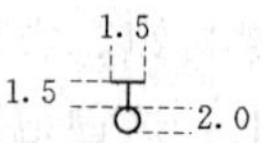 1.5 1.5 2.0
3	不埋石的图根点	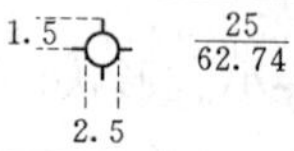 1.5 2.5 25/62.74	16	阀门	
4	水准点	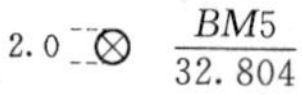 2.0 BM5/32.804	17	水龙头	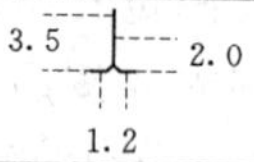 3.5 2.0 1.2
5	窑洞 1 住人的 2 不住人的	 1　2	18	水井	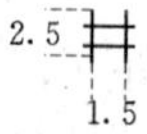 2.5 1.5
6	庙宇	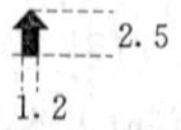 2.5 1.2	19	独立树 1 阔叶 2 针叶	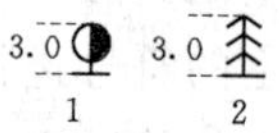 3.0 1　3.0 2
7	纪念碑、纪念像	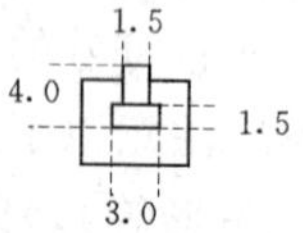 1.5 4.0 1.5 3.0	20	行树	 10.0 1.0
8	岗亭、岗楼	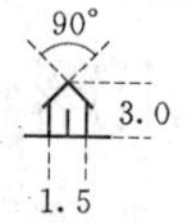 90° 3.0 1.5	21	森林	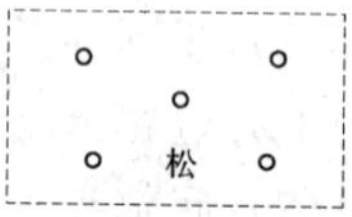 松
9	独立坟	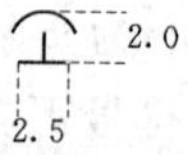 2.0 2.5	22	灌木林	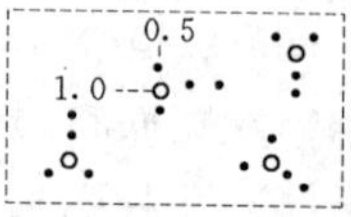 0.5 1.0
10	宝塔	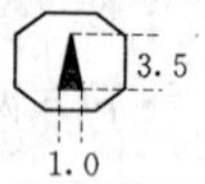 3.5 1.0	23	稻田	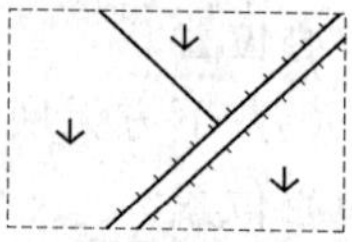
11	水塔	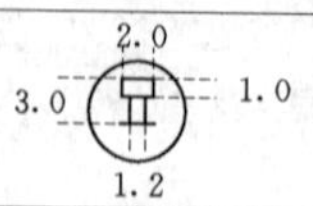 2.0 3.0 1.0 1.2	24	旱地	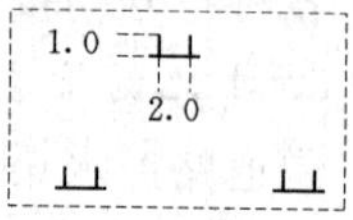 1.0 2.0
12	烟筒	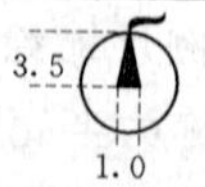 3.5 1.0	25	坚固房屋	坚　4
13	水车、水磨房	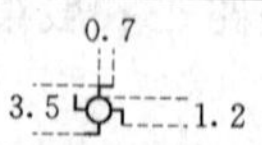 0.7 3.5 1.2			

二、几种典型地物的表示方法

1. 水系及其在图上表示

水系是指海洋、江河、湖泊、水库、水渠、井泉等各种自然形成的或人工建造的水文物体的总称。

关于河流及沟渠的表示，GB/T 20257.1—2007 中规定河流单双线的分界宽为 0.4mm，即凡双线河就表示真实的河宽。对中小比例尺地形图（如 1：5 万）补充规定"实地宽 10m 以上的河流就扩大绘为双线"（从 0.2mm 扩大到 0.4mm）。实地河宽 10m 到 20m 这段成为符号性双线河（或称记号双线河），它不表示真宽，要注明河宽注记。

对小比例尺图上的河流有两种表示方法：一是单线配合不依比例尺双线（又称过渡性符号）和依比例尺双线的表示方法；二是单线配合单线真形符号表示方法。所谓单线真形符号，是将河流全部填满与水涯线相同的普染色。

2. 居民地及其在图上表示

居民地是指各种建筑物组成的城市、集镇、农村或其他居住区的总称。

当居民地受比例尺限制不能用比例符号表示时，可用圈形符号来表示其位置，符号的定位点表示居民地的中心区域。

3. 交通及其在图上表示

交通网是各种运输的总称，它包括陆地交通、水陆交通和空中交通及管线运输等几类。道路符号是线性的，但在比例尺缩小后，它的宽度是放大的。如 GB/T 20257.1—2007 规定铁路宽 0.6mm，它在 1：10 万图上等于实地 60m，在 1：50 万图上为 300m，这显然比实际宽度大得多。

工作任务三　地貌及其表示方法

地貌是指地表面的高低起伏状态，包括山地、丘陵和平原等。在图上表示地貌的方法很多，测量工作中通常用等高线表示，因为用等高线表示地貌，不仅能表示地面的起伏形态，而且能表示出地面的坡度和地面点的高程。

一、地貌类型简介

地面起伏小，大部分的地面倾斜角不超过 3°，比高不超过 20m 的称为平原；地面上有连绵不断的起伏，大部分的地面倾斜角在 3°～10°，比高不超过 150m 称为丘陵地；地面有显著起伏，大部分地面倾斜角在 10°～25°，比高在 150m 以上的称为山地；由高差很大的纵横山脉组成，大部分地面倾斜角在 25°以上的称为高山地。

如图 6－2 所示，组成地貌的各种细部地形有许多名称。山的最高部分称为山顶，山的侧面部分称为山坡；山坡与平地连接部称为山脚；近于垂直的山坡称为峭壁，峭壁上部突出的地方称为悬崖；山坡上平坦的地方称为台地；沿着一个方向延伸的高地称为山脊，山脊最高点的连线称为山脊线或分水线；两山顶之间的低凹部分，形似马鞍，称为鞍部；低于四周的洼地称为盆地；沿着一个方向延伸的洼地称为山谷，山谷最低点的连线称为山

谷线或集水线；狭窄的山谷并具有峻峭的岸坡和急陡的山谷线称为峡谷。

图 6-2　地貌的基本形态

二、等高线的概念

等高线是地面上高程相同的点所连接而成的连续闭合曲线。设有一座位于平静湖水中的小山头，山顶被湖水恰好淹没时的水面高程为100m。然后水位下降10m，露出山头，此时水面与山坡就有一条交线，而且是闭合曲线，曲线上各点的高程是相等的，这就是高程为90m的等高线。随后水位又下降10m，山坡与水面又有一条交线，这就是高程为80m的等高线。依此类推，水位每降落10m，水面就与地表面相交留下一条等高线，从而得到一组高差为10m的等高线。设想把这组实地上的等高线沿铅垂线方向投影到水平面 H 上，并按规定的比例尺缩绘到图纸上，就得到用等高线表示该山头地貌的等高线图，如图 6-3 所示。

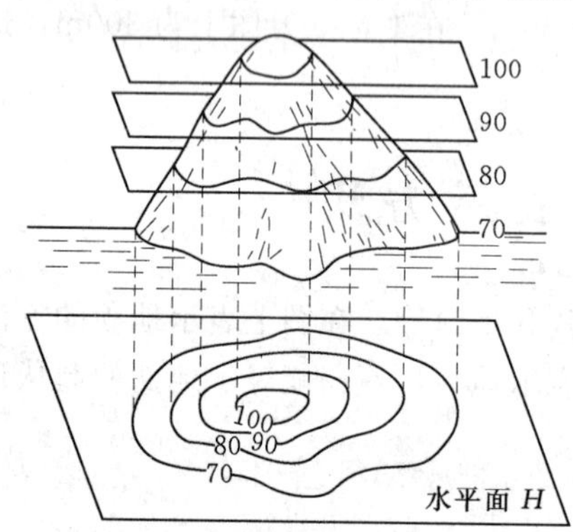

图 6-3　等高线的概念（单位：m）

三、等高距和等高线平距

相邻等高线间的高差称为等高距，常以 h 表示。在同一幅地形图上，等高距是相同的。

因此等高距也称为基本等高距。大比例尺地形图等高距的选择见表 6-4。

相邻等高线之间的水平距离称为等高线平距，常以 d 表示。因为同一张地形图内等高距是相同的，所以等高线平距 d 的大小直接与地面坡度有关。等高线平距越小，地面坡度就越大，因此，可以根据地形图上等高线的疏、密来判定地面坡度的缓、陡。

表 6-4　　地形图等高距

地貌＼比例尺	1∶500	1∶1000	1∶2000	1∶5000
平原	0.5	0.5	1	2
丘陵	0.5	1	2	5
山地	1	1	2	5
高山地	1	2	2	5

四、典型地貌的等高线

地面上地貌的形态是多样的，对其进行仔细分析，不难发现它们是几种典型地貌的综合体。了解和熟悉用等高线表示典型地貌的特征，将有助于识读、应用和测绘地形图，如图 6-4 和图 6-5 所示。

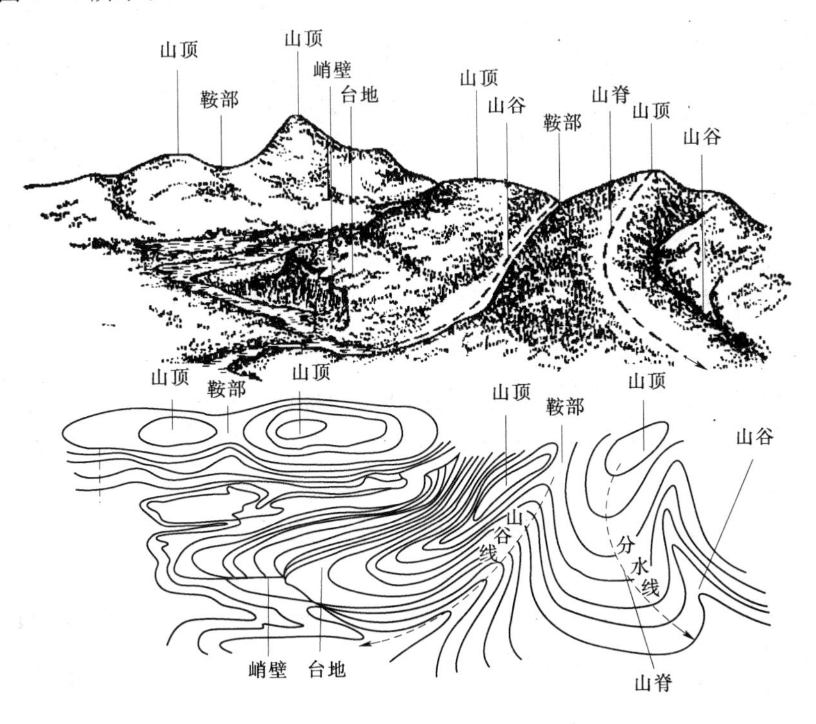

图 6-4　用等高线表示地貌

1. 山脊和山谷

山脊是沿着一个方向延伸的高地。山脊的最高棱线称为山脊线。山脊附近的雨水必然以山脊线为分界线，分别流向山脊的两侧，因此山脊线又称分水线。山脊等高线表现为一组凸向低处的曲线与等高线垂直相交。

山谷是沿着一个方向延伸的洼地，位于两山脊之间。贯穿山谷最低点的连线称为山谷线。而在山谷中，雨水必然由两侧山坡流向谷底，向山谷线汇集，因此山谷线又称集水线。山谷等高线表现为一组凸向高处的曲线并与等高线垂直相交。

山谷线和山脊线统称地性线，如图 6-5 (*d*)、(*f*) 所示。

图 6-5　典型地貌与相应等高线

(a) 山丘及等高线；(b) 盆地及等高线；(c) 峭壁及等高线；(d) 山脊及等高线；(e) 悬崖及等高线；(f) 山谷及等高线；(g) 鞍部及等高线；(h) 峡谷及等高线

2. 山丘和盆地

山丘和盆地的等高线都是一组在较小氛围内闭合曲线。在地形图上区分山丘或盆地的方法是，内圈等高线的高程注记大于外圈者为山丘，小于外圈者为盆地。如果等高线上没有高程注记，则用示坡线来表示。

示坡线是沿地性线方向从等高线处向较低方向延伸的短实线，如图 6-5 (*a*)、(*b*) 所示。

3. 鞍部

鞍部是相邻两山头之间呈马鞍形的低凹部位，是两个山脊与两个山谷会合的地方。鞍部的等高线是在一圈大的闭合曲线内，套有两组小的闭合曲线，如图 6-5 (*g*) 所示。

4. 峭壁和悬崖

悬崖是上部突出、下部凹进的陡崖，这种地貌的等高线出现相交。俯视时隐蔽的等高线用虚线表示。峭壁是上下呈竖直状态的部分，等高线在此处重合在一起。如图 6-5 (*c*)、(*e*) 所示。

5. 峡谷

峡谷是山坡被雨水冲刷或其他原因形成的长、窄而深的沟壑形地貌。这种地貌的等高线在峡谷的两岸处断开（与峡谷的边界线重合），如图 6-5 (*h*) 所示。

五、等高线的种类

根据规定等高距而绘制的等高线称为首曲线（基本等高线）；为了便于用图时查算等

高线高程，每隔四条首曲线加粗描绘的曲线称为计曲线（加粗等高线）；为了更精确地表现地形，按二分之一和四分之一等高距测绘的等高线称为间曲线（半距等高线）和助曲线（辅助等高线）。

六、等高线的特性

（1）相等性。同一条等高线上各点的高程都相等。

（2）闭合性。等高线是闭合曲线，如不在本图幅内闭合，则必在图外闭合。

（3）不相交。除在悬崖或峭壁处外，等高线在图上不能相交或重合。

（4）疏密性。等高线的平距小则坡度大，平距大则坡度小，平距相等则坡度相等。

（5）正交性。等高线与山脊线、山谷线成正交。

工作任务四　测图前的准备工作

测图前，除做好仪器、工具及资料的准备工作外，还应着重做好测图板的准备工作。它包括图纸的准备、绘制坐标格网及展绘控制点等工作。

一、图纸的准备

为了保证测图的质量，应选用质地较好的图纸。对于临时性测图，可将图纸直接固定在图板上进行测绘；对于需要长期保存的地形图，为了减少图纸变形，应将图纸裱糊在锌板、铝板或胶合板上。

目前，对于仍然采用手工绘图的测绘部门，大多采用聚酯薄膜代替图纸进行绘图。这种薄膜厚度为0.07～0.10mm，经过热定型处理后，伸缩率小于0.2‰。表面经打毛后，便可代替图纸用来测图。聚酯薄膜具有透明度好、伸缩性小、不怕潮湿、牢固耐用等优点。如果表面不清洁，还可用水洗涤，并可直接在底图上着墨复晒蓝图，是比较理想的图纸替代品。但聚酯薄膜有易燃、易折和老化等缺点，故在使用过程中应注意防火防折。

二、绘制坐标格网

为了准确地将图根控制点展绘在图纸上，首先要在图纸上精确地绘制10cm×10cm的直角坐标格网。

聚酯薄膜图纸分空白图纸和印有坐标方格网的图纸。印有坐标方格网的图纸又有50cm×50cm正方形分幅和40cm×50cm矩形分幅两种规格。如果购买的聚酯薄膜图纸是空白图纸，则需要在图纸上精确绘制坐标方格网。

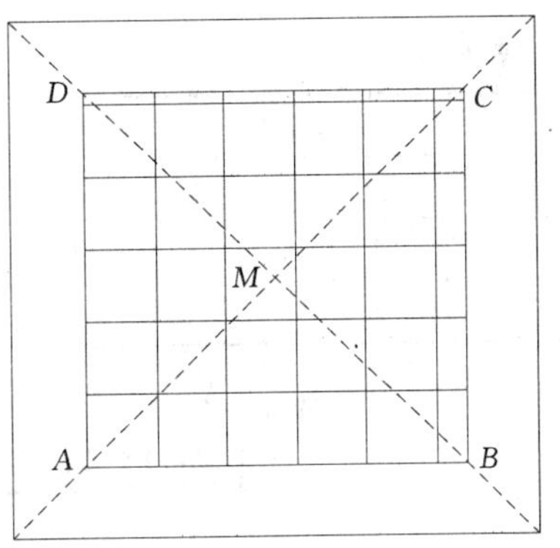

图6-6　绘制坐标网格

绘制方格网的方法有对角线法、坐标格网尺法及使用AutoCAD绘制等不同方法。

1. 对角线法

对角线法绘制坐标方格网的操作方法是：如图6-6所示，将2H铅笔削尖，用长直尺沿图纸的对角方向画出两条对角线，相交于 M 点（图纸中心点）；自 M 点起沿对角线量取等长的 4 条线段 MA、MB、MC、MD，连接 A、B、C、D 点得一矩形；从 A、B 两点起，沿 AD、BC 每隔 10cm 取一点；从 A、D 两点起沿 AB、DC 每隔 10cm 取一点。分别连接对边 AD 与 BC、AB 与 DC 的相应点得到由 10cm×10cm 的正方形组成的坐标方格网。

2. 坐标格网尺法

坐标格网尺法是利用专用的绘制坐标网格的工具——坐标格网尺进行方格网绘制的一种方法，由于有专用工具，且有详细说明书，这里不再赘述。

3. 使用 AutoCAD 绘制方格网

利用绘图软件 AutoCAD 在绘图纸上打印出需要的 50cm×50cm 或 40cm×50cm 矩形方格网。该方法简单、准确，但需要有较大尺寸的打印机或绘图仪。

三、展绘控制点

展点前，要按图的分幅位置，将坐标格网线的坐标值注在相应格网边线的外侧。展点时，先要根据控制点的坐标，确定所在的方格。将图幅内所有控制点展绘在图纸上，并在点的右侧以分数形式注明点号及高程。

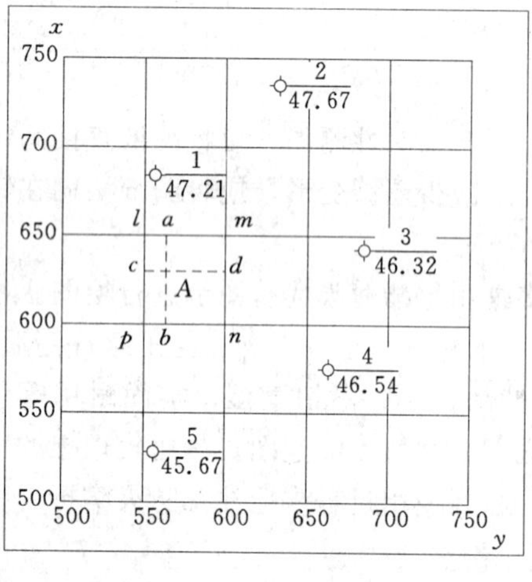

具体方法如下：先找出要展绘的点所在的具体小方格，如图 6－7 所示，沿 lm、pn 和 pl、nm 方向量取相应长度，得到 ab 和 cd 的交叉点即为所求的控制点的位置。

同理可展绘其他控制点。展绘结束要按照要求将控制点的位置和高程进行标注。同时为保证准确度，要进行相应的检查。方法是分别量取控制点之间的长度，如图 6－6 中 AB、BC、CD、DA 的长度，与相应的实地距离（或坐标反算得长度）比较，其差值不应超过图上 0.3mm。否则，需要重新展绘。

图 6－7　控制点的展绘

为保证测图的精度，每幅图内应保证一定数目的控制点，CJJ/T 8—2011《城市测量规范》的规定见表 6－5。

表 6－5　　一般地区解析图根点的个数

测图比例尺	图幅大小（cm×cm）	解析图根点个数
1：500	50×50	8
1：1000	50×50	12
1：2000	50×50	15

工作任务五　碎部点的选择和立尺线路

在大比例尺地形图测量中，地形点选择的好坏优劣直接影响对所测的地形图的质量，

立尺线路（俗称跑尺）的选择是否正确对测量进度的快慢起着至关重要的作用。

一、碎部点的选择和取舍

因为地形的特征点是反映地形的关键点，如果能将这些点的位置测量准确，则地形的位置、形状、大小、方位等要素也就随之确定了。所以，选择碎部点就是选择地形的特征点。碎部点选择的越多，地形图就越准确，但工作量大，影响工作进度；选择的太少，地形图的精度得不到保证。所以，正确选择碎部点非常重要。

1. 地物特征点的选择

地物主要是测定其平面位置。对于比例地物，特征点位于地物轮廓线的方向变化处或转折处，如房角点、道路转折点、交叉点、河岸线转弯点等，连接这些特征点，便得到与实地相似的地物形状。对那些不规则的地物形状，一般规定主要地物凸凹部分在图上大于0.4mm均应表示出来，小于0.4mm时，可用直线连接。对于点状地物，特征点为其几何中心点。对于线性地物，特征点为其几何中心线方向变化处或转折处。

碎部点的选择要有一定的密度，以能够真实反映地物的要素为基本原则。

2. 地物的取舍

测绘地物时，既要注意显示和保持地物分布的特征，又要保证图面的清晰易读，对待不同的地物必然要有一定取舍。其基本原则为：

（1）要求地物位置准确、主次分明、符号运用得当，充分反映地物特征，图面清晰易读，便于使用。

（2）因为测图比例尺的限制，在一处不能清楚地描述两个或以上地物符号时，可将主要地物精确表示，次要地物适当移位、舍去或综合表示。移位时应保持其相关位置正确；综合取舍时要保持其总貌和轮廓特征，防止因为综合取舍而影响地物的性质变化，如河流、沟渠、道路图上太密时，只能取舍，不能综合。

（3）对临时性、易变化的以及对识图意义不大的地物可以舍去。

（4）对那些意义重大的地物不能舍，只能取。如沙漠中哪怕再小的水井、绿地、树木，对某单位或村庄具有标志性的建筑、树木等也只能取，不能舍。

（5）要充分注意到所测地形图的用途，分清主次。

总之，在地物取舍时，要正确、合理地处理对象与内容的“繁与简”、“主与次”的关系，做到既能真实准确地反映实际地物的情况，又具有方便识图和便于使用的特点。

3. 地貌特征点的选择

地貌是地球表面的起伏形态，变化极为复杂。不管地形怎样复杂，都可以把实际地面看成是由许多不同坡度的棱线所组成的多面体。这些棱线称为地性线，如山脊线（凸棱）、山谷线（凹棱）、山脚线等，因此地貌点要选在山顶、山脚、鞍部、山脊、谷底、谷口、地形坡度变化处等，如图6-8所示。为了保证测图质量，在坡度一致的地段，也要选定足够地形点，碎部点的最大间隔规定：测图比例尺为1：1000时为30m；1：2000时为50m；1：5000时为125m。

由于地貌的变化是不规则的，所以地貌点的取舍就不像地物那么重要。

图 6－8　碎部点的选择

二、立尺线路

立尺时要注意按照一定线路，这样可以减少立尺的路线长度，提高工作效率。一般平坦地区有“由近及远”和“由远及近”两种方法。测绘建筑物集中地区时，也可以按照不同地物逐一进行测量的方法进行。测绘完全地貌地区时，有沿着等高线立尺和沿地性线立尺等不同方法。

工作任务六　地形图的测量方法和要求

控制测量工作结束后，就可以根据图根控制点测定地物、地貌特征点的平面位置和高程，进而按照规定的比例尺和符号将地物和地貌缩绘成地形图。根据工具和使用方法的不同，测绘地形图有不同的方法。

地形图的测量方法根据使用仪器和精度要求有不同的方法，如经纬仪测绘法、经纬仪配合小平板测绘法、大平板测绘法、全站仪测绘法等，本节只介绍经纬仪测绘法和大平板测绘法。

一、经纬仪测绘法

经纬仪测绘法就是量角器配合经纬仪测图绘法，其实质是按极坐标定点方法进行测图。观测时先将经纬仪安置在测站上，绘图板安置于测站旁，用经纬仪测定碎部点的方向与已知方向之间的夹角、测站点至碎部点的距离和碎部点的高程。然后根据测定数据，用量角器和比例尺把碎部点的位置展绘在图纸上，并在点的右侧注明其高程，再对照实地描绘地形。此法操作简单、灵活，适用于各类地区的地形图测绘。

1. 测量方法

如图 6－9 所示，按下列步骤进行：

图 6－9　经纬仪测绘法

(1) 安置仪器于测站点 A（控制点）上，量取仪器高 i 填入手簿，见表 6－6。

表 6－6　　碎部测量记录

测站高程：$H_{O0}=46.54$m　　仪器高：$i=1.42$m

点号	水平角 (° ′)	中丝 (m)	尺间隔 (m)	竖盘读数 (° ′)	竖直角 (° ′)	水平距离 (m)	高差 (m)	高程 (m)
1	05　35	1.420	0.520	003　50	+3　50	51.70	+3.47	50.01
2	17　10	1.420	0.490	005　14	+5　14	48.60	+4.45	50.99
3	24　10	1.420	0.740	006　08	+6　08	72.90	+7.85	54.39
4	69　40	2.200	1.320	358　42				
5	72　45	1.840	1.425	357　20				
6	84　10	1.750	1.840	007　13				
	—	—	—	—	—	—	—	—

(2) 后视归零，后视另一控制点 B 使水平度盘读数为 0° 00′ 00″。

(3) 司尺员依次将尺立在地物、地貌特征点上。立尺前，司尺员应弄清实测范围和实地情况，选定立尺点，并与观测员、绘图员共同商定立尺路线。

(4) 观测员转动照准部，瞄准地形尺，读视距间隔、中丝读数、竖盘读数及水平角。

(5) 将测得的视距间隔、中丝读数、竖盘读数及水平角依次填入手簿。对于有特殊作用的碎部点，如房角、山头、鞍部等，应在备注中加以说明。

(6) 利用观测的视距、竖直角度，计算出碎部点的水平距离和高程。同法，测出其余各碎部点的平面位置与高程，绘于图上，并随测随绘等高线和地物。

为了检查测图质量，仪器搬到下一测站时，应先观测前站所测的某些明显碎部点，以检查由两个测站测得该点平面位置和高程是否相同，如相差较大，则应查明原因，纠正错误，再继续进行测绘。

若测区面积较大，可分成若干图幅分别测绘，最后拼接成全区地形图。为了相邻图幅

的拼接，每幅图应测出图廓外 5mm。

在测站上，每测绘 20～30 个碎部点，就要检查起始方向的度盘读数是否仍为 0° 00′，以免因缺乏检查造成错误，引起返工。

2. 记录计算

记录表和记录方法见表 6－6。计算按照视距测量的计算公式进行，只需注意测站高程加上高差即为观测点高程。即

$$H_{测点}=H_{测站}+\frac{1}{2}\sin2\alpha+i-v \tag{6-2}$$

3. 碎部点的展绘方法

绘图员先将图 6－10 所示的量角器底边中央小孔精确对准测站点 a 并用小针固定在图板上，然后转动量角器使量角器上的分划线角度值（即在测站点所观测的碎部点与起始方向间的水平角）对准起始方向线 ab，再沿量角器直径上长度分划，按比例截取测站点至碎部点的水平距离用细针垂直刺出点位，并注记高程。其他各点都可按上述方法测量、展绘到图上。

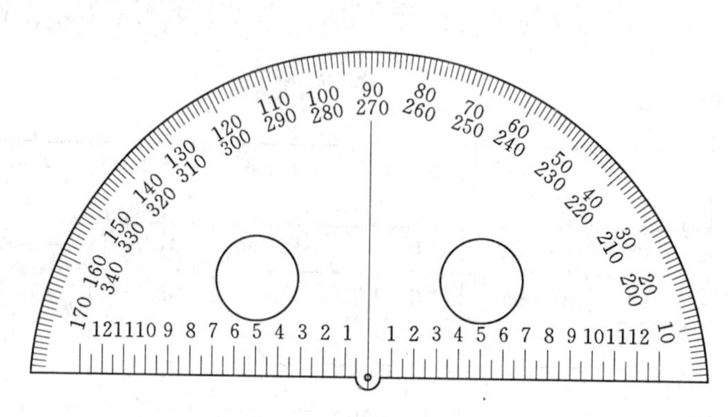

图 6－10　测绘量角器

4. 碎部测量的要求

测量过程中有许多需要注意和随时需要检查的地方，以保证测量结果的正确性。

（1）测站检查。仪器对中的偏差，不应大于图上 0.05mm；以较远的一点定向，用其他点进行检核。采用平板仪测绘时，检核偏差不应大于图上 0.3mm；采用经纬仪测绘时，其角度检测值与原角值之差不应大于 2′；检查另一测站高程，其较差不应大于 1/5 基本等高距；采用量角器配合经纬仪测图，当定向边长在图上短于 10cm 时，应以正北或正南方向作起始方向。

测站工作还应注意：观测员在读取竖盘读数时，要注意检查竖盘指标水准管气泡是否居中或竖盘指标自动归零补偿器开关是否已经打开；每观测 20～30 个碎部点后，应重新瞄准起始方向检查其变化情况。经纬仪测绘法起始方向度盘读数偏差不得超过 4′，小平板仪测绘时起始方向偏差在图上不得大于 0.3mm；当每站工作结束后，应进行检查，在确认地物、地貌无测错或漏测时，方可迁站。

（2）地物点、地貌点视距和测距长度。地物点、地貌点视距和测距最大长度要求应符合表 6－7 的规定。

表 6-7　　地物点、地貌点视距和测距最大长度

测图比例尺	视距最大长度		测距最大长度	
	地物点	地貌点	地物点	地貌点
1∶500	—	70	80	150
1∶1000	80	120	160	250
1∶2000	150	200	300	400

5. 高程注记点的分布

高程注记要满足均匀适度能准确反映地面变化情况的基本原则，同时还需要注意以下几个问题，确保地形点在密度上适度，既不漏测也不重复测量，在满足要求的前提下，使工作量尽量小。

（1）地形图上高程注记点应分布均匀，丘陵地区高程注记点间距适宜。

（2）山顶、鞍部、山脊、山脚、谷底、谷口、沟底、沟口、凹地、台地、河川湖地岸旁、水涯线上以及其他地面倾斜变换处，均应测高程注记点。

（3）城市建筑区高程注记点应测设在街道中心线、街道交叉中心、建筑物墙基脚和相应的地面、管道检查井口、桥面、广场、较大的庭院内或空地上以及其他地面倾斜变换处。

（4）基本等高距为 0.5m 时，高程注记点应注至厘米；大于 0.5m 时可注至分米。

二、大平板测绘法

1. 测图原理

如图 6-11 所示，设地面上有 A、B、O 三点，在 O 点上安置一块贴有图纸的平板仪，将地面 O 点沿垂线方向投影到图纸上得 o 点，然后通过 OA 和 OB 方向做两个竖直面，则竖直面与图板面的交线 oA' 和 oB' 所夹的角度就是 AOB 的水平角，用视距测量方法测出 OA 和 OB 的水平距离 oA' 和 oB'，并按一定的比例在 oa' 和 ob' 方向线上定出 a 和 b 点，使图上 a、o、b 三点组成的图形与地面上相应的 A、O、B 三点组成的图形相似，然后再应用视距测量方法测出 A、B 两点对 O 点的高差，并根据 O 点的已知高程，计算出 A、B 点的高程。

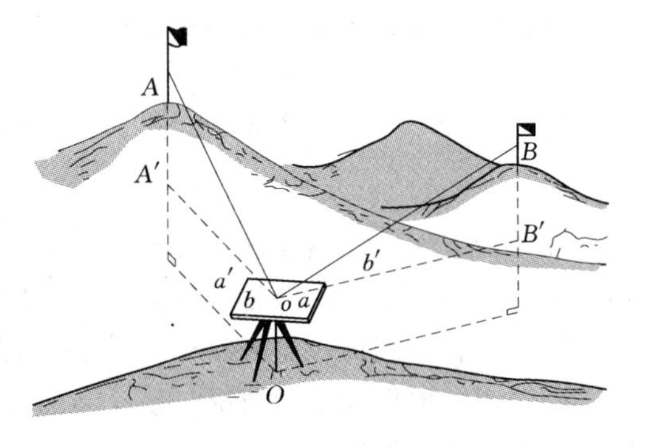

图 6-11　大平板测图原理

2. 平板仪的构造

大平板仪由照准仪、图板、基座和附件组成。

（1）照准仪。由望远镜、竖盘、支柱和直尺所组成，其作用和经纬仪相似。

平板相当于经纬仪的水平度盘，照准目标后用平行尺来画方向线。竖直度盘分划值为 1°，向两个方向依正负每 2°为一注记，分别注记到±40°，读数为 0°时说明望远镜在水平

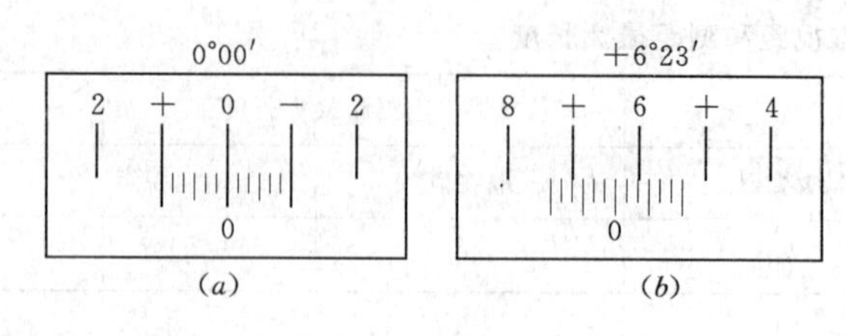

(a) (b)

图 6-12 大平板仪望远镜视窗

(a) 望远镜水平读数窗；(b) 望远镜仰视读数窗

状态。竖直度盘右侧附有水准管，读数前必须先调整水准管，当气泡居中时才能读取竖直度盘读数，直读到 10′估读到 1′，如图 6-12 (a) 所示读数为 0° 00′，图 6-12 (b) 所示读数为+6° 23′。

(2) 图板。又称测板，由轻而干的木料制成，一般为 60cm×60cm 的方形板，背面有螺孔，用连接螺旋可将其固定在基座上。

(3) 基座。基座上有脚螺旋以及水平制动螺旋，其作用与经纬仪相同，基座通过连接螺旋与三脚架连接。

(4) 附件。有圆水准器，用于图板整平；对点器又称移点器，起对点作用，由金属的叉架和一垂球组成，利用它可使地面点与图上相应点位于同一铅垂线上；定向罗盘用来标定图板方向。

3. 大平板仪的安置

在测站点上安置平板仪，包括对点、整平和定向。这三项工作是互相影响的，实际工作中要反复进行，直至合格为止。

4. 大平板仪测图方法

将大平板仪安置在测站点上，进行对点、整平后，按某一已知直线定向，以另一已知直线方向检查，量取仪器高 i 并进行高程检查，用照准仪的直尺边紧靠在图上的测站点，照准碎部点所立的尺子，使十字丝横丝对准标尺，读上下丝的读数，计算视距。调平竖盘指标水准管并读取竖直角，按照视距测量的方法计算水平距离和高程。

在直尺边上，把水平距离按测图比例尺缩小后，用两脚规在图上刺点，即得碎部点在图上的位置，并在点位右边注记高程，用同法测绘其他碎部点。

工作任务七 地形图的绘制与整饰

在外业工作中，当碎部点展绘在图纸上后，就可以按照实际地形的变化情况随时描绘地物和等高线。如果测区较大，由多幅图拼接而成，还应及时对各图幅衔接处进行拼接检查，经过检查与整饰，才能获得合乎要求的地形图。最好在测量现场随着碎部的进行而绘制，随时观察地形的变化情况，使绘制的地形图更符合实际，因为对地物有一个实地的观察也好做出正确的取舍。

在测绘地物、地貌时，应遵守“看不清不绘”的原则。地形图上的线划、符号和注记应在现场完成。

一、地物描绘

地物要按地形图图式规定的符号进行绘制，房屋轮廓需用直线连接起来，而道路、河

流的弯曲部分则是逐点连成光滑的曲线。不能依比例描绘的地物，应按规定的非比例符号表示。

二、等高线勾绘

勾绘等高线时，首先用铅笔轻轻描绘出山脊线、山谷线等地性线，再根据碎部点的高程勾绘等高线。不能用等高线表示的地貌，如悬崖、峭壁、土堆、冲沟、雨裂等，应按图式规定的符号表示。

勾绘等高线时，要对照实地情况，先画计曲线，后面首曲线，并注意等高线通过山脊线、山谷线的走向。地形图等高距的选择与测图比例尺和地面坡度有关。

1. 等高线勾绘原理

当图上有足够数量的地貌特征点后，把同一地性点连接起来，然后根据地形点的高程勾绘等高线。

由于碎部点是选在地面坡度变化处，因此相邻点之间可视为均匀坡度。这样可在两相邻碎部点的连线上，按平距与高差成比例的关系，内插出两点间各条等高线，如图 6－13 所示。假定基本等高距为 1m，则基本等高线的高程整米数。所以需要先求出图上高程为 202.8m 的 A 点与 203m 等高线之间的水平距离，确定 M 点；再求出高程为 207.4m 的 B 点与 207m 等高线之间的水平距离，确定 Q 点。M、Q 两点之间还有高程为 204m、205m、206m 三条等高线，平分 MQ 之间的水平距离即可得到这三条等高线的位置 N、O、P 三点。

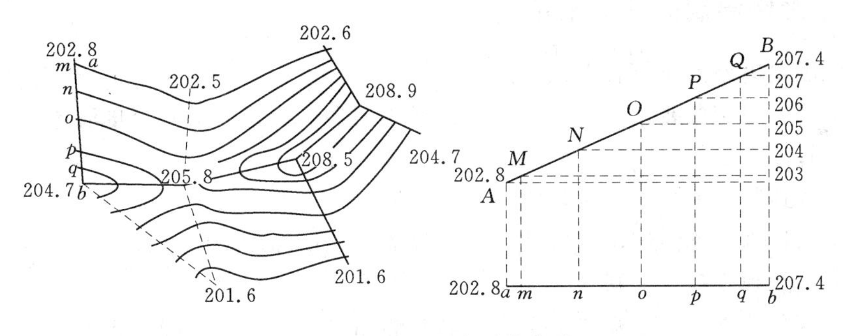

图 6－13　内插法勾绘等高线

同理可定出其他相邻两碎部点间等高线应通过的位置。将高程相等的相邻点连成光滑的曲线，即为等高线。

这种方法称为解析内插法，实际工作中，在明确基本原理的基础上，常采用目估内插或平行线内插的方法勾绘等高线。

2. 等高线勾绘方法

按上步确定出不同等高线所在的位置以后，用光滑曲线将相等的高程点连接起来，就是等高线。

（1）根据实地情况和有关特征点，轻轻勾画出地性线。

（2）确定地性线上相邻两特征点间应有等高线的数目以及靠近上、下两个最高和最低等高线的高程。

(3) 根据上述原理用目估法内插出最高等高线和最低等高线通过的位置。

(4) 在最高与最低两条等高线位置间按等分法确定其他等高线的位置。

(5) 将内插高程相同的各点依地形情况连绘成光滑的曲线——等高线，如图 6-14 所示。

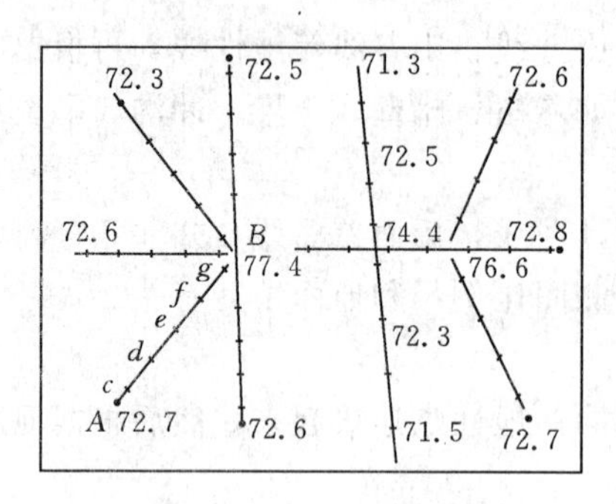

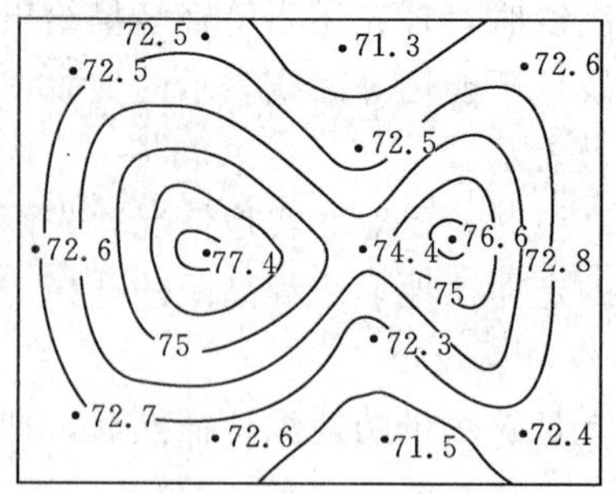

图 6-14 等高线与地性线

应该指出的是：在高差很大、等高线很多的情况下，一般先插绘出计曲线，再在计曲线间插绘首曲线。如果发现计曲线某些地方比例关系不协调或不合乎实地情况时，应当进行调整，调整后再加粗。在每条计曲线的适当位置（一般在较平直处）注记高程，字头朝向山顶；相邻计曲线的高程注记应当错开，不能排成一线。勾绘出的等高线与地性线成正交。如果勾绘的等高线不成正交，说明不协调，应加以拟合修改。

三、地形图绘制的注意事项

地形原图铅笔绘制应符合下列规定：

(1) 地物、地貌各要素，应主次分明、线条清晰、位置准确、交接清楚。

(2) 高程注记的数字，字头朝北，书写应清楚整齐。

(3) 各项地物、地貌均应按规定的符号绘制。

(4) 各项地理名称注记位置应适当，并检查有无遗漏或不明之处。

(5) 等高线须合理、光滑、无遗漏，并与高程注记点相适应。

(6) 图幅号、方格网坐标、测图员姓名及测图时间应书写正确、齐全。

城市建筑区和不便于绘等高线的地方，可不绘等高线。绘图员要注意图面正确整洁、注记清晰，并做到随测点、随展绘、随检查。

四、地形图的拼接、检查与整饰

1. 地形图的拼接

当测区面积超过一个图幅所能容纳的范围时，都要分幅测绘，所测各幅必须互相拼接。如图 6-15 所示，为了拼接方便，测图时每幅图的西、南两边应测出图外 5mm 左右。如遇有居民点或建筑物时，要测出图廓线以外 1cm。拼图时，用宽度不小于 4cm 的透明纸条，蒙在上边图幅的衔接边上，把格网线、地物、等高线都描在透明纸上。所绘内容不得窄于 1cm，重要地形要素（如图廓线、双线路、大河、计曲线等）不得窄于 2cm。然后再把这条透明纸按坐标格网位置再蒙在下边图幅的衔接边上，检查相应地物和等高线的偏

差情况，明显地物位置偏差在图上不得大于 2mm，不明显的地物不得大于 3mm；同一等高线的平面位置误差在平坦地区不得大于相邻等高线平距的 2 倍。在此范围内，取其平均位置来改正相邻两图的原图，如果超过限差，应到实地测量修改。

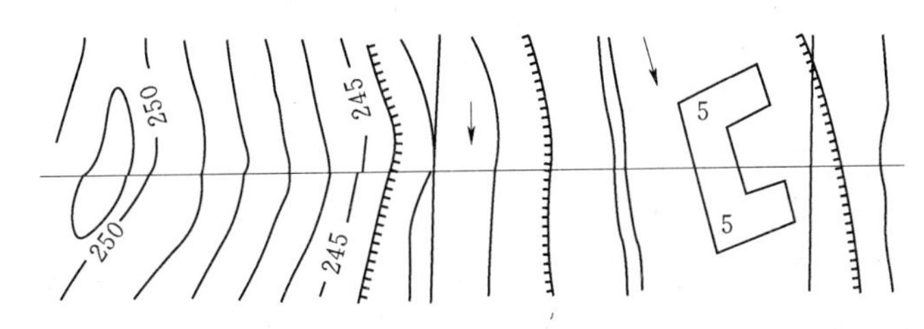

图 6－15　地形图的拼接和整饰

2. 地形图的检查

为了确保地形图质量，除施测过程中加强检查外，在地形图测完后，必须对成图质量作一次全面检查。

(1) 室内检查。室内检查的内容有：图上地物、地貌是否清晰易读，各种符号注记是否正确，等高线与地形点的高程是否相符，有无矛盾可疑之处，图边拼接有无问题等。如发现错误或疑点，应到野外进行实地检查修改。

(2) 外业检查。根据室内检查的情况，有计划地确定巡视路线，进行实地对照查看。主要检查地物、地貌有无遗漏，等高线是否逼真合理，符号、注记是否正确等。

仪器设站检查根据室内检查和巡视检查发现的问题，到野外设站检查，除对发现的问题进行修正和补测外，还要对本测站所测地形进行检查，查看原测地形图是否符合要求。

3. 地形图的整饰

地形图整饰的目的就是把野外测绘的铅笔底图，按照原来线划符号位置，根据图式规定，用铅笔、墨水或颜色加以整饰，使底图成为完整清晰的地形原图。为此，首先要把底图上不必要的线划、符号和数字等用橡皮擦掉，然后按照图式规定对地物、地貌符号和各种注记以及图廓进行整饰。

(1) 地物符号应严格按照图式规定绘出，但图式规定也不是一成不变的。例如果园、稻田和草地等整列式的符号，原则上按图式规定的间隔排列；如果植被的面积较大时，符号间隔可放大 1～3 倍，但全幅图应取得一致。狭长面积的植被符号间隔还可适当缩小。

(2) 地貌符号的整饰主要是等高线，在地形测图时，由于技术或其他条件的限制，常常出现一些歪曲地形特征的人为弯曲，绘出的等高线很不协调。例如同一谷地各条等高线的弯曲顶点均位于同一山谷线上，若底图上个别等高线的弯曲顶点脱离了山谷线，按等高线的特性来说即属于不协调等高线。整饰时，应根据山谷线合理地改动等高线弯曲顶点的位置。

(3) 注记是说明图上物体的名称、数量、质量或其他一些特征的。为了使注记说明某一物体时清晰易读，不致因配置不当而发生错误，同时也为了整齐美观，地形原图上的各种注记必须按一定的原则配置。总的原则是：字顶所朝的方向（字向），除了公路的路宽和质量、河流的河宽和水深以及等高线注记是随公路、河流、等高线的方向变化外，其他各种注记的字向都必须朝向北图廓。等高线高程注记，其字头朝向斜坡升高方向，避免倒置。另外，同一注记中字与字的间隔和注记各字排列形式，都要按图式中的规定注记。

（4）图廓的整饰包括清绘图廓、绘制比例尺、注记图名、测图单位及测绘年月等，都要按照图式规定进行。

【技　能　训　练】

1. 什么是等高线？等高线有哪些特征？

2. 什么是地性线？在勾绘等高线时有什么作用？在地形图上是否保留地性线？

3. 地形测量前应做好哪些准备工作？

4. 如何拼接地形图？精度要求和调整方法怎样？

5. 简述经纬仪配合量角器测图的作业程序和计算方法。

6. 地貌点的选择原则是什么？怎样取舍地形点？

7. 如何选择地形特征点？

8. 下图为某地区碎部测量成果，试用目估法勾绘该地区的等高线（基本等高距为1m）。

图中的小数点兼表示该点的点位。

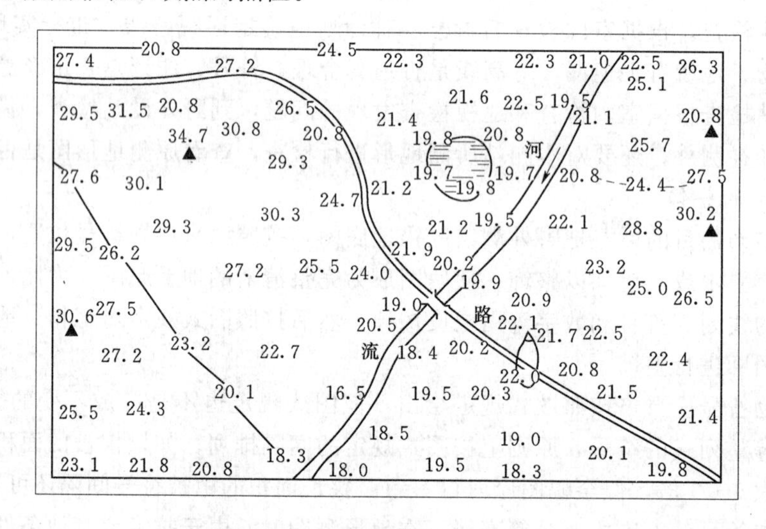

第8题图

学习情境七　数字测图系统

【知识目标】

1. 了解数字测图的基本原理

2. 了解掌握数字测图与传统测图的区别

【能力目标】

1. 了解数字测图的基本过程

2. 初步掌握数字测图的方法

工作任务一　数字测图概述

一、数字测图概念

1. 传统纸质图的成图方法和缺点

传统的纸质地形图是将所测得的基本数据用图解的方法转化为模拟图形，实质是图形化的表示方法。使用的仪器主要是经纬仪或平板仪，人工用铅笔在野外现场绘制，因此劳动强度较大。纸质图有如下缺点：

（1）由于数据的转化是人工用铅笔转化成图形的，会使测得的数据所达到的精度大幅度降低。

（2）图形的比例固定，不便于修改。

（3）图形存储方式为纸张、布等介质，占用空间大，保存时间受限制。且受保存环境的空气湿度、温度的影响大，容易造成图纸的伸缩变形，降低精度。

（4）存储信息量小。

（5）比例尺变小，地物、地貌的精度随之降低。

在如今这个信息时代，传统纸质图显然已远不能满足要求，不适应当前经济建设的需要。

2. 数字测图的基本思想

为解决传统纸质图的缺点，数字测图要实现绘图的自动化，降低劳动强度，提高精度，改变传输方式，达到信息共享，以适应现代社会对信息的要求。

数字测图的基本思想是将地面上的地形和地理要素经计算机处理后将模拟的图形转换为数字形式，采取属性、位置、关系三方面的要素来描述存储的图形对象，将这些数据存储在计算机的硬盘、软盘、光盘或磁带等介质上的，其内容是通过数字来表示的，通过专用的计算机及相应的软件对这些数字进行显示、读取、检索、分析，需要时由绘图仪等图形输出设备输出地形图或各种专题图图形。数字地图表示的信息量远大于传统纸质地形

图。数字测图技术是获取数字地图的主要技术途径之一。

数字地图是“数字地球”的重要组成部分，“数字地球”这一工程是实现地球资源的数字化、信息化，解决目前存在的海量地学数据分散、保存方法落后、查询困难、利用率低等问题。测绘工作者面前的主要工作是测绘信息化，数字测图是信息化的基础工作，是测绘信息化的前期工作。

3. 图形的描述方法

图形可以分解为点、线、面三种图形要素，其中点是最基本的图形要素。由点成线，由线成面，由面成体，因此点是基本要素。借助特殊符号、注记来表示，可以准确地表示图形上点、线、面的具体内容。如非比例符号、线性符号、比例符号可以分别表示点状地物、线性地物、比例地物，等高线符号可以表示地貌等。

测量的基本工作是测定地面点的空间位置（三维坐标）。数字测图是经过计算机软件自动处理数据并绘出所测的地形图。因此，数字测图必须采集绘图的相关信息，包括几何信息和属性信息。

（1）几何信息。又称图形信息，是表示图形位置和形状的信息。包括：

1）点位信息，又称定位信息，野外实地测量获得，以（x，y，z）表示的三维坐标。每一个点有相应的属性编码并对应一个唯一的点号，根据点号可以提取点位坐标。

2）连接信息，指测点之间的连接关系。包括连接点号和连接线形，据此可将相关的点连接成一个地物。

有了几何信息就可以绘制村庄、房屋、河流、公路、铁路、地类界等图形。

（2）属性信息。又称非几何信息，包括定性信息和定量信息。

1）定性信息。描述图形要素的分类或对图形要素标名，一般采用地形编码（人为拟定的标志图形属性的编码）和文字表示。地形编码表明点的属性和对应的图式。

2）定量信息。数字表示的说明地图要素的性质、特征或强度的信息。例如封闭图形的面积、楼房的层次、产量多少、人口数量等。

实际测图时要测量点位的三维坐标，还要记录该点的编码和连接信息，利用测图系统中的图式符号库和点的编码，调出与该编码对应的图式符号绘制成图。

4. 数字测图应该满足的条件

在野外数据采集的基础上，数字测图实现了计算机的自动化绘图，必须满足一定的条件：

（1）采集的几何（图形）信息和属性信息必须能让计算机识别。

（2）利用软件由计算机按照一定的要求对这些信息进行一系列的处理。

（3）计算机将经过处理的数据和文字信息转换成图形，由屏幕显示或绘图仪输出各种所需的图形。

（4）按照一定的要求自动实现图形数据的应用。

二、数字测图系统

数字测图系统是以计算机为核心，在外连输入输出设备硬、软件的支持下，对地理空间数据进行采集、输入、成图、输出、管理的测绘系统。

如图7-1所示，数字测图系统的硬件配置与数字测图的作业模式有关，主要有全站仪、数据记录器、计算机、绘图仪、打印机、数字化仪、扫描仪、立体坐标量测仪、解析测图仪以及其他相关输入输出设备。软件是数字测图系统的关键，一个完整的数字测图系统应具有数据采集、数据输入、数据处理、成图、图形编辑与修改和图形输出等基本功能。

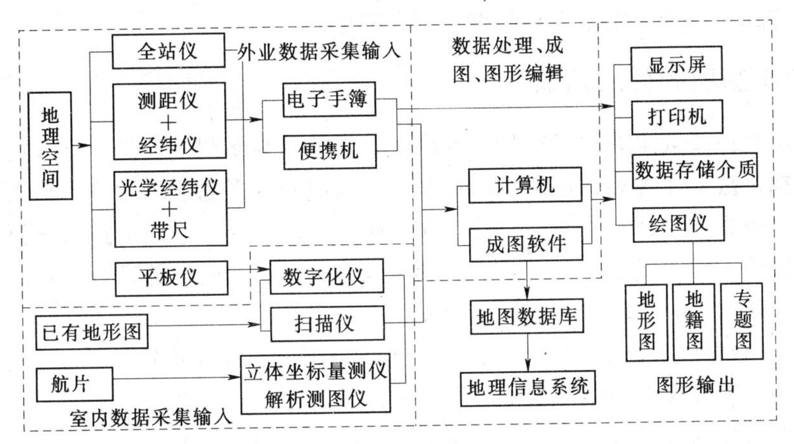

图7-1　数字测图系统的组成框图

1. 数字测图系统的分类

数字测图分地形数据采集、数据处理与成图、绘图与输出三大部分。空间数据来源不同，适用的仪器和方法也不同，数据采集的方法也不相同，从而构成不同的数字测图系统。

（1）按输入方法分，有原图（已存在的图，如纸质图）数字化数字成图系统、航测数字成图系统、野外数字测图系统、综合采样（集）数字测图系统等。

（2）按硬件配置分，有全站仪配合电子手簿测图系统、电子平板测图系统等。

（3）按输出成果分，有大比例尺数字测图系统、地下管线测图系统、地形地籍测图系统、城市规划成图管理系统、房地产测量管理系统、煤炭测量管理系统等。

2. 数字测图系统的组成

数字测图系统主要由数据采集设备、数据处理设备、图形输入和输出设备组成。

（1）数据采集设备。地面测量仪器是采集地面信息的基本设备，主要包括全站仪、经纬仪（电子或光学）、测距仪、平板仪等。目前大部分计算机辅助成图系统都适用各种地面测量仪器进行采集。

（2）数据处理设备。电子计算机是进行数据采集、储存、处理的基本设备。外业数据采集所用的计算机便于野外携带和使用。内业处理所用的计算机一般采用微型计算机，要求计算机有足够的储存容量和运算速度。

（3）图形输入设备。用于将几何图形转换为数据的专用设备称为图形输入设备。常用的图形输入设备有数字化仪，用于已有纸质图的数字化。数字化仪有很多不同的类型，如手扶跟踪式、半自动跟踪式、自动扫描式等。

（4）图形输出设备。实施制图数据到图形的设备称为图形输出设备，主要有打印机、图形显示器和自动绘图仪等。打印机和图形显示器不是专用设备；自动绘图仪属于专用设备，种类很多。

现在市场上的绘图仪主要分笔式和无笔式两类。笔式绘图仪有滚筒式和平板式两种；无笔式绘图仪主要有喷墨、热敏、激光、静电式绘图仪。喷墨绘图仪由于其价格较低、速度快、分辨率高，成为数字测量系统中最理想的选择，并得到广泛的应用。喷墨打印机按打印头工作方式可以分为电喷墨和热喷墨两大类型。

三、数字测图软件的功能

数字测图软件是数字测图系统的关键。一个完整的数字测图软件应具有数据采集、输入、数据处理、数据库管理、成图、图形编辑与修改和绘图功能。软件必须通用性强，稳定性好，数据的表示和编辑直观、简洁，使用时应该尽可能地给用户提供方便，采用菜单驱动方式和鼠标工作方式，并且对汉字的支持也是必不可少的。处理后的结果可以列表方式、文件方式或图件方式输出，绘制出的图符合国家标准图式。

基本的应用软件主要包括控制测量计算软件、数据采集和传输软件、数据处理软件、图形编辑软件、等高线自动绘制软件、绘图软件及信息应用软件等。

(1) 数据采集功能。包括野外数据采集和室内数据采集。野外数据采集用全站仪、测距仪或电子经纬仪与掌上电脑组合，按一定格式的特征编码完成。室内数据采集主要是在原有地形图上进行数字化采集。

(2) 数据输入功能。将采集到的数据转换成成图软件所能接受的图形数据文件。

(3) 编辑处理功能。程序对输入的数据可以进行存储、检索、提取、复制、合并、删除和生成符合规范要求的地图符号，从而保证了数据的正确性和完善性。

(4) 数据管理功能。数据的管理通过数据库技术来实现。数据库的内容包括特征码，制图要素的坐标串，制图要素的属性以及要素间的相互关系等。其功能主要有数据的添加、修改与删除，汉字的输入与输出，分类统计，显示和打印统计报表，绘制地形图，还具有分层检索的功能。

(5) 整饰功能。具有图幅间的拼接，绘制图廓、方格网、图名、图廓坐标、比例尺、测量单位和日期等功能，并可根据需要选取整饰项目。其特点是用户界面良好，操作简便，只要使用常规的几种命令就能达到上述要求，方便灵活，易于掌握。

(6) 数据输出功能。数据输出包括数据打印、数据分析和图形输出等方面的功能。

四、数字测图的特点

数字测图是一种先进的测量方法，与模拟测图相比，具有明显的优势和广阔的发展前景。

(1) 自动化程度高。数字测图的野外测量能够自动记录、自动解算处理，使内业数据自动处理、自动成图、自动绘图，并向用图者提供可处理的数字地（形）图软盘，用户可自动提取图数信息。数字地籍测量自动化效率高，劳动强度低，错误概率小，绘制的地图精确、美观、规范。

(2) 点位精度高。数字测图在记录、存储、处理、成图的全过程中，观测值是自动传

输的，数字地形图能准确地表现外业测量精度。传统的地形图测绘方法，其地物点的平面位置误差主要受展绘误差和测定误差、测定地物点的视距误差和方向误差、地形图上地物点的刺点误差等多方面的影响。数字测图有效地避免了这些误差，使测定地形点的误差在15～20mm。全站仪的测量数据作为电子信息可以自动传输、记录、存储、处理和成图。在这全过程中使测量数据的精度毫无损失，从而获得高精度的测量结果。

(3) 避免因图纸伸缩带来的各种误差。传统的纸质图上的各种信息会随时间的推移以及保存环境的影响造成图纸的伸缩变形，降低精度。数字测图的成果以数字信息保存，避免了对图纸的依赖性，精度可以得到保证。

(4) 便于成果更新。数字测图克服大比例尺白纸测图连续更新的困难，其成果是以点的定位和属性信息存储的，当实地有变化时，只需输入变化信息的坐标、代码，经过编辑处理，很快便可以得到更新的图，从而可以确保地面的可靠性和现势性，所以更新迅速、方便。如比例尺的变换很容易。

(5) 适用性强。数字测图是以数字形式储存的，可以根据用户的需要在一定范围内输出不同比例尺和不同图幅的地形图以及各种专用图。

(6) 可作为GIS的重要信息源。数字测图的数据可以作为地理信息系统（GIS）的数据组成部分，数字测图作为GIS的信息源，能及时、准确地提供各类基础数据，更新GIS的数据库，保证地理信息的可靠性和现势性，为GIS的辅助决策和空间分析发挥作用。

(7) 改进作业方式。传统测图主要是通过手工操作，人工记录，手工绘制地形图。数字测图则是野外测量达到了自动记录、自动解算处理、自动成图，并且提供了方便使用的数字地图软盘。数字测图自动化程度高，出错率小，能自动提取坐标、距离、方位和面积等，绘制的地形图精确、美观。

数字测量不足之处在于：对硬件要求较高，一次性投入成本高；利用全站式或GPS与电子手簿进行野外数据采集时，必须绘制草图，影响工作效率。因此利用便携式计算机和掌上电脑在野外测绘时直接绘图，实现数字测量工作内外业一体化必是数字测图将来的发展方向。

五、数字测图的发展展望

目前要在我国全面实现数字测图还有许多困难，主要问题是资金问题、人才问题和观念问题，而不是技术问题。进口仪器较为昂贵，使测绘成本提高。我国测绘技术人员对传统测绘技术掌握较好，但由于缺少进修机会，很多测绘技术人员对数字测图技术很陌生，数字测图产品的使用与管理更缺乏人才。另外在推广数字测图过程中，一定要更新观念，应充分认识数字测图的优点。数字测图必须突破“图”的概念，而突出“数”的概念，测量数据一定要全息保存。测量数据应全社会共享。

为了规范和促进数字测图技术的发展，国家测绘局制定了适应我国大比例尺数字化测图的规范和图式，如GB/T 17160—2008《1：500 1：1000 1：2000 地形图数字化规范》、GB/T 14912—2005《1：500 1：1000 1：2000 外业数字测图技术规程》GB/T 20257.1—2007《1：500 1：1000 1：2000 地形图图式》、GB/T 18317—2009《专题地图信息分类与代码》、GB/T 13923—2006《基础地理信息要素分类与代码》、GB/T 17278—2009《数字

地形图产品基本要求》等。

今后数字测图软件的发展方向应该是一种无点号、无编码的镜站电子平板测图系统。测站上的仪器照准镜站反光镜后，自动将经处理的以三维坐标形式的数据用无线电传输入电子平板，并展点和注记高程。

工作任务二　数字测图的过程

一、数字测图的基本过程

1. 数据采集

数字测图的作业过程与使用的设备（尤其是外业数据采集的仪器）和软件、图形输出的目的有关。主要包括数据采集、数据处理和图形输出三个基本阶段。

将图形模拟信号转换为数字信息的过程称为数据采集。数据采集方法主要有野外数据采集和室内数据采集两类。由于使用仪器和采用方法的不同，野外数据采集和室内数据采集又有不同的方法。

（1）野外数据采集。野外数据采集是获取数据信息的主要方法，而采集数据的具体方法随着野外作业的方法和使用的仪器设备不同有不同的形式。

1）普通地形图测图方法。使用经纬仪、平板仪和水准仪等普通的测量仪器，将外业观测成果人工记录于手簿中，再进行内业数据的处理，然后输入到计算机内。这种方法的外业部分与传统的测图方法相同，只是需要在室内进行数据的整理和输入。

2）使用测距经纬仪和电子手簿方法。用测距经纬仪进行外业的距离、水平角和天顶距等观测，用电子手簿在野外进行观测数据的记录及必要的计算并将成果储存。内业处理时再将电子手簿中的观测数据或经处理后的成果输入计算机中。

3）全站仪方法。用全站仪进行外业观测并自动进行数据存储，室内将存储的数据传输给计算机。采用这种方法则从外业观测到内业处理直至成果输出整个流程实现自动化。

（2）室内数据采集。为了充分利用已有的测绘成果，可通过数字化仪在已有地图上采集信息数据，即数字化仪数字化或扫描仪数字化。当用扫描仪数字化时，仪器沿两个方向扫描，沿 y 方向走纸，图在扫描仪上过一遍，就将图形数字化。扫描仪数字化速度很快（一幅图不超过几分钟），原图经过扫描矢量化后转化为数字图。

1）手扶数字化法。利用数字化板将纸质图数字化，是一种经济、高效的作业方法。从精度满足、节省费用的角度考虑，本方法事半功倍。其优点是所获取的向量形式的数据在计算机中容易处理；缺点是速度慢、人工劳动强度大。

2）扫描矢量化法。扫描矢量化法是将原有老图进行扫描后，经过矢量化处理得到数字化图的一种方法。利用扫描仪扫描地形图得到栅格形式的图形数据。将栅格数据转换成矢量数据是通过专用软件完成的，这些软件可以进行曲线自动跟踪和注记符号的自动识别等，因此效率很高。实际工作中一般采用由计算机自动跟踪，对不合理的地方或计算机无法识别的内容进行人工干预，这样可大幅度减轻劳动强度，提高工作效率。

3）航片数据采集。利用航空摄影图片采集需要的数据。采样方法包括等高线法、规

则格网点法、选择采样点、渐进采样法、剖面法、混合采样法等，这些方法可以是人机交互的或自动化的。

（3）地图图形的数据格式。地图图形要素按照数据获取和成图方法的不同，可分为矢量数据和栅格数据两种数据格式。

1）矢量数据是图形的离散点坐标（x，y）的有序集合。由野外采集的数据和手扶跟踪数字化仪采集的数据是矢量数据。

矢量数据的优点：表示地理数据的精度高，数据结构严密，数据量小，用网络连接法能完整地描述拓扑结构，图形输出精确美观，图形数据和属性数据的恢复、更新、综合都能够实现。

矢量数据的缺点：数据结构复杂，多边形或多边形网很难用叠置方法与栅格图进行组合，显示和绘图费用高，数学模拟比较困难，技术复杂，多边形内的空间分析不容易实现。

2）栅格数据是图形像元值按矩阵形式的集合。由扫描仪和遥感获得的数据是栅格数据。

栅格数据的优点：数据结构简单，空间数据的叠置和组合十分容易进行，各类空间分析比较容易，数学模拟方便，技术开发费用低。

栅格数据的缺点：图形数据量大，用大像元减少数据量时，可识别的现象结构损失信息多，地图输出不精美，难以建立网络连接关系，投影变换花费时间多。

2. 数据处理

数据处理是指在数据采集以后到图形输出之前对图形数据的各种处理。主要包括数据传输、数据预处理、数据转换、数据计算、图形生成、图形编辑与整饰、图形信息的管理与应用等。不同的软件操作方法略有不同，可参考软件的技术说明。

3. 成果输出

经过数据处理以后，即可得到数字地图，也就是形成一个图形文件，由磁盘或磁带作永久性保存。也可以将数字地图转换成地理信息系统所需要的图形格式，用于建立和更新GIS图形数据库。输出图形是数字测图的主要目的，通过对层的控制，可以编制和输出各种专题地图（包括平面图、地籍图、地形图、管网围、带状图、规划图等），以满足不同用户的需要。可采用矢量绘图仪、栅格绘图仪、图形显示器、缩微系统等绘制或显示地形图图形。为了使用方便，往往需要用绘图仪或打印机将图形或数据资料输出。在用绘图仪输出图形时，还可按层来控制线划的粗细或颜色，绘制美观、实用的图形。如果以产生出版原图为目的，可采用带有光学绘图头或刻针（刀）的平台矢量绘图仪，它们可以产生带有线划、符号、文字等高质量的地图图形。

二、数字测图的作业模式

由于软件不同，使用的设备不同，数字测图有不同的作业模式。归纳而言，可分为两大作业模式，即数字测记模式（简称测记式）和电子平板测绘模式（简称电子平板）。数字测记模式就是用全站仪（或普通测量仪器）在野外测量地形特征点的点位，用电子手簿（或PC卡）记录测点的几何信息和属性信息，或配合草图到室内将测量数据由电子手簿传输到计算机，经人机交互编辑成图。测记式外业设备轻便，操作方便，野外作业时间短。不是现场绘制，对于较复杂的地形，通常要绘制草图。电子平板测绘模式就是全站仪＋便携式计算机＋相应测图软件，实施外业测图的模式。这种模式用便携式计算机的屏幕模拟测板在野外直接测图，可及时发现并纠正测量错误，实现了内外业一体化。

（1）全站仪＋电子记录簿＋测图软件。这种采集方式是利用全站仪在野外实地测量各种地形要素的数据，在数据采集软件的控制下实时传输给电子手簿（或PC卡），经过预处理后按相应的格式存储在数据文件中，同时配绘草图，供测图软件进行编辑成图，属于测记式。其优点是容易掌握，缺点为草图绘制复杂，容易出错，效率不高。

（2）全站仪＋便携式计算机＋测图软件。这是一种集数据采集和数据处理于一体的数字测量方式，属于电子平板测绘模式。全站仪在实地采集全部地形要素数据，同时传输给便携式计算机，数据处理软件能够实时处理并显示所测要素的符号和图形，原始采样数据和处理后的有关数据均记录于相应的数据文件或数据库中。由于现场成图，这种模式具有直观、速度、效率高的优点，其缺点为便携式计算机价格较高、适应野外环境的能力较差，最大的问题是便携式计算机的供电不好解决。

（3）全站仪＋掌上电脑＋测图软件。这种模式的作业方式与上一种相同。由于掌上电脑价格低、操作简便、现场成图、速度和效率都很高，其前景十分广阔。但掌上电脑屏幕小，分辨能力比便携式计算机低，所以使用不太方便。

（4）GPS-RTK接收机＋测图软件。利用GPS-RTK接收机在野外实地测量各种地形要素的数据，经过GPS数据处理软件进行预处理，按相应的格式存储在数据文件中，同时配绘草图，供测图软件进行编辑成图。由于GPS-RTK接收机不需要同视条件，且控制范围大，因此控制点只需要不足前三种的10％，大大提高了工作效率，但需要绘制草图。

（5）GPS-RTK接收机＋全站仪＋掌上电脑＋测图软件。这种模式将克服以前集中数字测量模式的缺点，发挥其各自的优点，可适应任何地形环境条件和任意比例尺地形图的测绘，实现全天候、无障碍、快速、高精度、高效率的内外业一体化采集地籍信息，是未来发展的必然方向。

工作任务三 全野外数字测量

一、野外数据采集的原理

1. 点的描述

普通测量学测图最基本的测量工作是点位的测定。传统的测图方法在外业只测得点的三维坐标，绘图员按照一定的方法将点展绘到图纸上，再根据地面的实际情况将有关系的不同测点进行关联得到地物的平面位置，再按其属性绘制相应的表示符号，对地貌绘制相应的等高线等，才能完成一幅地形图的制作。

如前所述，数字测量可以有不同的测量作业模式，有些可以在现场由计算机自动完成地形图的绘制。和传统测图方法类似，绘制过程中必须同时给出点位信息及绘图信息。数字测量中的点测绘必须具备点位、关联、属性三类信息。

点位信息是测点的三维坐标，表示该点的空间位置，为绘图提供不可缺少的基本信息。测点的属性信息就是表示测点特征的信息，如测点是地貌点还是地物点，是房屋的哪个位置的交点等，还要标明有什么特征等。外业测量是按点进行的，这些点相互之间是孤立的，这不能绘制出地形图，需要给出这些点之间存在的关系，这种信息称为测点间的连接信息。按照此信息才能将相关的点连成一个地物。

测点的三维坐标使用仪器、工具，在外业测量得到的，最终以（x，y，z（H））坐标表示。

测点的属性是用编码表示的，编码中包含了测点是什么特征点，对应的图式符号等内容。因此外业测量时，不但要测量点的位置，还要知道它的相关信息，给出该点的编码并记录下来。所以数字测量软件必须建立一套完整的图式符号库，一旦知道编码，就可以从库中调出图式符号并绘制成图。

测点的连接信息是用连接点和连接线型表示的。

在外业测量时，将上述三类信息都记录下来，经过计算机软件的处理将自动绘出所测的地形图。因此，编码就显得非常重要。

2. 测点信息编码

计算机是通过测点的属性信息识别测点是什么特征点，并用相应符号来表示的。因此，在数字测量系统中必须设计一套完整的信息编码来替代地形要素相应的图式符号，以表明测点的属性信息。

（1）信息编码的原则。要遵循一定的原则，否则编码就没有价值。

1）科学性和系统性。信息编码首先要遵从国家标准，按国家基础地理信息的属性或特征进行严密的科学分类，形成系统的分类体系。

2）适用性和开放性。编码要充分考虑地形图的需要，既要能制作标准的地形图，也要能够满足GIS分析的需要。能够和其他相关系统交流，提高测量成果的利用率和价值。

3）完整性和可扩展性。分类既反映要素的类型特征，又反映要素的属性、要素相互关系及要素的作用，具有完整性。代码结构留有适当的扩充余地，为他人进行进一步的开发创造良好的条件。

4）实用性。这一点很重要，如果编码不实用等于没有。编码要尽量简短，便于记忆，分类名称尽量沿用习惯名称，易于观测员掌握，使用起来方便。

（2）信息编码的内容。地形信息用途广泛，是一种多层次、多门类的信息。对信息如何分类、编码，根据有效组织数据和充分利用数据的原则，编码要考虑如下几个问题：

1）图件系列。包括地形图、其他专用图等。

2）符号系列。包括各种独立符号、线状符号、面状符号、地貌符号以及注记。

3）隶属系列。包括省（市）、市（地）、县（市）、区（乡）、村等有行政隶属关系的系列，这个系列的特点是呈树状结构。

（3）信息编码的方法。按上一节所列的规范进行。

遗憾的是由于我国相应的规范颁布实施的时间较晚，所以造成了不同研究部门和机构研制的软件的编码不尽相同，不同的规范编码规则也不尽相同，这给使用造成了一定的困难，软件之间的数据共享也存在一定的问题，相信在不远的将来会得到较好的解决。目前科研人员正在研制无记忆编码，这种编码不需要记忆，只要用鼠标按动相应的图标即可。

3. 连接信息

连接信息包括连接点和连接线型。

当测点是独立地物时，只要用地形编码来表明它的属性，便知道这个地物应该用什么样的符号来表示。如果测的是一个线状或面状地物，就需要明确该测点与哪些点有连线关系以及用什么线型相连才能形成一个地物。

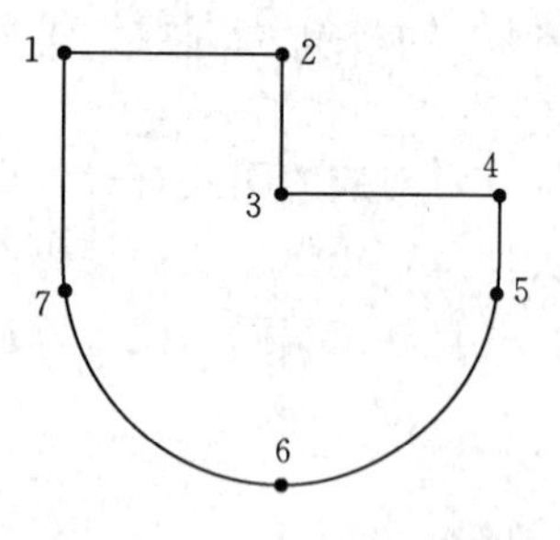

图 7-2　测点连接示意图

线型分为直线、曲线或圆弧线等不同类型。

图 7-2 中，测点 2 必须与测点 1 用直线连接，同理测点 3 与测点 2、测点 4 与测点 3、测点 5 与测点 4 分别用直线段连接，而测点 5、6、7 之间则需要用圆弧段连接，最后测点 7 与测点 1 用直线段连接，这样就完整地绘出了该地物的形状。

在现场，绘图员要根据实际地面上不同地物的形状当场绘出连接信息，以防出现差错。有了点位、编码，再加上连接信息，就可以正确地绘出地物了。

二、野外数据采集

1. 数据采集方法

野外数据采集指具体测点的点信息的野外采集方法。传统的外业测量都是采用一定格式的表格进行记录的，数字测量的记录格式与此有一定的区别。

不同的全站仪或 GPS 的记录方法略有区别，一般第一个点需要输入点号，以后仪器会自动顺序记录，读者可参考有关仪器的说明书。测站点信息需要记录点号、纵坐标（北坐标）、横坐标（东坐标）、高程、定向点的纵坐标和横坐标、定向水平角、仪器高度等，碎部点需要记录点号、编码、水平角、天顶距、斜距、觇标高等点位信息。

需要说明的是，测点的点号是按照测量的顺序，一个点号对应一个点，在一个工程中点号不能重复。测量时，同类编码只需要输入一次，只有在编码改变时再次输入。高程、水平角、距离等全站仪会自动记录，觇标高需要人工测量并输入，输入一次即可，以后仪器会默认上一次的觇标高数值。

地物等连接时，凡与上一测点相连，程序自动默认上一点的点号。当需与其他点相连时，则需输入该连接点的点号。如果现场绘图，则只需在便携式计算机的显示屏上用鼠标或光笔捕捉连接点，则点号便会自动记录。当采用野外记录室内绘图的方法（称测记模式）时要特别注意，参照现场绘制的草图上已标注的点号来帮助连接。连接的线型由系统默认自动给出。

2. 数据采集步骤

数字测量可以采用与传统测量相同的测量步骤，即先控制后碎部的测量方法。目前市场有些数字成图软件也可以图根控制测量和碎部测量同步进行，称为一步测量法。

数据采集与所采用的测量模式相关，总的来说，数据采集是与测量同步进行的。

三、野外数字测量的步骤

1. 图根控制点测量

在一步测量法中，控制点选择并埋桩后，图根导线和碎部测量同步进行，即在一测站上，先测记导线的数据，然后在该测站上进行碎部测量。

图7-3为采用附合导线一步测量法示意图，其中A、B、C、D为已知点，纵、横坐标和高程是已知的；a，b，…为图根导线点，需要测量这些点的相应纵、横坐标及高程；1，2，3，…为碎部点，这些点确定各种地物的平面形状和位置、地貌的变化情况等。具体步骤如下：

(1) 安置仪器。将全站仪安置于测站点B（或D)，后视A点（或C点)。

(2) 导线点测量。前视a点，测量水平角、前视的天顶距、斜距。

(3) 计算前视点坐标。根据测站点（B点）坐标，解算前视点（a点）的坐标（x_a，y_a，H_a)。

随着在导线点的测量，在每一个测站上除了测量导线点的数据之外，还要对该测站点周围的碎部点进行测量，这同时也是对导线点测量成果的一个检验，便于及时发现并改正错误。当导线测到最后一个点（D点）时，则要根据起始测站（B点）到终止测站（D点）的导线测量数据计算该导线闭合差。

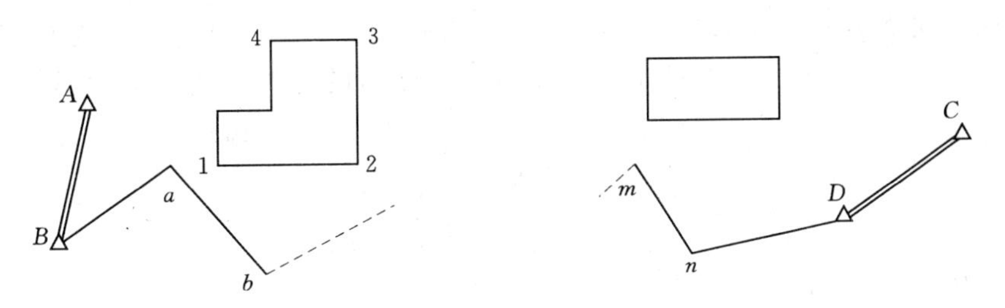

图7-3 一步测量法示意图

若导线符合限差规定，则平差计算出各导线点的坐标值。这里有两种情况：一是导线的附合差较小，则平差后的导线点坐标与平差前相差不大，不需要重新计算；二是导线测量虽然合格，但附合差较大，造成导线点平差前后的坐标相差较大，此时可根据平差后的坐标值重新计算各站碎部点坐标，然后再作绘图处理。所谓相差大小（首先要符合限差)，主要看所测地形图的用途以决定是否重新计算该碎部点的坐标。

控制测量结束且合格后，要绘制导线简图并打印成果表。

2. 碎部测绘步骤

碎部测量绘图时，图根控制点及其坐标已知，所以测站导线点的坐标等数据是已知的，并且已经存入坐标数据库，作为碎部测量绘图的先决条件。具体步骤如下：

(1) 测站设置与检核。碎部测量时，首先要进行测站的设置，这一点极为重要，否则测量的碎部点信息就不知道对应哪个点，当然也就没有任何使用价值。

具体做法是：首先输入测站点号（控制点)、后视点点号（控制点)、仪器高；其次选择并照准定向点，输入定向点点号和水平度盘读数；再有选择一已知点（最好是控制点，

也可以是已经测量的点）进行检核，输入检核点点号，照准该点并进行测量，之后将显示 x、y、H 的差值，以确定前面的设置是否正确。该项工作直接关系测量结果的正确与否，切记不可省略。

（2）碎部点测量。野外对碎部点测量的方法主要有极坐标法和丈量法两种。通常采用极坐标法进行碎部测量，并记录全部测点信息。当测量普通地貌高程点，这些点号并不重要，时刻采用仪器选择点号自动记录的方式，这样既快速，又省去了在同一数据库出现同样编号的情况。当然点号的编排很重要时，只好采用人工输入的方式。

3. *丈量法介绍*

丈量法是碎部测量的另一种作业方法，是由测图软件所提供的。这在传统的经纬仪测量中一般不能使用，因为如果使用也只能人工丈量距离和计算，显然不合适。

碎部测量时会有很多不易观测或用极坐标法根本不能观测的所谓隐蔽点出现的，尤其在建筑密集区，如城区、厂矿等。实际测量时，这些点往往采用钢尺等丈量工具直接丈量这些点与周围关联的点之间的存在的某种关系。丈量法就是根据外业所测的这些隐蔽点及丈量的边长或观测方向，用解析（计算）的方法求出其他碎部点的坐标，并记入碎部点数据区的一种实用的测量方法。按照隐蔽点与关联已知点之间存在的不同关系，丈量法主要有边长交会、直角折线、线上一点、矩形两点、矩形第四点、两点距离、直角偏距、折线平行线、垂线足点、两直线交点等方法。

（1）垂线足点方法。如图 7-4 所示，已知起始点 P_1（x_1，y_2），终止点 P_2（x_2，y_2），参考点 P_3（x_3，y_3），若用 d 表示 P_1P_2 两点间的距离，用下列公式可求得 Q 点坐标。

$$\left.\begin{aligned}x_Q=x_3+D(y_2-y_1)/d\\y_Q=y_3+D(x_1-x_3)/d\end{aligned}\right\}\qquad(7-1)$$

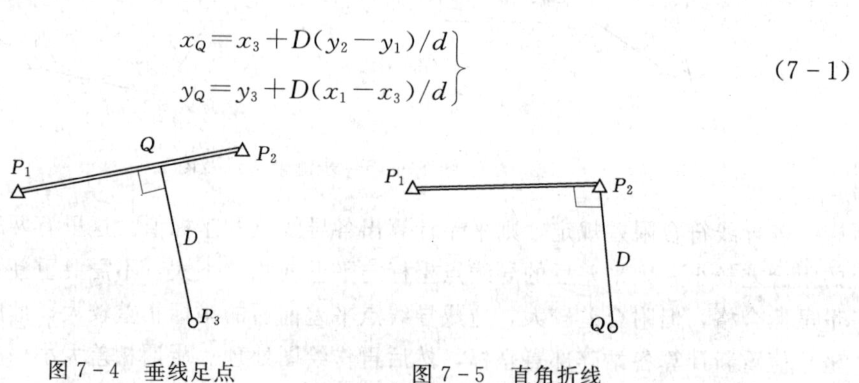

图 7-4　垂线足点　　　图 7-5　直角折线

（2）直角折线方法。如图 7-5 所示，已知起始点 P_1（x_1，y_2），终止点 P_2（x_2，y_2），P_1P_2 两点间水平距离为 d，野外测得过 P_2 的垂直距离 D，用以下公式可求得 Q 点坐标。

$$\left.\begin{aligned}x_Q=x_2+D(y_2-y_1)/d\\y_Q=y_2+D(x_2-x_1)/d\end{aligned}\right\}\qquad(7-2)$$

注意：自 P_2 开始，沿 P_1 至 P_2 方向，右转 90°时 D 为正，左转 90°时 D 为负。

其他方法的计算都可以参照这两种方法，利用基本的数学知识即可求出待测点的坐标。

4. 碎部测量的特点

采用全野外数字测量时，由于测量和绘图工作都是在现场完成的，所以碎部测量有如下特点：

（1）数字测量记录的是碎部点的相应坐标、编码、点号和连接信息，而不是它们的位置，这与其他方法有一定的区别。

（2）碎部点测量可以采用极坐标法进行，对于隐蔽点还可以采用测图软件提供的丈量法进行碎部测量。

（3）碎部测量可以采用传统的先控制后碎部的测量方法，也可以与图根控制测量同时进行，即一步测量法。

（4）地形图的分幅由软件自动完成，所以碎部测量时不受图幅的限制，使测量可以连续进行。

四、数据处理

数据处理是数字测量系统中一个非常重要的环节。测量时会因为数据类型涉及面广、编码复杂及数据采集方式和通信方式的不同使坐标系统往往不一致，给数据的管理和应用造成很大的麻烦。所以，对数据进行格式、坐标的统一处理形成结构合理、调用方便的分类数据文件是必不可少的工作，也是数字测量软件中的重要组成部分。通常数据处理软件由数据预处理和数据处理两个部分组成。

（1）数据预处理。数据预处理的目的是对所采集的数据进行各种限差检验，消除矛盾并统一坐标系统。

1）对野外采集的原始数据进行合理的筛选和科学分类处理，并对外业观测值的完整性以及各项限差进行检验。

2）对于未经平差计算的外业成果实施平差计算，从而求出点位坐标。

（2）数据处理。经预处理的数据已进行了分类，并形成了相应的文件。但这些数据文件还需要经过处理才能用来绘图。

1）对碎部地物点数据文件的处理是检验其地物信息编码的合法性和完整性，组成以地物号为序的新的数据文件，并对某些规则地物进行符合设计情况的处理，以方便图形数据文件的形成。

2）根据新组成的数据文件，由文件中的信息编码和定位坐标，再按照绘制各个矢量符号的程序，计算出自动绘制这些图形符号所需要的全部绘图坐标形成图形数据文件，供图像绘制和输出使用。

五、图形输出

数字测量工作的目的之一是能够绘制出既清晰又准确的地形图，因此图形输出软件是数字化成图软件中的重要组成部分。各种测量数据和属性数据，经过数据处理所形成的图形数据文件中的数据是以高斯直角坐标的形式存放的，所以存在绘图或屏幕显示时坐标的转换问题。还要解决图形截幅、绘图比例尺确定、图式符号注记及图廓整饰等问题。

工作任务四 纸质图数字化

目前，有很多单位或行业保存着过去的纸质图，这些图具有历史价值和使用价值，随着时间的推移和使用次数的增加，这些图的保管和准确程度都出现了一定的问题，需要更新，显然将这些纸质图数字化是保存和使用这些图的最佳选择。纸质图数字化与数字测图的主要区别在于数据的采集方法，数字测图主要是在野外进行数据采集的，而纸质图数字化是在已有的纸质图基础上进行数据采集并数字化的。

纸质图数字化的常用方法有数字扫描仪数字化和地形图扫描屏幕数字化等不同方法。数字扫描仪数字化的速度较慢，目前主要采用地形图扫描屏幕数字化的方法，这种方法既能保证精度，速度又快，是目前的主要方法。

一、数字扫描仪数字化

如图 7-6 所示，数字扫描仪数字化就是将纸质图进行扫描同时数字化的一种方法。从满足精度、节省费用的角度考虑，本方法是事半功倍的好办法。影响图形数字化采集精度的主要因素有仪器本身的硬件误差、人为的采样误差、图纸伸缩变形及定位误差等。

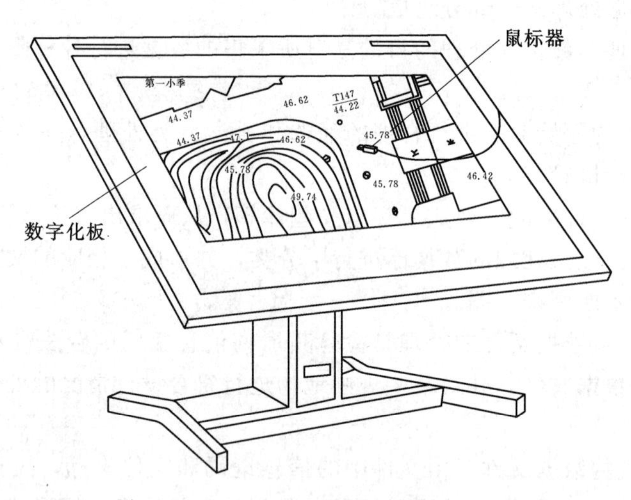

图 7-6 数字扫描仪数字化

1. 方向的确定

数字扫描仪数字化时需要将坐标转换成地形图测量坐标，坐标系数的确定方法是利用纸质图进行数字化数据的采集，要考虑图纸的伸缩变形和平面坐标的变换。具体进行坐标变换时是通过 x、y 坐标的平移值、旋转角和长度比这四个定向元素确定的。在图幅内选择 3～5 个均匀分布的已知点（或 4 个图廓点）作为定向点。

2. 工作流程

（1）装数字扫描仪驱动。

(2) 配置 AutoCAD 数字扫描仪类型。

(3) 定义数字扫描仪菜单。

(4) 数字扫描仪图纸定向。

(5) 开始数字化，直接在数字扫描仪上点取进行地图符号的数字化。

(6) 修改、整饰图形，如注记文字等。

(7) 全图数字化结束后，应再次数字化 4 个图廓点或选定的控制点，以检核数字化成果的质量。

(8) 输出管理。

手扶跟踪数字化需要手扶鼠标进行，所以速度较慢、工作强度较大、精度较低，正在被扫描屏幕数字化的方法取代。

二、地形图扫描屏幕数字化

地形图扫描屏幕数字化需要扫描仪配合，目前市场出售的扫描仪按色彩辐射分辨率可分为黑白和彩色扫描仪两种，按仪器的结构可分为滚筒式和平台式扫描仪两种。因色彩和扫描的幅面不同价格相差较大。扫描仪记录扫描区域内每个像素的灰度或色彩值，属于栅格数据结构。

通过扫描仪生成的地形图要能精确地由绘图仪输出，方便提供给规划设计、工程 CAD 和 GIS 使用，关键问题是必须具有功能完善、方便使用的地形图扫描矢量化软件，方能快捷地完成扫描栅格数据向图形矢量数据的转换。

目前常见的大比例尺数字测图软件有北京威远图 Cito Map 地理信息数据采集系统、清华三维 EPSW 电子平板测图系统、南方 CASS 内外业一体化成图系统、武汉瑞得 RDMS 数字测图系统、广州开思 SCS 成图系统等。此外，单一功能软件在网上很容易找到，许多测量的软件都是免费下载和使用的，包括单一的绘图软件等。

1. 地形图的扫描

将地形图正确装在扫描仪上，扫描能被数字化软件识别的地形图的图片，如北京威远图 Cito Map 地理信息数据采集系统能识别 bmp 类型。

2. 工作流程

(1) 启动扫描仪。

(2) 确定扫描类型，进行纸质图扫描。

(3) 建立工程。

(4) 图形校准。

(5) 矢量化。

(6) 修改、整饰图形，如注记文字等。

(7) 输出管理。

矢量化过程中，一般采用软件所具有的自动跟踪进行地形的矢量化，对个别地方采用手动跟踪的办法，这样既可提高工作效率，又能保证质量。需要注意的是，为了修改和绘图的方便，一般要分层矢量化，将不同属性的地貌、地物分层管理。

【技 能 训 练】

1. 简述数字测图系统的组成。
2. 数字测图有哪些优点？
3. 简述数字测图的基本成图过程。
4. 阐述数字测图未来的发展。
5. 什么是图形的定位？为什么要进行配准？

学习情境八　地形图的识读与应用

【知识目标】

1. 了解地形图的分幅与编号
2. 掌握地物、地貌判读的原理
3. 明确地形图应用的范围
4. 了解地形图在工程中的基本应用

【能力目标】

1. 掌握地形图判读的基本知识
2. 了解地形图的分幅与编号
3. 掌握在地形图上确定地面点位的坐标、量算线段长度、量算某直线的坐标方位角
4. 掌握求算某点的高程、按一定方向绘制断面图、量算面积

工作任务一　阅读地形图的基本知识

地形图上表示的内容非常丰富，既有地物，又有地貌；既有高山、盆地，又有丘陵、平原；既有村庄、道路，又有水库、池塘。如何正确认识如此复杂的地形，了解一幅图内所表示的全部内容，正确使用地形图，对工程建设、经济建设、水利工程的维护都有至关重要的作用。

一、基本内容阅读

(1) 图名、图号。一幅地形图的图名，是用本图内最大的村庄或突出的地物、地貌的名称来命名的。图名之下为图号。图名和图号注记在北图廓上方中央，它不仅说明图幅所在地区，而且明确了图的比例尺。如图 8-1 所示，图名是“桔园村”，图号是“21.0—10.0—Ⅲ”。

(2) 接图表。由于一幅图表示的实地范围有限，实用上经常需要把邻近几幅图拼接起来使用。因此，一般在图的左上方绘有九个小格的接图表，绘有斜线的居中一格，代表本图幅，四周八格分别注明相邻图幅的图名，按照接图表就可拼接相邻各图幅。

(3) 图的比例尺。地形图的地物和地貌，大都是按照实地位置和大小以一定比例尺缩绘在图上的。从图上量得的长度和面积，可以算出它所代表的实地长度和面积。地形图上通常都注有数字比例尺或直线比例尺，但也可以从坐标格网所注数字辨认出来。比例尺越大，表示地面的情况越详细，精度也就越高，一幅图所能反映的实地范围就越小。

(4) 图的定向和定位。在地形图原图上，注记的字头规定朝北。但在复制图上，往往根据用图单位的方便自行选定，然后在图上加绘指北方向。对于专业用图人员，可以通过

纵横坐标数值辨认出东西南北四个方向。

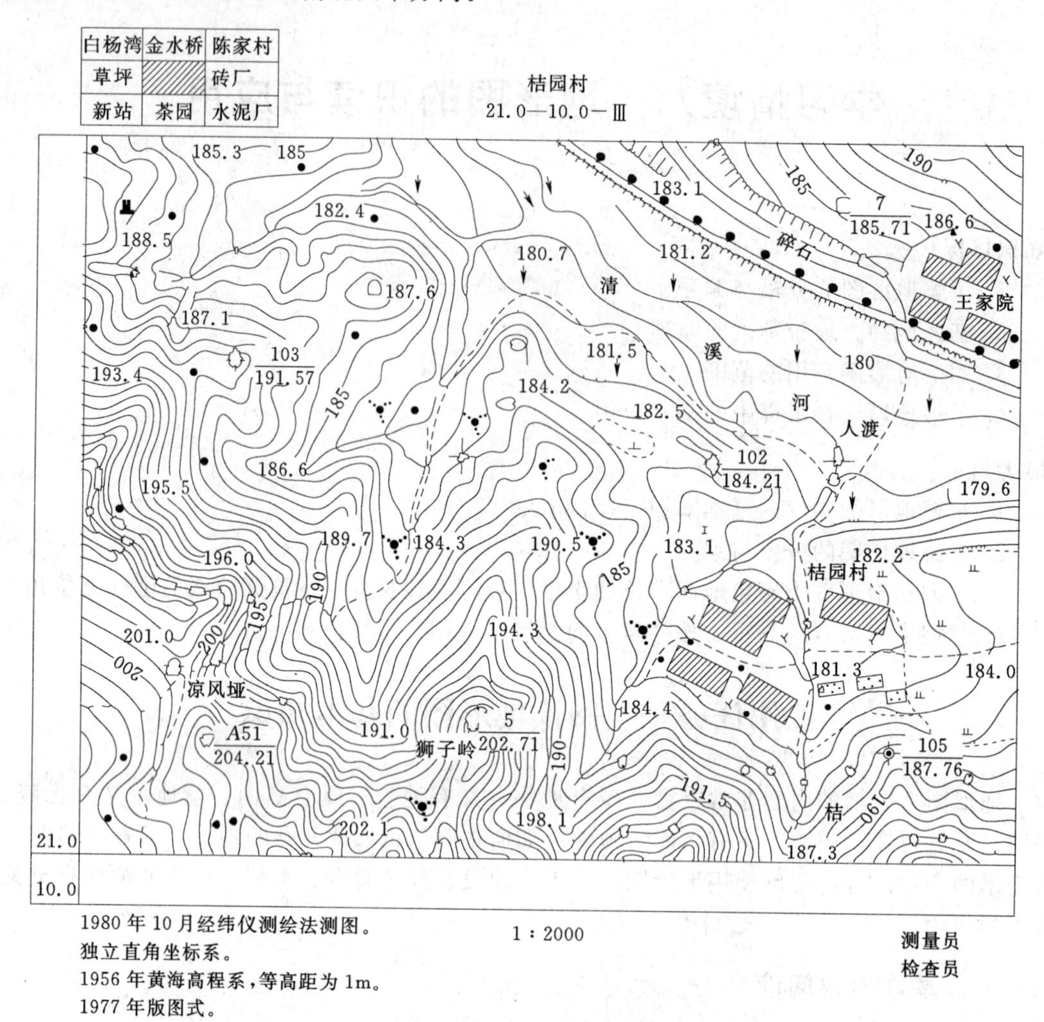

图 8－1　1：2000 地形图

要确定图上某点的位置，就必须利用图上的坐标格网及其千米注记。在野外认图和用图时，通常利用图上的突出地物、地貌和实地对照，先使图上方向和实地方向一致，从中认出用图者站立点的图上位置，然后才能对照地形图在现场观察分析周围的地形。

（5）图廓和坐标格网。图廓是图幅四周的范围线，如图 8－2 所示，它可分为内、外

17 | 91　　92　　93
87/32　102° 00′ 18　10　11　12
29°
40′

图 8－2　地形图的图廓、千米格网

图廓。内图廓是一幅图的测图边界线，对于梯形图幅，四周边界是由上下两条纬线和左右两条经线所构成，经纬线的长度由经纬差决定。对于正方形分幅，其图廓也是正方形。外图廓线平行于内图廓线。对于通过内图廓的重要地物（如道路、河流、境界等）和跨图幅的村庄，都要在图廓间注明。

平面直角坐标格网由边长 10cm 的正方形组成，其纵横线分别平行于轴子午线和赤道。通常坐标线只在图廓间绘一小段，并注上以千米为单位的坐标值，因而也称千米格网。每个图幅都应标注它所采用的坐标系统和高程系统。

（6）磁偏角和坐标纵线偏角。磁偏角是磁北方向与真北方向的夹角，它在不同的地点有不同的大小和偏向，即使在同一地点，也有一定的变化。图幅的磁偏角值一般在测图过程中测定，取图幅内各埋石点的平均磁偏角。

在一个投影带内，平面直角坐标的纵线都互相平行，且均平行于轴子午线。但因各图幅在带内的位置不同，每个图幅有它本身的子午线平均值，它和坐标纵线一般是不平行的，其夹角称为坐标纵线偏角。这个偏角就是图幅子午线平均值对轴子午线的收敛角。图幅离轴子午线越远，纬度越高，坐标纵线偏角越大。其角值可根据纬度与经差算出。

在地形图上用罗盘仪或罗针定向时，要考虑磁偏角的影响。

（7）坡度尺。坡度尺是用来量取坡度的。图上的基本等高距是一定的，只要给出一系列坡度角值，就可求得相应的一系列水平距离。

二、地形阅读

1. 地物阅读

地物在地形图上主要是用地物符号和注记符号来表示的，要想正确判读地物，要做到以下几点：

（1）熟悉国家测绘总局颁布的相应比例尺的地形图图式。

（2）熟悉一些常用的地物符号。

（3）要懂得注记的含义。在进行地物判读时要注意区别比例符号、半比例符号和非比例符号，对于半比例符号要注意其定位线，对于非比例符号要注意其定位点。

（4）应注意有些地物在不同比例尺图上所用符号可能不同。

对于多色地形图，还可以颜色作为地物判读的依据，如蓝色表示水体，棕色表示地貌，绿色表示植被等。对于室内判读不了的地物，应在实地根据相关位置进行对照判读。

图 8-1 中北至南有王家院和桔园村两个居民地，中间以清溪河相隔，有人渡相连。河的北边有铁路和简易公路，两者在王家院东南部相交。路旁有路堑和路堤。河的南边有四条小溪汇入清溪河。从桔园村往东、西、南三方向各有小路通往邻幅图。在桔园村的西北面有小桥、坟地、石碑，图的西南部有一庙宇及 A51 号小三角点，其高程为 204.21m，正南和东北部分别有 5 号、7 号埋石的图根点。在桔园村西北及东南方向、图的西部有 102 号、105 号、103 号图根点。图中 10mm 长的十字线中心为坐标格网交点。

2. 地貌阅读

地貌在地形图上主要是用等高线表示的，因此要想正确判读地貌，要熟悉等高线的特性、各种典型地貌的等高线形态、特殊地貌的表示方法。尤其注意山头、盆地、示坡线、山脊、山谷（集水线、分水线）、鞍部等一般地貌和冲沟、悬崖、峭壁等特殊地貌的判读。

图 8-1 的西、南两方是逶迤起伏的山地，其中南面的狮子岭往北是一山脊，其两侧是谷地，西北角小溪的谷源附近有两处冲沟地段，西南部有一鞍部，名为凉风垭，东北角是起伏不大的山丘，清溪河水由西北流向东南，其沿岸是平坦地带。在图幅内还均匀地注记了一些高程点。

3. 植被阅读

图 8-1 的西、南方及东北角山丘上都是疏林和灌木丛，清溪河沿岸是稻田，桔园村东面是旱地，南面是果树林。王家院与桔园村周围都有零星散树和竹丛。

工作任务二 地形图的分幅与编号

为了便于测绘、拼接、储存和保管以及检索和使用系列地形图，需将各种比例尺地形图统一分幅和编号。地形图分幅方法分为两类：一类是按经纬线分幅的梯形分幅法（又称国际分幅）；另一类是按坐标格网分幅的矩形分幅法。前者用于国家基本图的分幅，后者则用于城市或工程建设大比例尺地形图的分幅。

国家基本比例尺地形图有 1∶1 万、1∶2.5 万、1∶5 万、1∶10 万、1∶20 万、1∶50 万和 1∶100 万七种。普通地图通常按比例尺分为大、中、小三种，一般以 1∶10 万和更大比例尺的地图称为大比例尺地图；1∶10 万～1∶100 万的称为中比例尺地图；小于 1∶100 万的称为小比例尺地图。对于一个国家或世界范围来讲，测制成套的各种比例尺地形图时，分幅编号尤其必要。通常这是由国家主管部门制定统一的图幅分幅和编号系统。

一、梯形分幅与编号

梯形分幅编号法有两种形式：一种是 1990 年以前地形图分幅编号标准产生的，称为旧分幅与编号；另一种是 1990 年以后新的国家地形图分幅编号标准所产生的，称为新分幅与编号。

1. 国际分幅法

国际分幅是在如图 8-3 所示的 1∶100 万基础上进行的，表 8-1 是各种比例尺的编号方法。

（1）国际 1∶100 万比例尺地形图的分幅与编号。为全球统一分幅编号。

1）列数。由赤道起向南北两极每隔纬差 4°为一列，直到南北 88°（南北纬 88°至南北两极地区，采用极方位投影单独成图），将南北半球各划分为 22 列，分别用拉丁字母 *A*、*B*、*C*、*D*、…、*V* 表示。

2）行数。从经度 180°起向东每隔 6°为一行，绕地球一周共有 60 行，分别以数字 1、2、3、4、…、60 表示。

由于南北两半球的经度相同，规定在南半球的图号前加一个 S，北半球的图号前不加任何符号。一般来讲，把列数的字母写在前，行数的数字写在后，中间用一条短线连接。例如北京所在的一幅 1∶100 万地图的编号为 J-50。

由于地球的经线向两极收敛，随着纬度的增加，同是 6°的经差但其纬线弧长已逐渐

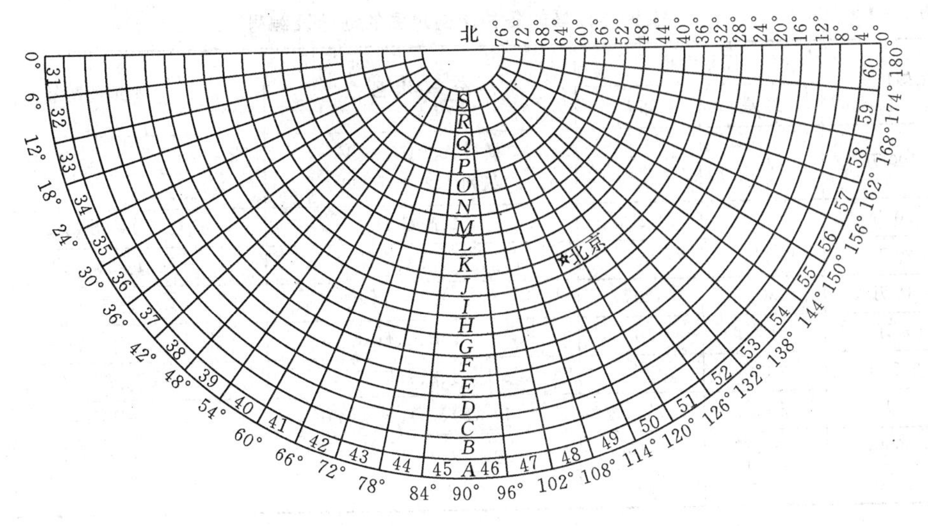

图 8-3　北半球东侧 1：100 万地图的国际分幅与编号

缩小，因此规定在纬度 60 °～76 °间的图幅采用双幅合并（经差为 12°，纬差为 4 °）；在纬度 76°～88°间的图幅采用四幅合并（经差为 24°，纬差为 4°）。这些合并图幅的编号，列数不变，行数（无论包含两个或四个）并列写在其后。例如，北纬 80°～84°、西经 48°～72°的一幅 1：100 万地图编号应为 U-19、U-20、U-21、U-22。

（2）1：50 万、1：20 万、1：10 万比例尺图的分幅与编号。一幅 1：100 万地图划分四幅 1：50 万地图，分别用 *A*、*B*、*C*、*D* 表示，其编号是在 1：100 万地形图的编号后加上它本身的序号，如 J-50-*A*。

一幅 1：100 万地图划 36 幅 1：20 万地图，分别用带括号的数字［1］～［36］表示，其编号是在 1：100 万地形图的编号后加上它本身的序号，如 J-50-［1］。

一幅 1：100 万地图划分 144 幅 1：10 万地图，分别用数字 1～144 表示，其编号是在 1：100 万地形图的编号后加上它本身的序号，如 J-50-1。

（3）1：5 万、1：2.5 万、1：1 万比例尺图的分幅与编号。以 1：10 万地形图的编号为基础，将一幅 1：10 万地图划分四幅 1：5 万地图，分别用 *A*、*B*、*C*、*D* 表示，其编号是在 1：10 万地形图的编号后加上它本身的序号，如 J-50-1-*A*。

再将一幅 1：5 万地图划分四幅 1：2.5 万地形图，分别用 1、2、3、4 表示，其编号是在 1：5 万地形图的编号后加上它本身的序号，如 J-50-1-*A*-1。

1：1 万地形图的编号，是以一幅 1：10 万地形图划分为 64 幅 1：1 万地形图，分别以带括号的（1）～（64）表示，其编号是在 1：10 万图号后加上 1：1 万地图的序号，如 J-50-1-（1）。

（4）1：5000 比例尺图的分幅与编号。一幅 1：1 万地形图划分为 4 幅 1：5000 地形图，分别用小写拉丁字母 *a*、*b*、*c*、*d* 表示，其编号是在 1：1 万图号后加上它本身的序号，如 J-50-1-（1）-*a*。

表 8-1 是按梯形分幅的各种比例尺图的划分及编号，图 8-4 为地形图分幅编号示意图。

表 8-1　　按梯形分幅的各种比例尺图的划分及编号

比例尺	图幅大小		分幅代号	某地的图号
	经差	纬差		
1∶100万	6°	4°	横行 A、B、C、…、V 纵列 1、2、3、…、60	J-50
1∶50万	3°	2°	A、B、C、D	J-50-A
1∶20万	1°	40′	[1]、[2]、[3]、…、[36]	J-50-[1]
1∶10万	30′	20′	1、2、3、…、144	J-50-1
1∶5万	15′	10′	A、B、C、D	J-50-1-A
1∶2.5万	7′30″	5′	1、2、3、4	J-50-1-A-1
1∶1万	3′45″	2′30″	(1)、(2)、(3)、…、(64)	J-50-1-(1)
1∶5000	1′52.5″	1′15″	a、b、c、d	J-50-1-(1)-a
1∶2000	37.5″	25″	1、2、3、…、9	J-50-1-(1)-a-1

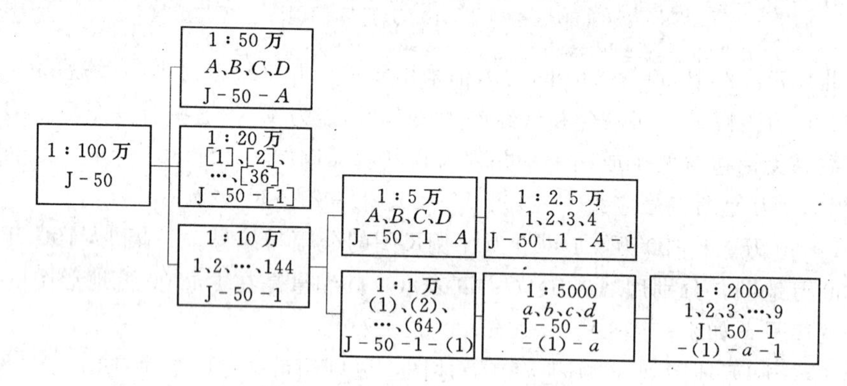

图 8-4　地形图分幅编号示意图

2. 国家基本比例尺地形图的分幅与编号方法

我国 1992 年 12 月发布了 GB/T 13989—1992《国家基本比例尺地形图分幅和编号》的国家标准，自 1993 年 3 月起实施（最新版本为 GB/T 13989—2012《国家基本比例尺地形图分幅和编号》）。新测和更新的基本比例尺地形图，均需按照此标准进行分幅和编号。新的分幅编号对照以前有以下特点：

(1) 分幅。1∶100 万的地形图的分幅按照国际 1∶100 万地形图分幅的标准进行，其他比例尺以 1∶100 万为基础分幅，一幅 1∶100 万的地形图分成其他比例尺的地形图的情况见表 8-2。

表 8-2　　1∶100 万的地形图分成其他比例尺的地形图的情况

比例尺	1∶100万	1∶50万	1∶25万	1∶10万	1∶5万	1∶2.5万	1∶1万	1∶5000
×	1×1	2×2	4×4	12×12	24×24	48×48	96×96	192×192
图幅数	1	4	16	144	576	2304	9216	36864
经差	6°	3°	1° 3′	30′	15′	7′ 30″	3′ 45″	1′ 52.5″
纬差	4°	2°	1°	10′	10′	5′	2′ 30″	1′ 15″

（2）编号。1∶100万地形图的编号。与国际分幅编号一致，只是行和列的称谓相反，1∶100万地形图的图号是由该图所在的行号（字符码）和列号（数字码）组合而成，中间不再加连字符。如北京所在1∶100万地形图的图号为J50。

1∶50万～1∶5000比例尺地形图的编号均由五个元素（五节）10位代码构成，即1∶100万地形图的行号（第一节字符码1位），列号（第二节数字码2位），比例尺代码（第三节字符1位），该图幅的行号（第四节数字码3位），列号（第五节数字码3位），共10位。见表8-3。

表8-3　各种比例尺的比例尺代码及图幅所含的纬差和经差

比例尺	1∶50万	1∶25万	1∶10万	1∶5万	1∶2.5万	1∶1万	1∶5000
比例尺代码	B	C	D	E	F	G	H

二、矩形分幅与编号

1. *分幅方法*

矩形分幅适用于大比例尺地形图，1∶500、1∶1000、1∶2000、1∶5000比例尺地形图图幅一般为50cm×50cm或40cm×50cm，以纵横坐标的整千米或整百米数的坐标格网作为图幅的分界线，称为矩形或正方形分幅，以50cm×50cm图幅最常用。

正方形分幅是以1∶5000比例尺图为基础，取其图幅西南角x坐标和y坐标以千米为单位的数字，中间用连字符连接作为它的编号，表8-4是正方形及矩形分幅的图廓规格。

例如，某图西南角的坐标x=3510.0km，y=25.0km，则其编号为：3510.0-25.0。1∶5000比例尺图四等分便得四幅1∶2000比例尺图；编号是在1∶5000比例尺图的图号后用连字符加各自的代号Ⅰ、Ⅱ、Ⅲ、Ⅳ，如3510.0-25.0-Ⅱ。

依此类推，1∶2000比例尺图四等分便得四幅1∶1000比例尺图；1∶1000比例尺图的编号是在1∶2000比例尺图的图号后用连字符附加各自的代号Ⅰ、Ⅱ、Ⅲ、Ⅳ，如3510.0-25.0-Ⅱ-Ⅳ。

1∶1000比例尺图再四等分便得四幅1∶500比例尺图；1∶500比例尺图的编号是在1∶1000比例尺图的图号后用连字符附加各自的代号Ⅰ、Ⅱ、Ⅲ、Ⅳ，如3510.0-25.0-Ⅱ-Ⅳ-Ⅲ。

表8-4　正方形及矩形分幅的图廓规格

比例尺	矩形分幅		正方形分幅		
	图幅大小（cm×cm）	实地面积（km²）	图幅大小（cm×cm）	实地面积（km²）	一幅1∶5000图所含幅数
1∶5000	50×40	5	40×40	4	1
1∶2000	50×40	0.8	50×50	1	4
1∶1000	50×40	0.2	50×50	0.25	16
1∶500	50×40	0.05	50×50	0.0625	64

2. 矩形图幅的编号

矩形图幅的编号，也是取其图幅西南角 x 坐标和 y 坐标（以 km 为单位），中间用连字符连接作为它的编号。编号时，1∶5000 地形图，坐标取至 1km；1∶2000、1∶1000 地形图，坐标取至 0.1km；1∶500 地形图，坐标取至 0.01km。

三、独立地区测图的特殊编号

以上是正方形与矩形分幅，都是按规范全国统一编号的，大型工程项目的测图也力求与国家或城市的分幅、编号方法一致。但有些独立地区的测图，或者由于与国家或城市控制网没有关系，或者由于工程本身保密的需要，或者小面积测图，也可以采用其他特殊的编号方法。矩形图幅的编号有按坐标编号和按数字顺序编号两种。

1. 按坐标编号

（1）当测区与国家控制网联测时的图幅编号。编号方法采用“图幅所在投影带中央经线的经度-西南角纵坐标-西南角横坐标”，坐标以千米为单位。如某 1∶2000 地形图的编号为“112°- 3108.0 - 38656.0”，表示图幅所在投影带中央经线的经度为 112°，图幅西南角的坐标为 $x=3108$km，$y=38656$km（38 为高斯投影带的带号）。

（2）当测区采用独立坐标系时的图幅编号。编号方法采用“测区坐标起算点的坐标 x，y -图幅西南角纵坐标-图幅西南角横坐标”，坐标以千米或百米为单位。如某图幅编号为“30，30 - 16 - 18”，表示测区起算点坐标为 $x=30$km、$y=30$km，图幅西南角坐标为 $x=16$km、$y=18$km。

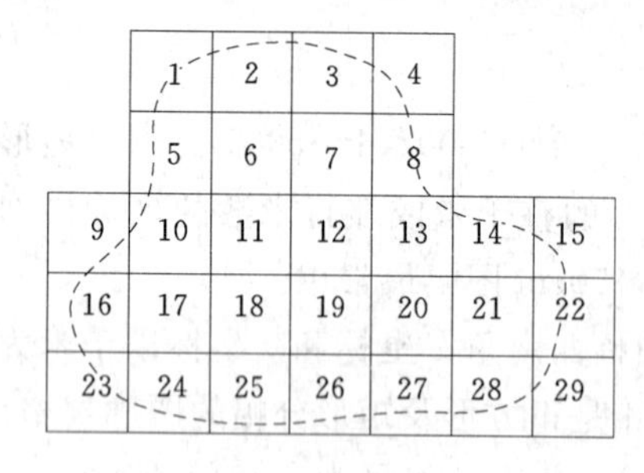

图 8 - 5　按数字顺序编号

2. 按数字顺序编号

小面积独立测区的图幅编号，可采用数字顺序进行编号。如图 8 - 5 所示，虚线表示测区范围，数字表示图幅编号，排列顺序一般从左到右、从上到下。矩形分幅的地形图编号应以方便管理和使用为目的，不必强求统一。

工作任务三　地形图应用的基本知识

一、在地形图上确定点位坐标

在地形图上进行规划设计时，往往需要从图上量算一些设计点的坐标。可利用地形图上的坐标格网进行量算。如图 8 - 6 所示，欲求出图中 A 点的平面直角坐标，可先通过 A 点做坐标网的平行线 mn、op，然后再用测图比例尺量取 mA 和 oA 的长度，则 A 点的坐标为

$$\left.\begin{aligned} x_A &= x_o + mA \\ y_A &= y_o + oA \end{aligned}\right\} \tag{8-1}$$

式中　mA 和 oA——A 点所在方格西南角点的坐标。

为了提高测量精度，量取 mn 和 op 的长度，对纸张伸缩变形的影响加以改正。若坐标格网的理论长度为 l，则 A 点的坐标应按下式计算

$$x_A = x_o + \frac{mA}{mn} l$$

$$y_A = y_a + \frac{oA}{op} l \tag{8-2}$$

用相同方法，可以求出图上 B 点坐标 x_B、y_B 和图上任一点的平面直角坐标。

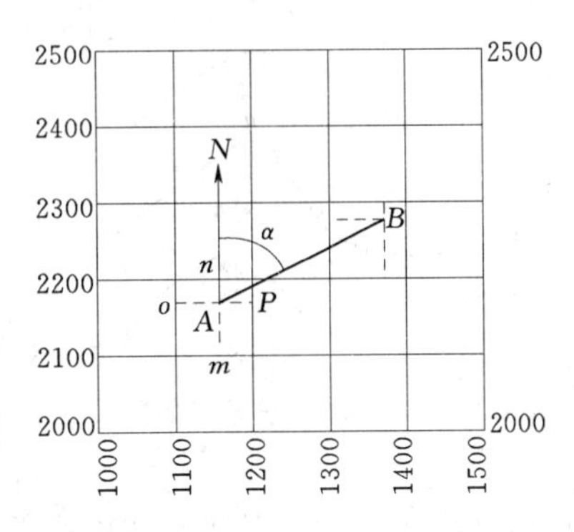

图 8-6　求图上某点坐标示意图

有时因工作需要，需求图上某一点的地理坐标（经度 λ、纬度 φ），则可通过分度带及图廓点的经纬度注记数求得。

根据内图廓间注记的地理坐标（经纬度）也可图解出任一点的经纬度。

二、在地形图上量算线段长度

1. 在地形图上量取直线长度

（1）已知 A、B 两点的坐标，根据下式即可求得 A、B 两点间的距离 D_{AB}。

$$D_{AB} = \sqrt{(x_B - x_A)^2 + (y_B - y_A)^2} = \sqrt{\Delta x_{AB}^2 + \Delta y_{AB}^2} \tag{8-3}$$

或

$$D_{AB} = \frac{x_B - x_A}{\cos\alpha} = \frac{y_B - y_A}{\sin\alpha} = \frac{\Delta x_{AB}}{\cos\alpha} = \frac{\Delta y_{AB}}{\sin\alpha} \tag{8-4}$$

（2）若精度不高，则可用比例尺直接在图上量取。

2. 在地形图上量取曲线长度

在地形图应用中，经常要量算道路、河流、境界线、地类界等不规则曲线的长度，最简便的方法是取一细线，使之与图上曲线吻合，记出始末两点标记，然后拉直细线，量其长度并乘以比例尺分母，即得相应实地曲线长度。也可使用曲线计在图上直接量取。当齿轮在曲线上滚动时，指针便跟随转动，到曲线终点时只需在盘面上读取相应比例尺的数值即为曲线的实地长度。需要提高精度时，可往返几次测量，并取其平均值。

三、在地形图上量算某直线的坐标方位角

如图 8-6 所示，地形图上设 A 点坐标为（x_A，y_A），B 点坐标为（x_B，y_B），则直线 AB 的坐标方位角 α_{AB} 可用下式计算

$$\alpha_{AB} = \arctan\frac{y_B - y_A}{x_B - x_A} = \arctan\frac{\Delta y_{AB}}{\Delta x_{AB}} \tag{8-5}$$

象限角则由 Δx、Δy 的正负号或图上确定。

若精度要求不高，可过 A 点做 x 轴的平行线（或延长 BA 与坐标纵线交叉），用量角器直接量直线 AB 的方位角。此法精度低于计算法。

有的地形图附有三北方向图，则可推算出 AB 直线的真方位角、磁方位角。坐标方位角、真方位角、磁方位角三者利用三北方向图给出的子午线收敛角、磁偏角可相互推算。

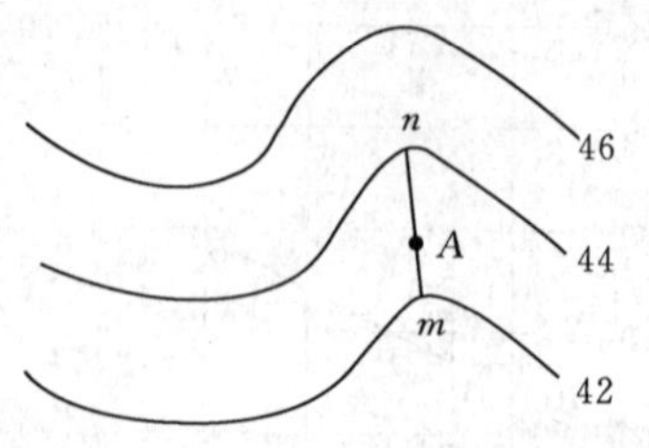

图 8-7　在图上求某点的高

四、在地形图上求算某点的高程

利用地形图上的等高线，可以求出图上任意一点的高程。若所求点恰好在等高线上，则该点的高程就等于等高线的高程。若所求点不在等高线上，则在相邻等高线的高程之间用比例内插法求得其高程。如图 8-7 所示，欲求 A 点高程，则可通过做大致与两等高线垂直的直线 mn，量出 mn=18mm，mA=5mm。该地形图的等高距为 2m，设 A 点对高程较高的一条等高线的高差为 h，则

$$h : 2 = mA : mn$$

$$h = 2mA \div mn = 2 \times 5 \div 18 = 0.56\text{m}$$

A 点高程　　$H_A = 42 + 0.56 = 42.56\text{m}$

考虑到地形图上等高线自身的高程精度，A 点的高程可根据内插法原理用目估法求得。

五、在地形图上按一定方向绘制断面图

要了解和判断图 8-8 中所示方向的地面起伏、坡度陡缓以及该方向内的通视情况，必须绘出 AB 方向的断面图。要绘制 AB 方向的断面图，首先要确定直线 AB 与等高线交点 1、2、3、…、B 点的高程及各交点至起点 A 的水平距离，再根据点的高程和水平距离，按一定比例尺绘制成断面图。绘制方法如下：

（1）绘制直角坐标系。以横坐标轴表示水平距离，其比例尺与地形图比例尺相同（也可以不相同）；纵坐标轴表示高程，为了更突出地显示地面的起伏形态，其比例尺一般是水平距离比例尺的 10～20 倍。在纵轴上注明高程，其起始值选择要适当，使断面图位置适中。

（2）确定断面点。首先用两脚规（或直尺）在地形图上分别量取 A-1、1-2、…、12-B 的距离；在横坐标轴上，以 A 为起点，量出长度 A1、12、…、12B，以定出 A、1、2、…、B 点，通过这些点，做垂线与相应高程的交点即为断面点。最后，根据地形图，将各断面点用光滑曲线连接起

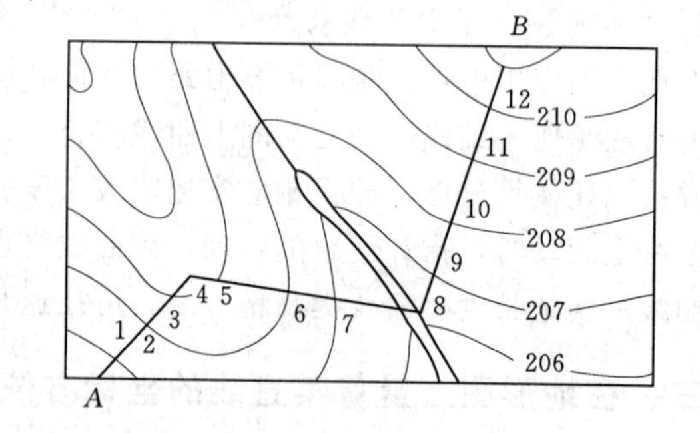

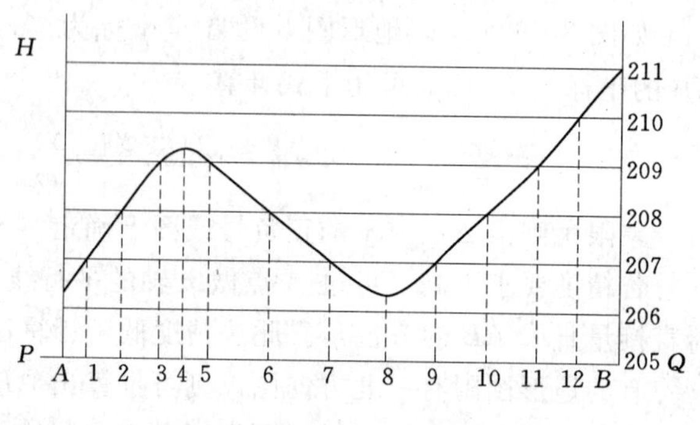

图 8-8　在地形图上绘制断面图

来，即为方向线 AB 的断面图。此法的实质是直角坐标系的描点作图。

工作任务四　面　积　量　算

在各种工程建设中，往往需要测定某一地区或某一图形的面积。例如，农田水利建设中需要计算水库汇水面积、灌溉面积和改平土地面积；工业建设中需要计算厂区面积。测量上所指的面积是实地面积的水平投影，实地倾斜面积与其水平面积含有下列的函数关系：$A=S\cos\alpha$（S 为倾斜面的面积），如图 8－9 所示。计算面积的方法很多，下面介绍几种常用的方法。

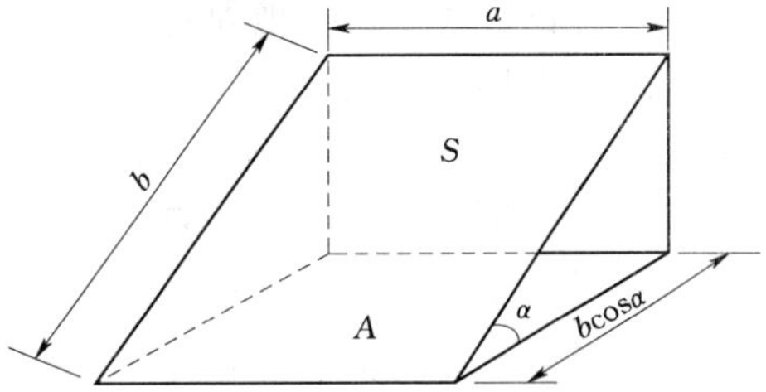

图 8－9　地面倾斜面积与水平面积之间的关系

一、图解法

图解法测算面积，对于边线由折线组成的图形，一般将图上被测算图形分割成一系列简单的几何图形（如三角形、正方形、长方形、梯形等），运用标准的量度工具，在图上量出分割后的各几何图形的边长等几何要素，利用几何图形面积公式进行计算，并汇总出整个图形的面积，再换算成实地面积。方法简单，不再赘述。

对于曲边围成的较复杂的几何图形的面积量算，一般利用工具（如网点板、平行线板等）进行量算。

图解法量算面积时要注意以下问题：为了避免量测及计算中的错误，要求对任何一个几何图形取用的各个要素，至少量算两次，两次量算结果在允许范围内可取它们的平均值；要重视量测工具和量测方法。

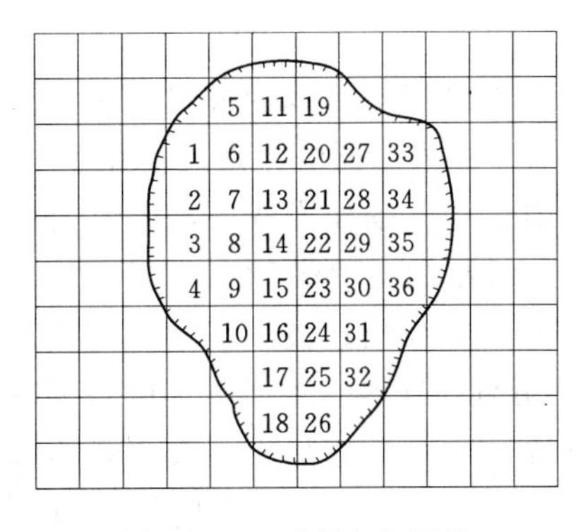

图 8－10　透明方格网法

图解法是在图上直接量算面积的一种方便的方法，可分为方格网法、平行线法、网点板法、纵距和法等。

1. 方格网法

方格网法是将被量测的图形分成若干简单几何图形测算面积，然后求其总和的一种方法。方格网是在透明纸或赛璐珞片上绘有边长为 1mm 的方格，5mm 及 10mm 的网格线加重（图 8－10 中为清楚起见，已经略去未加重网格线），以便数方格，如图 8－10 所示。在量算面积时，计算纸上不同粗细的线条相互构成面积为 1mm^2、25mm^2、100mm^2 等的方格。

由于纸（片）上所有小方格边长相等，因此面积也就相同。只要能清点出被量测图形边线内含有的小方格数，便可通过地形图比例尺换算出面积。具体步骤如下：

（1）蒙图。将透明计算纸蒙在图纸上，使被测图形完全置于方格网之内。为便于计算可适当调整方格纸的位置，使四周不完整的方格尽可能少。

(2) 查方格数。蒙图后，在透明方格纸上可以见到大量小方格能完整地包围在图形界线内，称为整格。亦有部分在界线外的，称破碎格。用目估法数出破碎格约合的整方格数，整、碎方格数之和就是整个图形的方格数。

(3) 计算面积。根据方格的面积和地形图的比例尺，可以计算出图形所代表的实地面积。图形的实地面积为

$$S=NAM^2 \tag{8-6}$$

式中　S——图形代表的实地面积；

N——图形方格数；

M——地形图比例尺分母；

A——整格代表的图上面积。

如图 8-10 所示，整格 36 个，碎格折合成整格 10 个，每格为 1cm^2，地形图比例尺 1∶2000，则图形所代表的实地面积为

$$S=46\times 1\text{cm}^2\times 2000^2=18400\text{m}^2$$

为提高方格网法量算面积的精度，每个图形应蒙图和查算两次。第二次量算时应将方格纸转换一个方向，以消除方格不规则带来的影响。当两次量算结果相差较小时，可取其平均值作为最后的结果。

透明方格网法是一种简单易行、量算小范围精度较高的方法之一，应用范围较广。但是计算纸上方格的准确程度、纸张的伸缩以及边缘破格的判读等，都对量算精度产生影响。需要注意以下问题：

(1) 每个图形应当蒙图和查算两次，每次蒙图时改变透明方格纸的方向，量算结果在允许的误差范围内（随工程性质改变）可取平均值。

(2) 方格网法用于大图形，易出差错，一般多用于图上面积不超过 100mm^2 或狭长图形的面积计算。

2. 平行线法（积距法）

为减少网点板法或方格网法量算面积时，被测图形边界因目估产生的误差，采用此法，效果较好。

在一块透明的赛璐珞片、胶片或透明纸上，每隔 2mm 画有互相平行的直线，构成平行线板，如图 8-11 所示。使用时，将平行线板放在被测图上并使图形边缘上的 a、b 两点，分别位于平行线板上某两条平行线的中央。这样，将被量测图形分割成一系列高相等的近似梯形（高为平行线的间距），图形内的平行线段便是梯形中线。如图 8-11 中的虚线表示这些梯形的底。量取这些梯形中线，并与高相乘所得图形的面积。设平行线的间距为 h，图形所代表的实地面积为 S，则

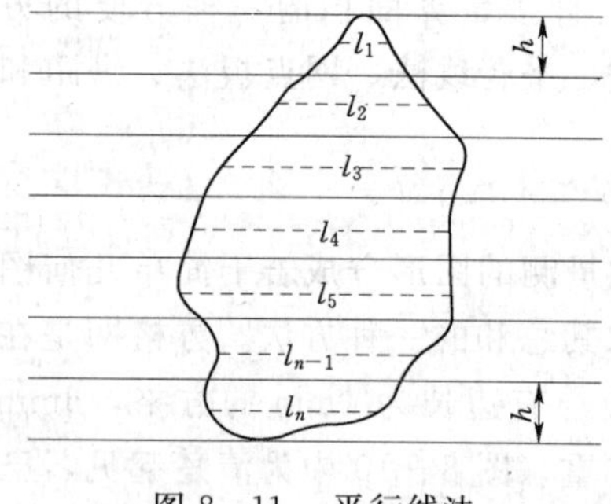

图 8-11　平行线法

$$S=(cdh+egh+mnh+\cdots+klh)M^2=h(cd+eg+mn+\cdots+kl)M^2$$

这种方法精度较低，只有面积较小且平行线间距也小时才较准确。实际工作中，不必分段量测每段中线长度，而是连续量取平行线总长来求面积。面积公式的一般形式为

$$S=LhM^2 \tag{8-7}$$

式中　S——实形的实地面积；

L——图形内平行线长度之和；

M——地形图比例尺分母。

运用这种方法量测面积时，要使图形界线最高点及最低点都正好落在两条平行线之图间的中心位置上（这点是可以做到的）。并且每个图形应采用不同方式蒙图计算两次，两次之差在允许范围内可取平均值。

当需量测图形的边界是由线段组成的折线时，可在要量测的图形上画出间隔相等的平行线，同样将图形分成若干个等高的梯形和三角形。

实际工作时，还可利用一定宽度的纸条量测中线的长度，纸条长度与宽度相乘即得图形的面积。

3. 网点板法

网点板是用透明薄膜制成具有等间距（1mm 或 2mm）的小点，并绘有正方表的格网的模片（又称格点板），如图 8-12 所示。量算面积的步骤如下：

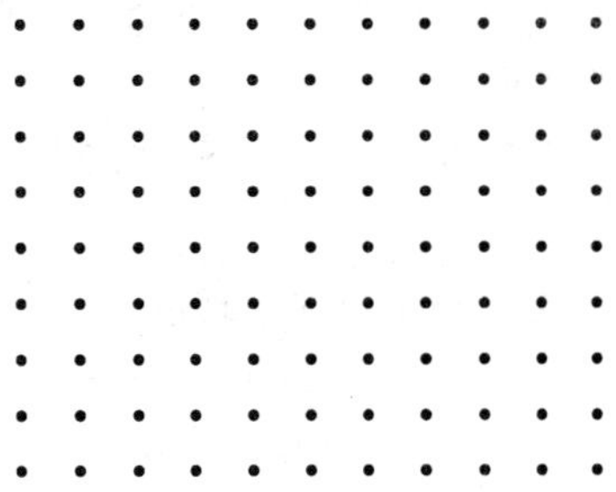

（1）计算点面积。确定网点板上每一个点所代表的实地面积。常见的网点板上的点呈正方形排列，每一点距的平方数，即为一个点所代表的图上面积，根据不同比例尺，推算出点值，即每个点代表的实地面积。

图 8-12　网点板法

（2）蒙图。将模片蒙在待量算的图形上，使图形置于网点板的范围以内，并予固定。

（3）计算点数。清点在图形界线范围内整点数 n；然后清点与图形界线重合（或相切）的点数 m，取其一半作整点计；最后将两者相加，得出图形内的总点数 N，即 $N=n+0.5m$。

为了防止清点中的差错，每个图形至少量算两遍。在量算第二次时，应重新蒙图，且旋转一定角度。当各次测算结果的不符值在允许范围时，取其平均数作为图形的点子数。

（4）面积计算。将图形内的点数 n 乘以每点代表的实地面积 s，即为该图形的面积 S

$$S=ns \tag{8-8}$$

（5）一般网点板中都绘有 cm^2 网格，每个网格中包含 100 个点。利用这种结构的网点板量算面积时，其计算方法与方格网法一样，只是网点板将与图形界线重合或相切的点一律算半个，而方格纸上的最小破格目估至 $0.1mm^2$ 格。

由于网点板有半点取舍和落点概率的影响，因而与方格网法相比，精度较低。

二、坐标解析法

所谓解析法，就是根据实地丈量的直线长度及角度或多边形顶点坐标，利用公式计算面积的方法。解析法又可分为坐标解析法和几何要素解析法。

解析法适用条件：被量测图形是规则的几何多边形（即边界由直线组成）。

坐标解析法是根据几何图形各顶点的平面直角坐标数值计算面积的一种方法。显然当被量测图形由直线组成边界且各顶点坐标已知情况下可以采用本法。在一般的面积量算方

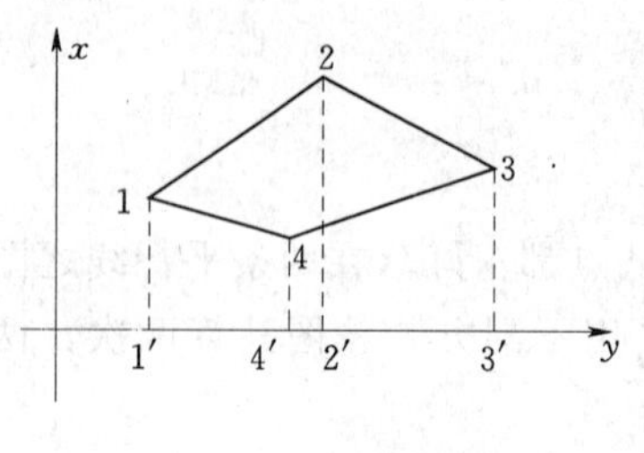

图 8-13　坐标法

法中，解析法的精度最高，但此法的计算工作较为繁重。以下介绍按多边形各顶点坐标计算面积的方法。

如图 8-13 所示，四边形 1、2、3、4 各顶点坐标分别是 $1(x_1, y_1)$，$2(x_2, y_2)$，$3(x_3, y_3)$，$4(x_4, y_4)$。从图中可以看出，多边形相邻点 x 坐标之差是相应梯形的高；而相邻点 y 坐标之和的一半是相应梯形的中位线。它的总面积 S 是一些梯形面积的代数和。故四边形 1234 的面积为

S=四边形 $122'1'$ 的面积+四边形 $233'2'$ 的面积－四边形 $144'1'$ 的面积－四边形 $433'4'$ 的面积

即

$$S=0.5[(x_1-x_2)(y_1+y_2)+(x_2-x_3)(y_2+y_3)-(x_1-x_4)(y_1+y_4)-(x_4-x_3)(y_4+y_3)]$$

将上式展开化简并整理后得

$$2S=x_1(y_2-y_4)+x_2(y_3-y_1)+x_3(y_4-y_2)+x_4(y_1-y_3)$$

或

$$2S=y_1(x_4-x_2)+y_2(x_1-x_3)+y_3(x_2-x_4)+y_4(x_3-x_1)$$

因此，对于 n 点的多边形，其面积的一般公式可写为

$$S=0.5\sum x_i(y_{i+1}-y_{i-1})$$

或

$$S=0.5\sum y_i(x_{i-1}-x_{i+1})$$

当闭合多边形顶点的编号是顺时针方向时，可应用上两式分别计算图形面积进行校核。

因为所求面积的图形是闭合的图形，编号是首尾相接的，所以有以下规定：

当 $i=1$ 时，$y_{i-1}=y_n$，$x_{i-1}=x_n$。

当 $i=n$ 时，$y_{i+1}=y_1$，$x_{n+1}=x_1$。

为了帮助记忆以上两个公式，还可以用图 8-14 所示的图示法表示。

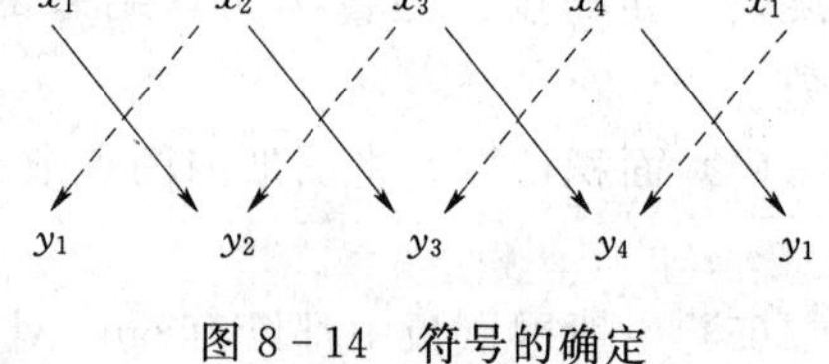

图 8-14　符号的确定

(1) 做法。具体做法如下：

1) 按点号顺序将坐标依次排列，起点在最后面多写一次。

2) 用实线和虚线交叉相连，从 x 向右下方连实线，向左下方连虚线。

3) 相连的坐标两两相乘，实线所连者取正号，虚线所连者取负号，取各乘积的代数和即为所求的面积的 2 倍。另外，面积计算还可以采用表 8-5 进行。

(2) 步骤。计算的步骤和方法如下：

1) 将多边形各顶点改正后的坐标填入第 2 及第 3 列内。

2) 第 4、5 两列内是计算 $(x_{i-1}-x_{i+1})$ 和 $(y_{i+1}-y_{i-1})$ 的数值。例如求第 4 列中第 2 及第 3 点的数值。

2 点=(+120.0)－(+484.8)=－364.8；3 点=(+283.7)－(+936.0)=－652.3

求第 5 列中第 2、3 两点的数值。

表 8-5　　面积计算表（解析法）

点号	坐标(m)		坐标差(m)		乘积(m^2)	
	x	y	$x_{i-1}-x_{i+1}$	$y_{i+1}-y_{i-1}$	$y_i(x_{i-1}-x_{i+1})$	$x_i(y_{i+1}-y_{i-1})$
1	2	3	4	5	6	7
1	+120.0	+100.0	−9.9	−385.2	−990.00	−46224.00
2	+283.7	+128.7	−364.8	−230.4	−46949.76	−65364.48
3	+484.8	−130.4	−652.3	−1.5	+85059.92	−727.20
4	+936.0	+127.2	−445.1	+638.5	−56616.72	+597636.00
5	+929.9	+508.1	+236.4	+304.0	+120114.84	+282689.60
6	+699.6	+431.2	+656.1	+5.8	+282910.32	+4057.68
7	+273.8	+513.9	+579.6	−331.2	+297856.44	−90682.56
	正数总和		1472.1	948.3	+785941.52	+884383.28
	负数总和		1472.1	948.3	+104556.48	+202998.24
	总和		0.0	0.0	681385.04	681385.04
	$2S=681385.04m^2$　　$S=340692.52m^2$					

2 点＝(−130.4)−(+100.0)＝−230.4；3 点＝(+127.2)−(+128.7)＝−1.5

3）以第 4 列内数值乘第 3 列内的相应数值，即得第 6 列内相应的数值，以第 5 列内的数值乘第 2 列内相应的数值，即得第 7 列内数值。

4）第 6、7 两列内所有各正负值相加，其代数和应相等，以检查是否有错。然后除以 2 即得多边形的面积。

多边形各顶点的坐标值，要依靠专业人员完成，否则将直接影响图形面积的精度。在实际工作中，也可以在地形图或平面图上用图解的方法计算各顶点的坐标。但精度要低于实际丈量的结果，因此，工作要特别仔细认真。

三、数字（电子）求积仪法

在实际工作中，大部分的面积量算工作是在图形上进行的，也就是在图上量取规则几何图形的边长（或高）再计算其面积或利用某种仪器对图形（可以是曲边）的面积进行测量。求积仪是量算面积的专用仪器，分为机械求积仪和数字（电子）求积仪两种。本节只介绍数字（电子）求积仪及使用方法。

数字（电子）求积仪是用微处理控制的数字化面积量算仪器，可以自动显示面积值、重复量测的平均面积值，若干小图形面积的累加值。这种新型仪器不仅使用简单，而且量测面积的精度高于机械求积仪。现以日本生产的 KP-90N 型电子求积仪为例，介绍其基本结构和使用方法。

1. KP-90N 求积仪构造

如图 8-15 所示，KP-90N 型数字求积仪由极轴、电子计算器和跟踪臂三部分组成。动极轴可在垂直方向上滚动。动极轴与计算器之间由轴连接，计算器可绕轴绕动；跟踪臂与计算器连在一起，右端是跟踪放大镜。仪器内附有镍镉电池，约 15h 充电后，连续使用时间可达约30h（附有自动断电机构）。

这种仪器的量测范围较大，跟踪放大镜的上下摆幅可达325mm，动极轴横向移动范围没有限制，当比例尺为1：1时，由于有六位计数显示，最大累计量测面积可达$10m^2$，比普通求积仪的累加面积提高了约100倍。除此之外，这种仪器有米制、英制、日制等面积单位，从而大大提高了使用范围。各功能键的位置如图8－16所示。

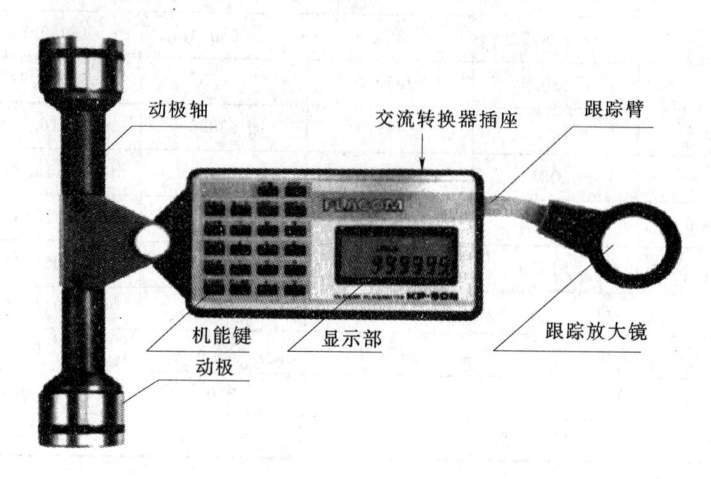

图8－15　KP－90N电子求积仪

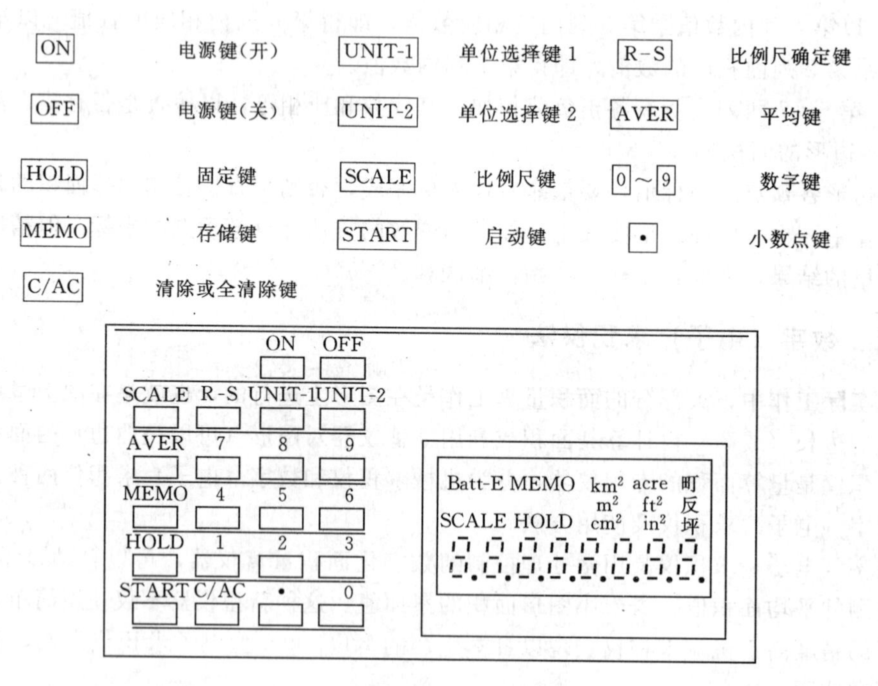

图8－16　功能键显示及显示符号

（1）START启动键（在测量开始及在测量中再启动时使用）。作用如下：

1）测量开始并按下此键，蜂鸣器响，显示“0”，表示可以开始测量。

2）在测量中使用该键，在平均测量中，作为再启动键使用。在按下[MEMO]键后立即按下[START]键时，此前的测定值全部被储存起来，显示符号为“MEMO”，显示窗中显示0，处于测量再启动状态，可开始下面的测量；直接按下[START]键时，则测量单位、比例尺以外的存储全被消除，显示窗中显示0，处于最初的测量开始状态。

（2）[HOLD]固定键。作用如下：

1）按下此键后，显示符号“[HOLD]”。在选定了单位和比例尺时，显示屏显示的面积值被暂时固定，并被保存。

2）再次按下此键时，“[HOLD]”符号消失，暂时固定被解除（保存数据不变），可以继续测量。

（3）[MEMO]存储键。作用如下：

1）此键只有在按下[START]键后才能工作。

2）进行平均值测量时，在各次测量结束后都需按下此键。否则，存储的测量结果被消除，无法继续测量。

（4）[AVER]结束及平均值键。作用如下：

1）按下此键，测量结束，显示符号“MEMO”，在显示窗中显示出所定单位、比例尺的面积值并被固定。

2）在平均值测量时，所显示的是重复测量的面积平均值。

3）当想改变单位换算测定面积值时，则先按下[UNIT－1]、[UNIT－2]等键后，再按下此键，即显示换算后的面积值。

（5）[UNIT－1]单位选择键1。每按一次此键可以选择米制、英制、日制单位。

（6）[UNIT－2]单位选择键2。每按一次此键能在同一单位制内选择不同的单位，如在米制单位中选择cm^2、m^2 和 km^2 等。

（7）SCALE 比例尺键。先用数字键输入图形比例尺，按下此键，比例尺即被输入，显示“SCALE”。如果输入的比例尺为1：x，则存储的是x^2；如果纵、横比例尺不同，则存储的是纵、横比例尺分母的乘积。

（8）R-S 比例尺确认键。如图形比例尺为1：100，先用数字键输入100，按下[SCALE]键，显示10000(100^2)，表示比例尺已经选定。

（9）C/AC 清除或全部清除键。清除原有存储的数据。

2. 电源

KP－90N求积仪可用DC（电池式直流电）和AC（交流电）两种电源。

（1）直流电源。在主机底部，为镍镉式蓄电池，一般可连续使用30h。在电源将耗尽时，屏幕显示“Batt-E”符号，此时，需用仪器配带的专用充电器充电（约能充电1000次以上）。充电时应停止使用，并关上电源，充电时间约为15h。

（2）交流电源。利用专用交流转换器能直接使用220V交流电源。

（3）自动断电功能。停止使用约 3min，自动切断电源。

（4）测定数据长时间固定功能。量算面积时，因事暂停作业时，可按下HOLD（固定）键，3min 后，电源自动切断；继续工作时，依次按下ON键和HOLD键后，固定状态被解除，可继续测量。

3. 主要技术指标

（1）显示。八位液晶显示，13 种显示符号。

（2）测量范围。一次能测量的最大图形为上下 325mm，动极移动方向为 30m。比例尺为 1∶1 时，最大累加测量面积为 $10m^2$。

（3）分解力。比例尺 1∶1 时为 $0.1cm^2$。

（4）精度。±11500 脉冲以内。

4. 使用方法

（1）准备工作。将图纸固定在平滑桌面或图板上，把跟踪放大镜大致放在图形中央，并使动极轴与跟踪臂大致成 90°，如图 8－17 所示。用跟踪放大镜绕图形边缘试行 2～3 周，检查仪器是否平滑移动。否则，调整仪器位置，直至平滑移动为止。

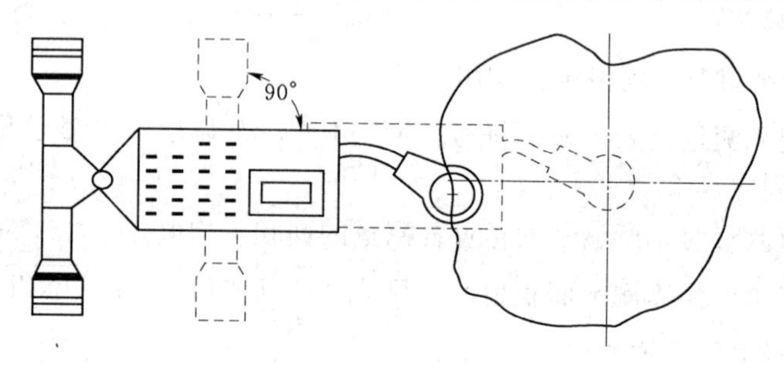

图 8－17　电子求积仪测量面积

（2）接通电源。按ON键。

（3）消除显示屏和存储的数字。按C/AC键。

（4）设定比例尺。利用数字键输入比例尺分母 M 值，再按SCALE键、R-S键。

例：纵、横比例尺不同时的设定（水平比例尺为 1∶100，垂直比例尺为 1∶50）的操作步骤见表 8－6。

表 8－6　　设定横比例尺 1∶100，纵比例尺 1∶50

键操作	符号显示	操作内容
1 0 0	cm^2　100	对横比例尺进行置数 100
SCALE	SCALE cm^2　0	设定横比例尺 1∶100
5 0	SCALE cm^2　50	对纵比例尺进行置数 50
SCALE	SCALE cm^2　0	纵横比例尺设定完毕
R-S	SCALE cm^2　5000	100×50＝5000 确认横比例尺 1∶100、纵比例尺 1∶50 已设定
START	SCALE cm^2　0	横比例尺 1∶100、纵比例尺 1∶50 已设定完毕，可开始测量

(5) 选定面积显示单位。连续按 UNIT－1 键在显示屏上可提供公制、英制、日制等面积单位，可任取其一。接着连续按 UNIT－2 键可在前者选定的单位制内显示具体面积单位。

(6) 面积测量。将仪器按放在图形有左侧并标出起始位置 A，按启动键 START，计算器发出声响以示量测开始。手握放大镜，使红圈中心沿图形轮廓线顺时针方向跟踪描迹一周，停止后显示屏上所显示的数字即是实地面积值。

(7) 平均测量。若想提高测量精度，可对同一图形进行重复测量。每次量测终了按 MEMO 键进行存储，最后按 AVER 键可显示平均面积值。

(8) 累加测量。若连续测算若干小图形面积并求其总和时，当测算完第一块后按 HOLD 键，可将显示的第一块面积值暂时固定保留，当把仪器安置于第二块图形上之后，再按 HOLD 键以解除固定，继续测量时，可自动累加。照此量至最后一块图形，则在显示屏上所显示的数字就是总体面积值。

5. 注意事项

数字求积仪是靠仪器计算器背面的积分车和编码器在图纸上的滚动而计数的，因此在使用时需注意以下几点：

(1) 图纸应铺在平滑的桌面上或图板上，以保证积分车在图上能够充分接触。

(2) 测图前，把跟踪放大镜放在图形的中央（重点在宽度方向），并使动极轴与跟踪臂成 90°。然后，用跟踪放大镜沿图形的轮廓跟踪两三周，以检查是否平滑地移动。

(3) 量测时，描迹跟踪放大镜的中心要沿图形内界从起点顺时针方向平移匀速的环绕而行。

上述各种方法都各有其优缺点和适用范围，在实际工作中，应根据量算精度要求和所具有的量算工作条件选用适合的方法进行，以期达到最佳的效果。另外，一般情况下，在图上量算面积总是要受成图精度的影响，其精度要低于根据实地测量数据计算面积的精度，因此在工作中，最好采用实地测量计算的方法。

四、控制法量算面积

控制法是一种在整体面积已知的情况下求各部分面积的方法。如图 8－18 所示，图形 $ABCD$ 的面积 S 是已知的，欲量测图形内各部分的面积可用此法。此法的优点是不受图纸伸缩的影响，可提高精度，适用较大范围的面积量算。

(1) 整体读数。用求积仪先量算出整个图形的读数 r。

(2) 图形读数。再用求积仪分别量测出各部分图形的读数 r_1、r_2、r_3、…、r_n 等。

(3) 计算量算误差。理论上

$$r=r_1+r_2+r_3+\cdots+r_n$$

但由于量算中有误差存在，各图形读数不满足上式的关系，等号两端不等的差值为

$$\Delta r=r-(r_1+r_2+r_3+\cdots+r_n)$$

如果 Δr 的绝对值不超过 $1‰r$，则认为量算结果合格，否则需要重新量测。

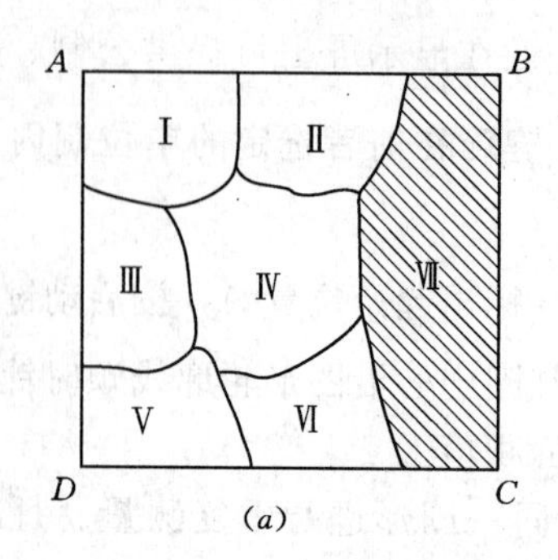

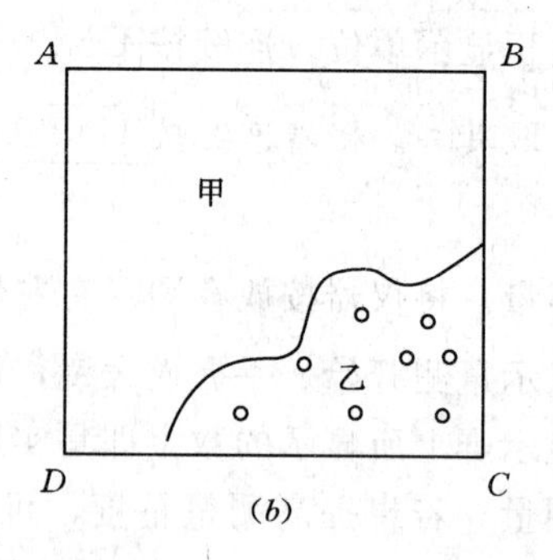

图 8-18　面积量算

(4) 误差改正。在不合格情况下，对 Δr 需进行改正。

1) 计算求积仪读数改正数。令

$$c=\Delta r/(r_1+r_2+r_3+\cdots+r_n)$$

设改正后的各部分读数为 r'，则

$$r_1'=r_1+cr_1=r_1(1+c)$$

$$r_2'=r_2+cr_2=r_2(1+c)$$

$$\cdots\cdots$$

$$r_n'=r_n+cr_n=r_n(1+c)$$

显然，$r_1'+r_2'+r_3'+\cdots+r'=r_n$，可作校核。

2) 计算面积转换系数。令

$$k=S/r$$

利用上式所求的 k 值和各部分的改正后读数，计算Ⅰ、Ⅱ、Ⅲ、…各部分的面积为

$$S_1=kr_1',\ S_2=kr_2',\ S_3=kr_3',\ \cdots,\ S_n=kr_n'$$

显然，$S_1+S_2+S_3+\cdots+S_n=S$，可作校核。

如图 8-18 (b) 所示为地形图上纵横坐标线所图成的正方形面积（按地形图比例尺知边长为 20km，面积 400km^2）。用控制法求甲、乙两部分的面积。

先用求积仪量测总面积得读数差 $r=4974$，量得甲面积的读数差 $r_{甲}=3124$，乙面积的读数差 $r_{乙}=1854$，则

$$r_{甲}+r_{乙}=3124+1854=4978$$

$$\Delta r=4974-4978=-4$$

$|\Delta r|=4<4974/1000$，所以量测是合格的。

$$c=\Delta r/(r_1+r_2+r_3+\cdots+r_n)=-4/4978=-0.0008$$

甲、乙两部分的改正读数为

$$r'_{甲}=r_{甲}(1+c)=3124\times(1-0.0008)=3122$$

$$r'_{乙}=r_{乙}(1+c)=1854\times(1-0.0008)=1852$$

$$k=S/r=400/4974=0.0804$$

各部分面积为

$$S_{甲}=kr'_{甲}=0.0804\times3122=251.07$$

$$S_{乙}=kr'_{乙}=0.0804\times1852=148.93$$

【技 能 训 练】

1. 地形图分幅与编号的方法有几种？1∶100 万比例尺地形图是怎样分幅与编号的？大比例尺地形图一般采用哪种分幅与编号方法？怎样进行具体的分幅与编号？

2. 我国某地的地理坐标为东经 119°55′30″、北纬 34°50′17″，求该点所在 1∶100000 比例尺地形图的图幅与编号。

3. 面积计算常用的方法有哪些？

4. 已知多边形顶点坐标 P_1（443.51，652.31），P_2（402.30，620.38），P_3（528.75，584.45），P_4（356.00，434.34），用解析法计算该图形的面积。

5. 在下图中完成如下作业：

（1）根据等高线按比例内插法求出 A、C 两点的高程。

（2）用图解法求出 A、B 两点的坐标。

（3）求出 A、B 两点间的水平距离。

（4）求出 AB 连线的坐标方位角。

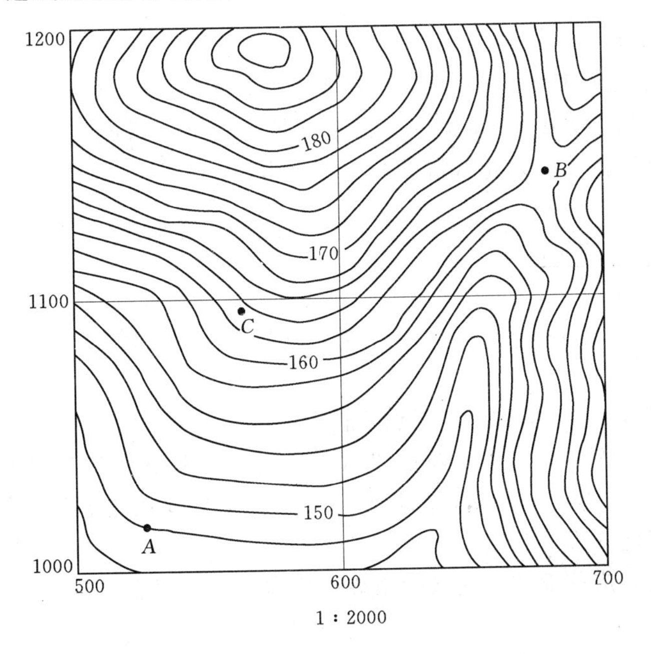

第 5 题图

学习情境九　施工测量基本方法

【知识目标】

1. 理解水平角、水平距、高程、坡度、点位测设的原理
2. 了解交会的原理

【能力目标】

1. 掌握水平角、水平距、高程、坡度、点位基测设的基本方法
2. 初步掌握交会的方法

工作任务一　已知水平距离的测设

一、任务

根据给定的直线起点和水平长度，沿已知方向确定出直线另一端点的测量工作，称为已知水平距离的测设。如图 9-1 所示，设 A 为地面上已知点，要在地面上给定 AB 方向上测设出设计水平距离 D，定出线段的另一端点 B。

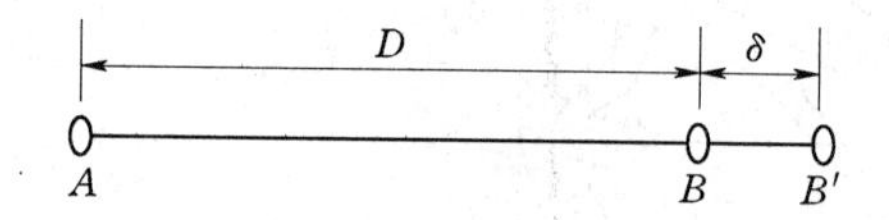

图 9-1　已知水平距离的测设

二、钢尺测量方法

1. *一般方法*

按以下几个步骤进行：

(1) 初步测定。从 A 点开始，沿 AB 方向用钢尺拉平丈量设计长度 D 在地面定出 B'点位置。

(2) 距离校核。按常规方法重新量取 AB'之间的水平距离 D'，若相对误差在容许范围（1/3000～1/5000）内，则将端点 B'加以改正，求得 B 点的最后位置，使得 A、B 两点间水平距离等于已知设计长度 D。

为了检核起见，应往返丈量测设的距离，往返丈量的较差，若在限差之内，取平均值作为最后结果。

(3) 计算改正值。改正数 $\delta=D-D'$。

(4) 改正方法。根据计算的 δ 值，求得 B 点的最后位置。当 δ 为正时，向外改正；当 δ 为负时，则向内改正。

2. *精密方法*

当测设精度要求较高时，应按钢尺量距的精密方法进行测设，具体作业步骤如下：

(1) 将经纬仪安置在起点 A 上，并标定给定的直线方向，沿该方向概量并在地面上打下尺段桩和终点桩。桩顶刻“+”字标志。

（2）用水准仪测定各相邻桩桩顶之间的高差。

（3）按精密丈量的方法先量出整尺段的距离，并加尺长改正、温度改正和高差改正，计算每尺段的长度及各尺段长度之和，得最后结果为 D。

（4）用已知应测设的水平距离 D 减去 D' 得余长 δ，然后计算余长段应测设的距离 δ'。

$$\delta' = \delta - \Delta l_d - \Delta l_t - \Delta l_h$$

（5）根据地面上测设余长段，并在终点桩上作出标志，即为所测设的终点 B。如终点超过了原打的终点桩时，应另打终点桩。

【例 9-1】 试在地面上由 A 点测设 B 点。已知设计水平距离 52.000m，钢尺名义尺长 $l_o=30$m，钢尺检定尺长 $l'=29.996$m，检定温度 $t_o=20$℃，测量时温度 $t=8$℃，钢尺膨胀系数 $\alpha=0.0000125$。按一般测量方法在地面的木桩上标定出 B' 点，经测量得到：A、B' 两点的实际距离为 52.012m，该两点的高差为 0.65m，求 B 点与 B' 点的改正距离 δ 值。

【解】

尺长改正　$$\Delta l_d = \frac{l' - l_o}{l_o} D_{AB'} = \frac{29.996 - 30}{30} \times 52.012 = -0.007\text{m}$$

温度改正 $\Delta l_t = \alpha(t - t_o) D_{AB'} = 0.0000125 \times (8-20) \times 52.012 = -0.008\text{m}$

高差改正　$$\Delta l_h = -\frac{h^2}{2D_{AB'}} = -\frac{0.65^2}{2 \times 52.012} = -0.004\text{m}$$

则 AB' 的精确水平距离为

$$D' = D_{AB'} + \Delta l_d + \Delta l_t + \Delta l_h = 51.993\text{m}$$

说明 $\delta=+0.007$m，故 B' 点应向外改正 7mm，可得到正确的 B 点位置。

三、光电测距仪法

如图 9-2 所示，安置光电测距仪于 A 点，瞄准已知方向，沿此方向移动棱镜位置，使仪器显示值略大于测设的距离 D，定出 B' 点。在 B' 点安置棱镜，测出棱镜的竖直角 α 及其斜距 L，计算出水平距离 $D'=L\cos\alpha$，求出 D' 与应测设的已知水平距离之差（$\delta=D-D'$）。根据 δ 的符号在实地用小钢尺沿已知方向改正 B' 至 B 点，并用木桩标定点位。

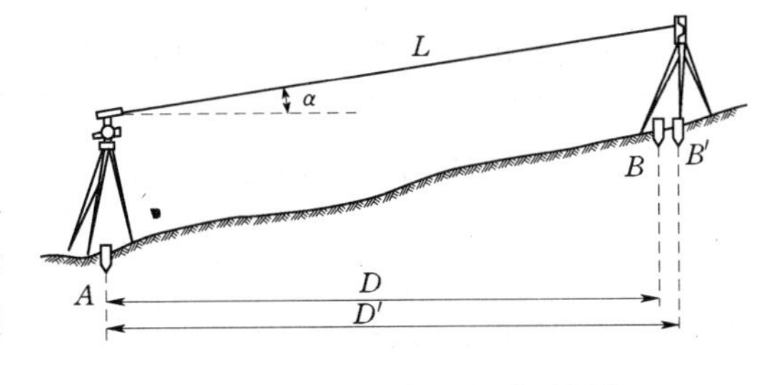

图 9-2　用测距仪测设水平距离

为了检核，应将反光棱镜安置于 B' 点再实测 AB' 的距离，若不符合，应再次进行改正，直到测设的距离符合限差为止。

工作任务二　已知水平角的测设

一、任务

已知水平角的测设，就是在已知角顶点根据一已知方向标定出另一边方向，使两方向

的水平夹角等于已知角值。

二、一般方法

当测设水平角的精度要求不高时，可以用经纬仪盘左、盘右分别测设。如图 9－3 所示，设地面已知方向 AB，A 为顶角，β 为已知角值，AC 为欲定的方向线，具体操作方法如下：

（1）盘左测设。安置仪器在顶角 A 上，对中、整平后，用盘左位置照准 B 点，调节水平度盘位置变换轮，使水平度盘读数为 $0°00'00''$，转动照准部使水平度盘读数为 β，按照视线方向定出 C' 点。

（2）盘右测设。用盘右位置重复（1），定出 C'' 点。

（3）确定水平角。取 C' 和 C'' 连线的中点 C，则 AC 即为测设角 β 的另一个方向线，$\angle BAC$ 为测设的 β 角。

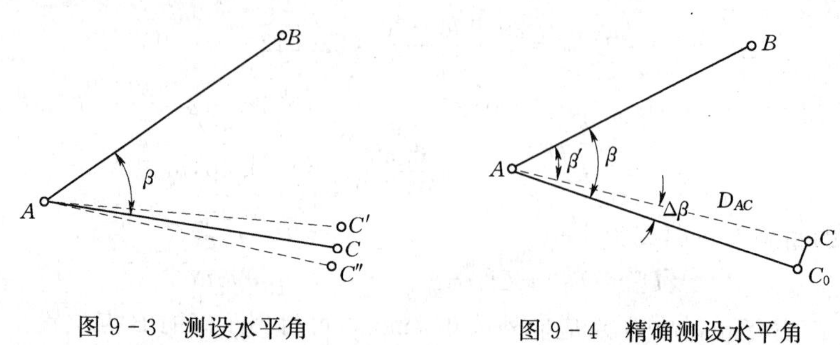

图 9－3　测设水平角　　图 9－4　精确测设水平角

三、精确方法

1. 测量方法

当测设水平角的精度要求较高时，可以先用一般方法测设出 AC 方向线，然后对 $\angle BAC$ 进行多测回水平角观测，如图 9－4 所示，其观测值为 β'。则 $\Delta\beta=\beta-\beta'$，根据 $\Delta\beta$ 及其 AC 边的长度 D_{AC}，按照下式计算垂距 d（CC_0 的距离）。

$$d_{CC_0}=D_{AC}\tan\Delta\beta\approx D_{AC}\frac{\Delta\beta}{\rho''} \tag{9-1}$$

式中，$\rho''=206265''$，1rad 对应的角度值秒数。

2. 改正方法

从 C 点起沿 AC 边的垂直方向量出垂直距离 CC_0 定出 C_0 点。则 AC_0 即为测设角值为 β 时的另一方向线。

必须注意，从 C 点起是向外还是向内量垂直距离，要根据 $\Delta\beta$ 的正负号来决定。若 $\beta'<\beta$，即 $\Delta\beta$ 为正值，则从 C 点向外量垂距；反之，则向内量垂距改正。

【例 9－2】 参考图 9－4，设计水平角 $\beta=45°\ 30'\ 00''$。用一般方法测设出 AC 方向，经过多测回观测该水平角实际值 β' 为 $45°\ 30'\ 17''$。已知 AC 的水平距离为 60m，求垂距 CC_0 值，使改正后的角为设计值。

【解】 $\Delta\beta=\beta-\beta'=-17''$，$D_{AC}=60.000$m，所以

$$D_{CC_0}=60.000\times(-17'')/206265''=-0.005\text{m}$$

过 C 点做 AC 放线的垂线，过 C 点沿垂线方向向内侧量 5mm，定出 C_0 点，则 $\angle BAC_0$ 即为所要测设的水平角。

四、用钢尺测设任意水平角

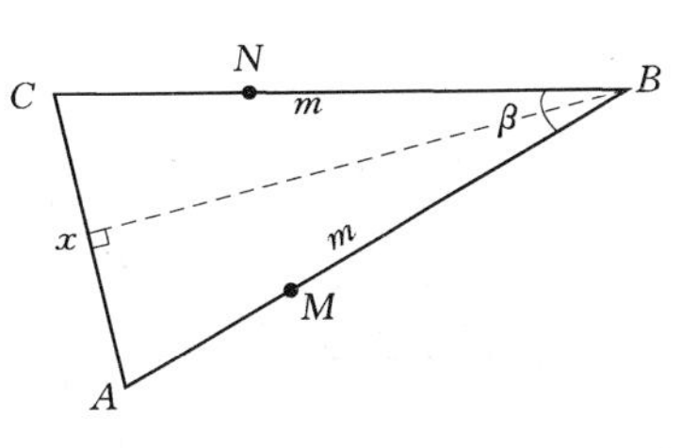

图 9-5 钢尺测设水平角

（1）任务。如图 9-5 所示，从直线 AB 上一点 B 测设任意实际水平角 β（BC 方向）。

（2）计算。为计算和测设方便，不妨设 AB、BC 边长度均为 m，β 所对的边为 x。在 $\triangle ABC$ 中，$AB=BC$，$\angle A=\angle C$，过 B 点做 AC 的垂线，将 $\triangle ABC$ 分成两个全等的直角三角形。在直角三角形中，有

$$x=2m\sin\frac{\beta}{2} \tag{9-2}$$

（3）结论。测设任意角 β，可取三边比例为 $m:m:x$，即可测设 β 角。

【例 9-3】 参考图 9-5，从直线 AB 上一点 B 测设任意实际水平角 36° 36′ 30″。

【解】

（1）计算参数。为计算和测设简单起见，取 AB、BC 边长 10m，则

$$x=2m\sin(\beta/2)=20\times\sin(36°36'30''/2)=6.281\text{m}$$

（2）操作步骤：

1）用钢尺从 B 点向 A 点方向量取 10m，确定 M 点。

2）用两根钢尺丈量：一根钢尺 0 点刻线对准 B 点，找到 10m 刻线位置；另一根钢尺 0 点刻线对准 M 点，找到 6.281m 位置，同时拉紧这两根钢尺，使 10m 和 6.281m 的位置重合，该点即是 N 点，连接 BN，则 $\angle ABN$ 即是实际水平角 36° 36′ 30″。

（3）测设要点：

1）当场地允许时，在 $m:m:x$ 比例不变的前提下，尽量选用较大尺寸。

2）三边用同样的钢尺，拉力相同，在同一平面内。

3）两个等腰边要同时水平。

五、用钢尺测设直线上一点的垂线

（1）任务。用钢尺自直线上一点向外做垂线，如图 9-6 所示。

（2）操作步骤。采用“3-4-5”法。

1）用钢尺从 B 点向 A 点方向量取 4m，确定 M 点。

2）将一根钢尺 3m 刻画点对准 B 点，另一根钢尺的 5m 刻画点对准 M 点，两根钢尺的 0 刻画点对齐拉紧，确定 C 点，则 BC 即为 AB 的垂线。该测量方法俗称“3-4-5”法。

（3）操作要点。用钢尺距离交会的方法，需要注意以下问题：

1）已知方向上用“4”作底，在保障 3∶4∶5 比例不变的前提下，尽量选用较大尺寸。

2）钢尺要在同一平面内，拉力相同。

3）两个直角边要水平。

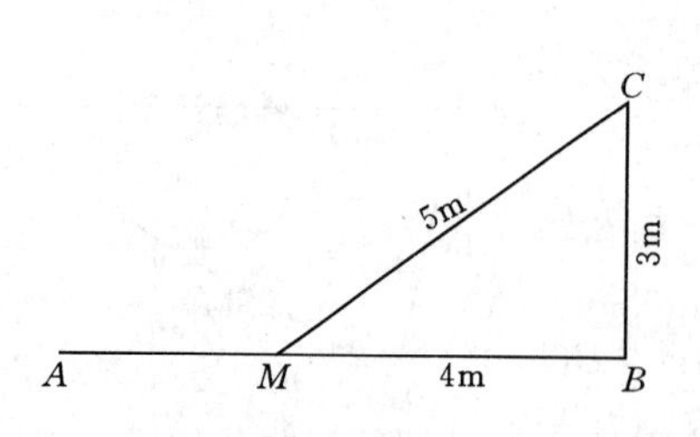

图 9-6　钢尺测设直线上一点的垂线

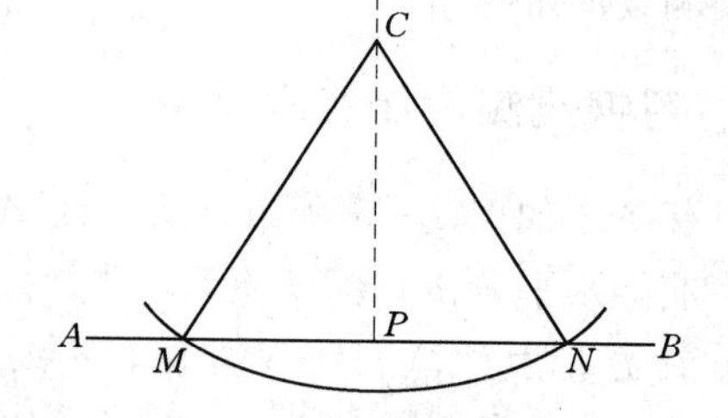

图 9-7　钢尺从某点做直线的垂线

六、用钢尺自直线外一点向直线做垂线

（1）任务。用钢尺自直线上一点 C 向直线 AB 做垂线，如图 9-7 所示。

（2）操作步骤。采用“圆弧中点”法。

1）用细绳连接 A、B 两点（或在地面上弹墨线）。

2）用细绳以 C 为圆心、适当长度为半径划弧，交 A、B 两点连线分别为 M、N 点。

3）用钢尺确定线段 MN 的中点 P，连接 C、P 两点，则 CP 即为所求的过直线外 C 点并与 AB 直线垂直的直线。

（3）操作要点。其实此法只用细绳就可以完成所有测量工作。

1）放线所用细绳不能有弹性，细绳要拉紧、拉平，不能抗线。

2）划弧半径要适中，使角 $\angle CMN=\angle CNM=60°$ 左右为最好。

工作任务三　已知高程的测设

一、任务

已知高程的测设是利用水准测量的方法，根据附近已知的水准点，将设计点的高程测设到地面上的过程。

二、特点

测设是根据施工现场已有的水准点引测的，它与水准测量不同的是：不是测定两固定点之间的高差，而是根据已知水准点，测设设计高程的点。在建筑设计和施工过程中，为了计算方便，一般把建筑的室内地坪标高用±0.000 表示，建筑其他部位的标高以±0.000 为依据进行测设。

三、测设方法

1. 一般情况

假设图纸上建筑室内地坪的高程为 10.500m，附近水准点 A 的高程为 10.250m，要

求将地坪标高测设到木桩上。

具体步骤如下：

（1）安置仪器。安置水准仪于已知点 A 和放样点之间，如图 9－8 所示。

（2）测量后视。瞄准已知点 A 上水准尺，读数得后视读数 $a=1.030$m。

（3）计算视线高。

$$H_i=H_A+a=10.250+1.030=11.280\text{m}$$

（4）计算前视。计算放样点 B 正确的水准尺读数。

$$b=H_i-H_B=11.280-10.500=0.780\text{m}$$

（5）测设点位。将水准尺贴靠在 B 点木桩的一侧，水准仪照准 B 点上的水准尺。当水准管气泡居中时，B 点上的水准尺上下移动，当十字丝中丝读数为 0.780m 时，此时水准尺底部就是所需要放样的高程点，紧靠尺底在木桩上划一道红线，此线就是室内地坪 ±0.000 标高的位置，如图 9－8 中的 C 点。

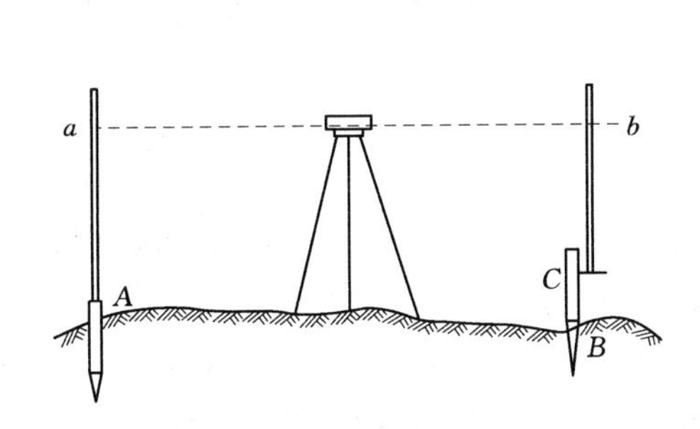

图 9－8 高程的测设

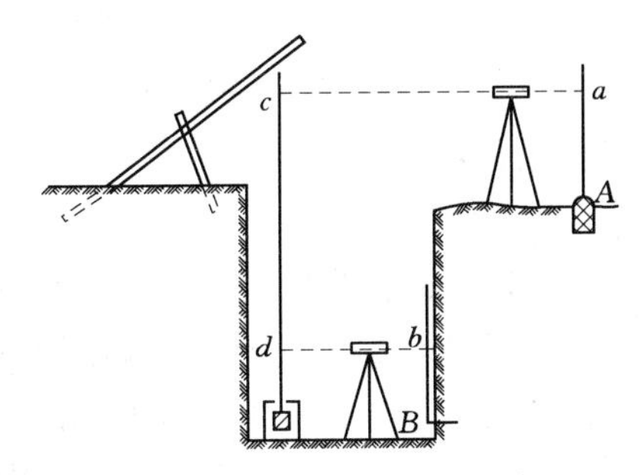

图 9－9 基坑高程放样

2. 向下传递

如果测设的高程点与已知水准点的高差很大，如向基坑传递高程时，可以用悬挂钢尺的方法进行高程放样。

测设方法：如图 9－9 所示，设已知水准点 A 的高程 H_A，基坑内 B 的设计高程为 H_B。在坑内、坑外分别架设两台水准仪，并且在坑内悬挂一根钢尺，使钢卷尺零点朝下，在尺的下端挂一个重锤（为了加少小钢尺的摆动，把重锤放在装有液体的小桶内）。观测时两台水准仪同时进行读数，用坑口上的水准仪读取 A 点水准尺和钢尺上的读数分别为 a 和 c，基坑内水准仪读取钢尺上的读数为 d，则放样 B 点高程时的前视的读数 b 应该为

$$b=H_A+a-(c-d)-H_B \tag{9-3}$$

所以，当坑内 B 点上的水准尺的读数为 b 时，该水准尺的底部即为需要放样的高程点 B。为了校核，可以采用改变钢尺悬吊位置，再采用上述方法进行测设，两次较差不应超过标准±3mm。

【例 9－4】 如图 9－9 所示，用两台水准仪向基坑传递高程，验测槽底 B 点相对高程。已知：水准点 A 高程 $H_A=46.315$m，±0＝46.550m。

【解】

（1）地面水准仪观测数据：后视读 $a=1.234$m，前视 $c=15.716$m。

地面水准仪的视线高：$H_{i1}=H_A+a=46.315+1.234=47.549$m。

(2) 坑下水准仪观测数据：后视读 $d=0.937$m，前视 $b=1.435$m。

坑下水准仪的视线高：$H_{i2}=H_{i1}-(c-d)=47.549-(15.716-0.937)=32.770$m。

(3) 计算 B 点高程：

B 点绝对高程：$H_B=H_{i2}-b=32.770-1.435=31.335$m。

B 点相对高程：$H'_B=H_B-\pm 0=31.335-46.550=-15.215$m。

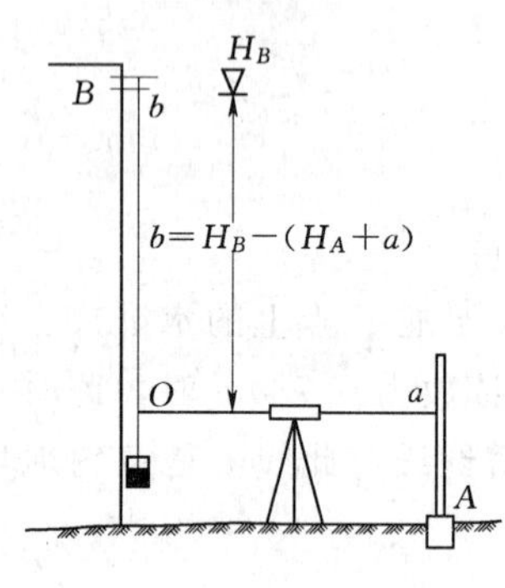

图 9-10　向上传递高程

3. 向上传递

当进行多层或高层建筑施工测量时，需要将地面上水准点的高程向建筑上传递。

测设方法：如图 9-10 所示，向建筑上 B 点处测设高程 H_B，可于该处悬吊钢尺，钢尺的零端向下，上下移动钢尺，最好使地面上水准仪中丝对准钢尺的 0 分划线位置，则钢尺上端读数 $b=H_B-(H_A+a)$ 时，该分划线所对的点即为测设高程 B 点位置。

为了检核，可采用改变悬吊钢尺位置的方法测设两次，如相差不超过 3mm，则取平均值。

【例 9-5】　参考图 9-10，地面水准点 A 的高程 $H_A=45.226$m，室内地坪 $\pm 0=46.213$m，校正建筑上 B 点的相对标高 $H_B'=15.236$m。

测量结果如下：安置水准仪如图 9-10 所示，第一次安置仪器测量：后视 $a=1.457$m，钢尺 O 点读数 0.000m，B 点读数 $b'=14.402$m；第二次安置仪器测量：后视 $a=1.354$m，钢尺 O 点读数 1.627m，B 点读数 $b'=16.134$m。

【解】　B 点的绝对高程：

$$H_B=\pm 0+H_B'=46.213+15.236=61.449\text{m}$$

第一次测量

$$b=H_B-(H_A+a)=61.449-(45.226+1.457)=14.766\text{m}$$

$$\Delta b_1=b-b'=14.766-14.402=0.364\text{m}$$

第二次测量

$$b=61.449-(45.226+1.354)+1.627=16.496\text{m}$$

$$\Delta b_2=b-b'=16.496-16.134=0.362\text{m}$$

结论：$|\Delta b_1-\Delta b_2|=0.002\text{m}<3\text{mm}$，合格。$\Delta b=(\Delta b_1-\Delta b_2)/2=0.363$m。说明，建筑上 B 点的位置比正确位置低了，需要提高 0.363m。

工作任务四　已知坡度的测设

测设指定的坡度线，在渠道、道路的建筑，敷设上、下水管道及排水沟等工程上应用较广泛。在工程施工之前，往往需要按照设计坡度在实地测设一定密度的坡度标志点（即设计的高程点）连成坡度线，作为施工的依据。坡度线的测设是根据附近水准点的高程、设计坡度和坡度端点的设计高程，应用水准测量的方法将坡度线上各点的设计高程标

定在地面上，实质是高程放样的应用。其测设的方法有水平视线法和倾斜视线法两种。

一、水平视线法

(1) 任务。如图 9－11 所示，A、B 为设计的坡度线的两端点，其设计高程分别为 H_A、H_B，AB 设计坡度为 i，为施工方便，要在 AB 方向上每隔一定距离 d 钉一个木桩，要在木桩上标定出坡度线。此法利用水准仪进行测设。

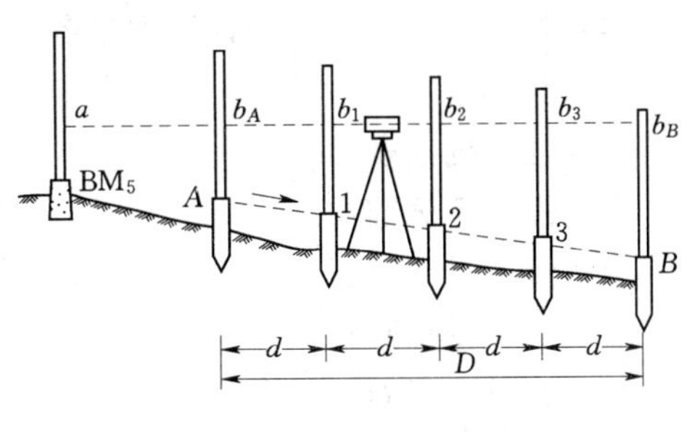

图 9－11　视线水平放坡图

(2) 测量方法。施测方法如下：

1) 沿 AB 方向，用钢尺定出间距为 d 的中间点 1、2、3 位置，并打下木桩。

2) 计算各桩点的设计高程 H，即

$$H_1 = H_A + id$$
$$H_2 = H_1 + id$$
$$H_3 = H_2 + id$$
$$H_B = H_3 + id$$

作为校核有

$$H_B = H_A + iD \tag{9-4}$$

坡度 i 有正负之分（上坡为正，下坡为负），计算设计高程时，坡度应该连同符号一块计算。

3) 在水准点的附近安置水准仪，后视读数 a，利用视线高计算各点的正确读数。

4) 将水准尺分别靠在各木桩的侧面，上下移动水准尺，直至水准尺读数为计算的正确读数时，便可以沿水准尺底面画一条横线，各横线连线即为 AB 设计坡度线。

【例 9－6】　如图 9－11 所示，已知水准点 BM_5 的高程 H_5＝10.283m，设计坡度线两端点 A、B 的设计高程分别为 H_A＝9.800m，H_B＝8.840m，A、B 两点间水平距离 D＝80m，AB 设计坡度为 AB＝－1.2%，为使施工方便，要在 AB 方向上每隔 20m 距离钉木桩，试在各木桩上标定出坡度线。

【解】

(1) 计算各桩点的高程。

第 1 点的设计高程　　$H_1 = H_A + i_{AB}d = 9.560\text{m}$

第 2 点的设计高程　　$H_2 = H_1 + i_{AB}d = 9.320\text{m}$

第 3 点的设计高程　　$H_3 = H_2 + i_{AB}d = 9.080\text{m}$

B 点的设计高程　　$H_B = H_3 + i_{AB}d = 8.840\text{m}$

校核：　　$H_B = H_A + i_{AB}D = 8.840\text{m}$

(2) 沿 AB 方向，用钢尺定出间距为 d＝20m 的中间点 1、2、3 的位置，打下木桩。

(3) 安置水准仪于水准点 BM_5 附近，读后视 a＝0.855m，则视线高

$$H_i = H_5 + a = 11.138\text{m}$$

（4）根据各点设计高程计算测设各点的正确前视。

$$b_j = H_i - H_j$$

A 点的正确前视　　$b_A = 11.138 - 9.800 = 1.338\text{m}$

第 1 点的正确前视　　$b_1 = 11.138 - 9.560 = 1.578\text{m}$

第 2 点的设计高程　　$b_2 = 11.138 - 9.320 = 1.818\text{m}$

第 3 点的设计高程　　$b_3 = 11.138 - 9.080 = 2.058\text{m}$

B 点的设计高程　　$b_B = 11.138 - 8.840 = 2.298\text{m}$

（5）水准尺分别紧贴各点木桩的侧面，上下移动直至读数为 b_j 时，在尺地面用红蓝铅笔画一横线，各木桩上横线连接起来即为 AB 设计坡度线。

二、倾斜视线法

（1）任务。如图 9-12 所示，A、B 为坡度线的两端点，其水平距离为 D，A 点的高程为 H_A，要沿 AB 方向测设一条坡度为 i 的坡度线，则先根据 A 点的高程、坡度 i 及 A、B 两点间的水平距离计算出 B 点的设计高程，再按测设已知高程的方法，将 A、B 两点的高程测设在地面的木桩上。

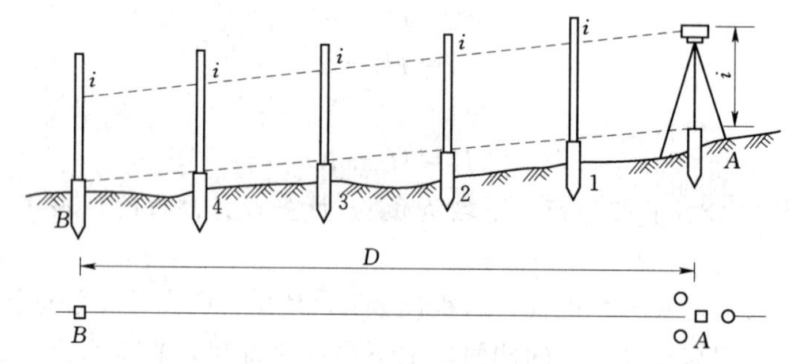

图 9-12　视线倾斜放坡法

（2）测设方法。将经纬仪安置在 A 点，量取仪器高 j，望远镜照准 B 点水准尺读数为 j（注意水准尺的底部应与 B 点木桩上的标定点对齐），制定经纬仪的水平制动螺旋和望远镜的制动螺旋，此时，仪器的视线与设计坡度线平行。在 AB 方向的中间各点 1、2、3、…的木桩侧面立尺，上、下移动水准尺，直至尺上读数等于仪器高 j 时，沿尺子底面在木桩上画一红线，则各桩红线的连线就是设计坡度线。

地物平面位置的放样，就是在实地测设出地物各特征点的平面位置，作为施工的依据。

工作任务五　平面点位的测设

测设点平面位置的方法通常有直角坐标法、极坐标法、角度交会法、距离交会法等。

一、直角坐标法

1. 基本方法

当建筑场地的施工控制网为方格网或轴线网形式时，采用直角坐标法放线最为方

便。如图 9－13 所示，A、B、C、D 为方格网点，现在要在地面上测出一点 M。为此，沿 BC 边量取 BM'，使 BM' 等于 M 与 B 横坐标之差 Δx，然后在 M' 安置经纬仪测设 BC 边的垂线，在垂线上量取 $M'M$，使 $M'M$ 等于 M 与 B 纵坐标之差 Δy，则 M 点即为所求。

用直角坐标法测定一已知点的位置时，只需要按其坐标差数量取距离和测设直角。

2. 特点

直角坐标法的优点是计算简便，施测方便，精度可靠；缺点是安置一次经纬仪只能测设 90°方向的点位，搬站次数多，工作效率低。所以，该法适应于矩形布置的场地与建筑，且与定位依据平行或垂直。

直角坐标法就是根据已知点与待定点的纵横坐标之差，测设地面点的平面位置。它适用于施工控制网为建筑方格网（即相邻两控制点的连线平行于坐标轴线的矩形控制网）或建筑基线的形式，并且量距方便的地方。如图 9－14 所示，A、B、C、D 为建筑方格网点，a、b、c、d 为需要测设的某建筑的四个角点，根据设计图上各点的坐标，可求出建筑的长度、宽度及其测设的数据。

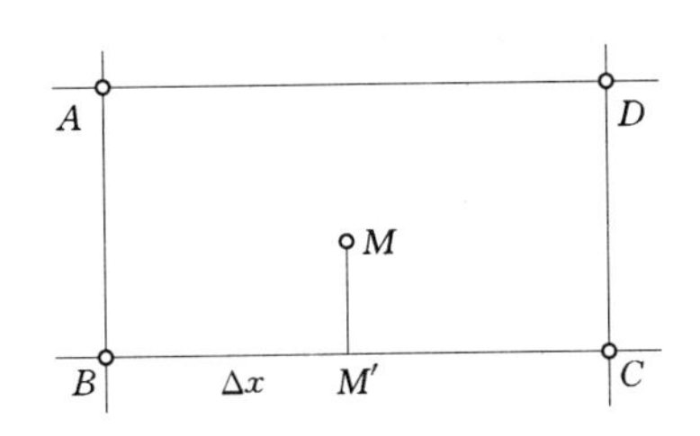

图 9－13　直角坐标法思路图

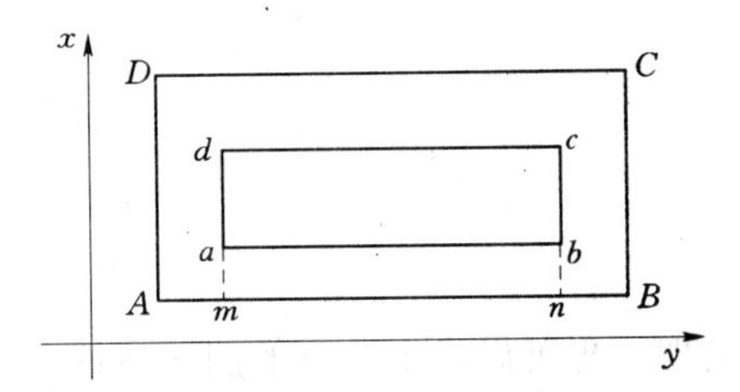

图 9－14　直角坐标法放线

【例 9－7】　如图 9－14 所示，A、B、C、D 为网格点，测设 $abcd$ 建筑。现以 a 点为例说明测设方法。

已知：A（600.00，500.00），C（700.00，600.00），a（620.00，530.00）。

【解】　因为网格平行于坐标轴，所以，已知 A、C 两点坐标，便可算出 B、D 两点坐标。因为 B 点的纵坐标与 A 点相同，B 点的横坐标与 C 点相同，D 点的纵坐标与 C 点相同，D 点的横坐标与 A 点相同。所以，得到 B（600.00，600.00），D（700.00，500.00）。

（1）计算放样数据。A 点与 a 点的坐标差计算如下

$$\Delta x = x_a - x_A = 620.00 - 600.00 = 20.00\text{m}$$

$$\Delta y = y_a - y_A = 530.00 - 500.00 = 30.00\text{m}$$

（2）在 A 点安置经纬仪。照准 B 点定线，沿此方向量取 Δy（30.00m）定出 m 点。

（3）安置仪器于 m 点。瞄准 B 点，向左测设 90°角，成为 ma 方向线，在该方向线上测设长度 Δx（20.00m），即得 a 点的位置。

用同样的方法，可以测设建筑其他各点的位置。最后检查建筑四角是否等于 90°，各边长度是否等于设计长度，其误差均应在限差内。

二、极坐标法

1. 基本方法

极坐标法是根据已知水平角和水平距离测设地面点的平面位置，适合于量距方便，并且测设点距控制点较近的地方。其原理是根据已知地面点坐标和待放样点坐标，用坐标反算公式分别计算直线的坐标方位角和两条直线方位角间的水平夹角，用距离公式计算两点间的距离，然后在地面测设放样。

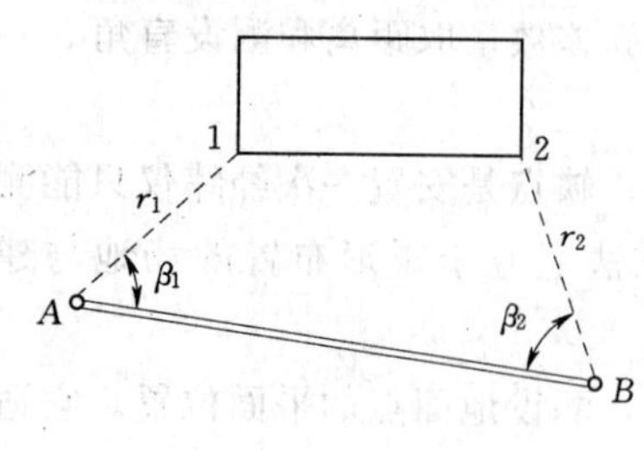

图 9-15 极坐标法

如图 9-15 所示，1、2 是建筑轴线交点，A、B 为附近的控制点。1、2、A、B 点的坐标已知，欲测设 1 点，其方法步骤如下：

(1) 计算放样元素 β_1 和 r_1。根据已知点 A、B 和待放样点 1 的坐标，用坐标方位角公式分别计算支线 AB 和 $A1$ 的坐标方位角 α_{A1} 和 α_{AB}

$$\begin{cases}\alpha_{A1}=\arctan\dfrac{y_1-y_A}{x_1-x_A}\\[2ex]\alpha_{AB}=\arctan\dfrac{y_B-y_A}{x_B-x_A}\end{cases}\tag{9-5}$$

$$\beta_1=\alpha_{AB}-\alpha_{A1}\tag{9-6}$$

$$r_1=\sqrt{(x_1-x_A)^2+(y_1-y_A)^2}\tag{9-7}$$

同理，也可以求出 2 点的测设数据 β_2 和 r_2。

(2) 在已知点 A 上安置经纬仪，后视 B 点放样水平角 β_1，得出 $A1$ 方向线。

(3) 以 A 点为起点，沿 $A1$ 方向线测设 r_1 的水平距离得到 1 点。

测设时，在 A 点安置经纬仪，瞄准 B 点，向左测设 β_1 角，由 A 点起沿视线方向测设距离 r_1，即可以定出 1 点。同样，在 B 点安置仪器，可以定出 2 点。最后丈量 1、2 点间水平距离与设计长度进行比较，其误差应该在限差内。

2. 特点

极坐标法的优点是，只要通视、容易量距，安置一次仪器可测多个点位，效率高，适应范围广，精度均匀，没有误差积累；缺点是计算工作量大且繁琐。该法适应于各种定位条件及各种形状建筑的放线。

【例 9-8】 图 9-16 为风车型高层住宅楼的平面示意图。先用极坐标法说明放线步骤。

【解】

(1) 由于风车楼是以中心点 O 对称的中心对称图形，南北和东西长均为 29.700m，故图中：$O1=O1'=O7=O7'=14.850$m，并由此可得出 $d_{12}=8.750$m 及 1、2、…、7 点的直角坐标 (y，x)，见表 9-1。

(2) 将点的直角坐标 (y，x) 按反算公式 (9-5) ～式 (9-7) 换算成极坐标 (r，α)，填入表 9-1。

(3) 在风车楼的对称中心 O 点安置经纬仪，以 0°00′00″后视 Ox 方向并在视线方向

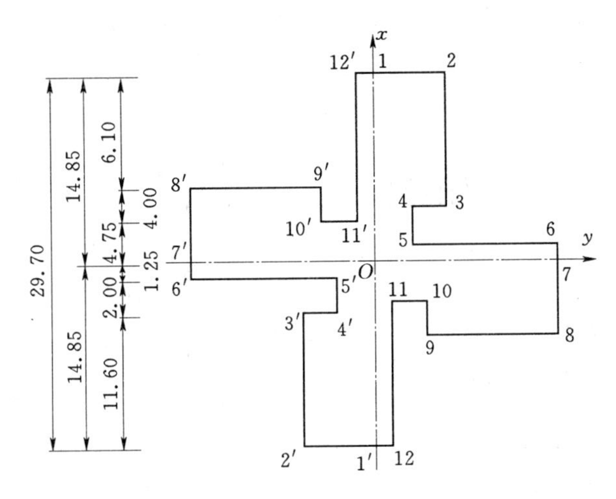

图 9－16　极坐标法测设风车楼

上量取 14.850m，定出 1 点；仪器旋转使度盘读数为 30°30′28″，并在视线方向上量取 17.236m，定出 2 点，实量 1、2 两点之间的长度 8.750m，作为校核。按表 9－1 中数据，同理可定出其他各点。

表 9－1　　**极坐标法测设点位坐标计算表**

测站	后视	点名	直角坐标（y，x）		极坐标（r，α）		间距 D（m）	注
			横坐标 y	纵坐标 x	极距 d（m）	极角 α		
O	x		0.000			0° 00′ 00″		x 已知方向
			0.000	0.000	0.000			已知坐标原点
		1	0.000	14.850	14.850	0° 00′ 00″	14.850	
		2	8.750	14.850	17.236	30°30′ 28″	8.750	
		3	8.750	3.250	9.334	69° 37′ 25″	11.600	
		4	4.750	3.250	5.755	55° 37′ 11″	4.000	
		5	4.750	1.250	4.912	75° 15′ 23″	2.000	
		6	14.850	1.250	14.903	85° 11′ 18″	10.100	
		7	14.850	0.000	14.850	90° 00′ 00″	1.250	
		O	0.000	0.000	0.000		14.850	

（4）每测设一点后，立即校正与前一点的水平间距作为校核。在一个测站上，完成所有点放样后，应校正起始方向读数是否仍为 0°00′00″。

（5）利用风车楼中心对称的特点，可以完成其他各点的测设，提高工作效率。

（6）放样 7～12 点时，可使用 1～6 的极距，极角相应增加 90°00′00″；放样 1′～6′点时，可使用 1～6 的极距，极角相应增加 180°00′00″；放样 7′～12′点时，可使用 1～6 的极距，极角相应增加 270°00′00″。

【例 9－9】　如图 9－17 所示，设 F、G 为施工现场的平面控制点，其坐标为：$x_F=346.812$m，$y_F=225.500$m；$x_G=358.430$m，$y_G=305.610$m。P、Q 为建筑主轴线端点，

其设计坐标为：$x_P=370.000\text{m}$，$y_P=235.361\text{m}$；$x_Q=376.000\text{m}$，$y_Q=285.000\text{m}$。

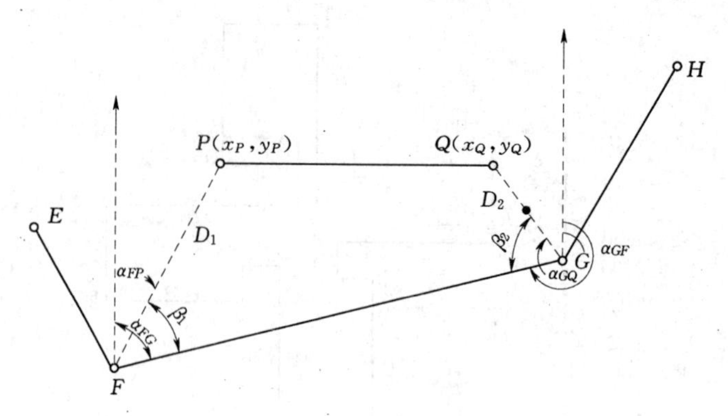

图 9-17　极坐标法测设点位

【解】　用极坐标法测设 P、Q 点平面位置的步骤如下：

(1) 根据控制点 F、G 的坐标和 P、Q 的设计坐标，计算测设所需的数据 β_1、β_2 及 D_1、D_2。

1）计算 FG、FP、GQ 的坐标方位角

$$\alpha_{FG}=\arctan\frac{y_G-y_F}{x_G-x_F}=\arctan\frac{+80.110}{+11.618}=81°44'53''$$

$$\alpha_{FP}=\arctan\frac{y_P-y_F}{x_P-x_F}=\arctan\frac{+9.861}{+23.188}=23°02'18''$$

$$\alpha_{GQ}=\arctan\frac{y_Q-y_G}{x_Q-x_G}=\mathrm{acrtan}\frac{-20.610}{+17.570}=310°26'51''$$

2）计算 β_1、β_2 的角值

$$\beta_1=\alpha_{FG}-\alpha_{FP}=81°44'53''-23°02'18''=58°42'35''$$

$$\beta_2=\alpha_{GQ}-\alpha_{GF}=310°26'51''-261°44'53''=48°41'58''$$

3）计算距离 D_1、D_2

$$D_1=\sqrt{(x_P-x_F)^2+(y_P-y_F)^2}=\sqrt{(23.188)^2+(9.861)^2}=25.198\text{m}$$

$$D_2=\sqrt{(x_Q-x_G)^2+(y_Q-y_G)^2}=\sqrt{(17.570)^2+(20.610)^2}=27.083\text{m}$$

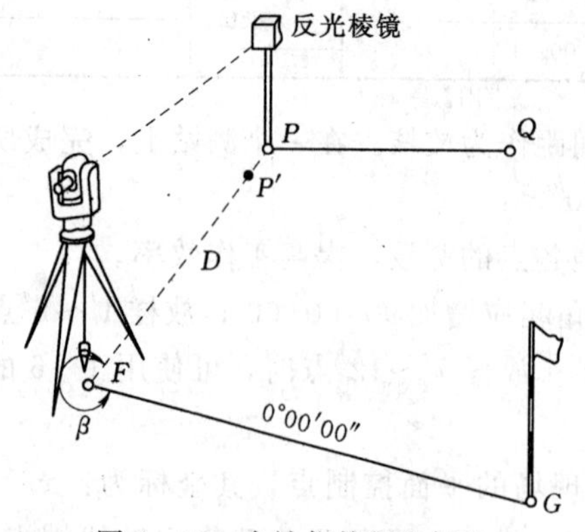

图 9-18　全站仪按极坐标法

(2) 经纬仪测设法。将经纬仪安置于 F 点，瞄准 G 点，按逆时针方向测设 β_1 角，得到 FP 方向；再沿此方向测设水平距离 D_1，即得到 P 点的平面位置。用同样方法测设出 Q 点。然后丈量 PQ 之间的距离，并与设计长度相比较，其差值应在容许范围内。

(3) 全站仪测设法。如果使用全站仪按极坐标法测设点的平面位置，则更为方便。如图 9-18 所示，设欲测设 P 点的平面位置，其施测步骤如下：

1）把电子速测仪安置在 F 点，瞄准 G 点，水

平度盘安置在 $0°00'00''$。

2）将控制点 F、G 的坐标和 P 点的设计坐标输入电子速测仪，即可自动计算出测设数据水平角 β 及水平距离 D。

3）测设已知角度 β（仪器能自动显示角值），并在视线方向上指挥持反光棱镜者把棱镜安置在 P 点附近的 P' 点。如果持镜者的棱镜可以显示 FP' 的水平距离 D'，就可根据 D' 与 D 之间的差值 ΔD，由持镜者用小钢尺在视线方向上对 P 点点位进行改正。若棱镜无水平距离显示，则可由观测者按算得的 ΔD 值指挥持镜者移动至 P 点位置。

三、角度交会法

1. 基本方法

角度交会法又称前方交会法，是根据前方交会的原理，分别在两个控制点上用经纬仪测设两条方向线，两条方向线相交得出待测设点的平面位置。它的放样元素是两个已知角，其值根据两个已知点和待测设点的坐标计算得到。

如图 9－19 所示，设 P 点为桥墩的中心位置，其设计坐标为 $P(x_P, y_P)$，A、B 为岸边上两个控制点，其坐标设为 $A(x_A, y_A)$、$B(x_B, y_B)$。现要根据控制点 A、B 测设位于河流中的 P 点位置。具体步骤如下：

(1) 放样元素的计算。按照坐标反算公式［参照式(9－5)］分别计算各边的坐标方位角 α_{AB}、α_{AP} 和 α_{BP}，则有

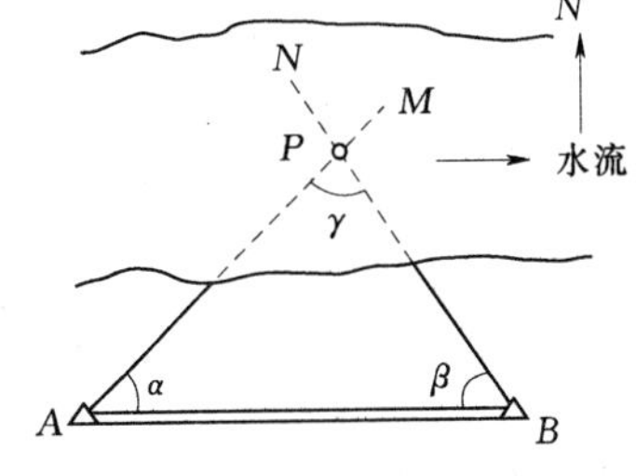

图 9－19　角度交会法

$$\alpha_{AB}=\arctan\frac{y_B-y_A}{x_B-x_A},\alpha_{AP}=\arctan\frac{y_P-y_A}{x_P-x_A},\alpha=\alpha_{AB}-\alpha_{AP}$$

$$\alpha_{BP}=\arctan\frac{y_P-y_B}{x_P-x_B},\alpha_{BA}=\arctan\frac{y_A-y_B}{x_A-x_B},\beta=\alpha_{BP}-\alpha_{BA}$$

画出放样草图，即将前方交会图形画出，并标注出各点坐标、三角形边长以及放样角度 α 和 β。

(2) 测设方法。在 A 点安置经纬仪对中整平后，后视 B 点归零，反拨望远镜使其水平读盘读数为 $360°-\alpha$ 得方向线 AM。在 B 点安置经纬仪对中整平，后视 A 点归零，正拨望远镜使水平读盘为 β 得方向线 BN，则 AM 和 BN 的交点即为待测设点 P 的位置。

2. 校正方法

为了提高测设点位的精度，进行角度交会定位时往往采用如图 9－20 所示的用三个点进行交会，由于测设误差，若三条方向线不交于一点时，会出现一个很小的三角形，称为误差三角形。当误差三角形边长在允许范围内时，可取误差三角形的重心作为点位。

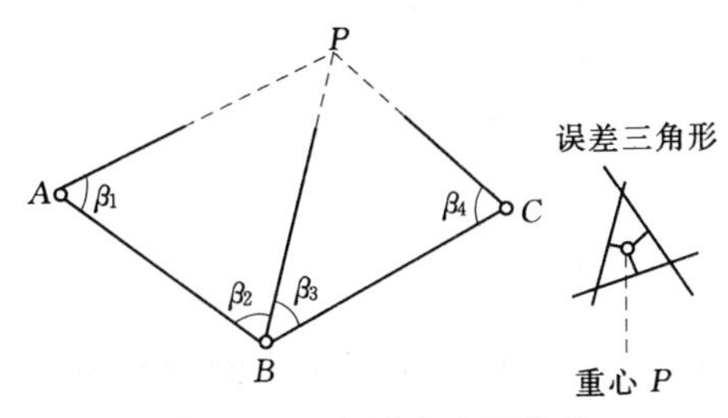

图 9－20　角度交会的取点

3. 特点

角度交会法的优点是不用两边，长距离测设时精度高于两边；缺点是计算工作量大，交会角

度容易受地形限制，一般交会角应控制在120°～150°。此法适合于测设点离控制点较远或量距较困难的地形条件。

实际操作时，用两台经纬仪同时测量进行交会，不但可以提高效率，还可以提高测设精度。

【例9-10】 图9-21中，已知控制点M（107566.600，96395.090）、N（107734.260，96396.900），$\alpha_{MN}=0°37'07''$，待测点P（107620.120，96242.570）。计算α_{MP}及β、S之值。

【解】 利用式（9-5）和式（9-7）计算如下

$$\alpha_{MP}=\arctan\frac{y_P-y_M}{x_P-x_M}$$

$$=\arctan\frac{96242.570-96395.090}{107620.120-107566.600}$$

$$=289°20'10''$$

$$\alpha_{MN}=\arctan\frac{y_N-y_M}{x_N-x_M}$$

$$=\arctan\frac{96396.900-96395.090}{107734.260-107566.600}=0°37'07''$$

因此，$\beta=\alpha_{MN}-\alpha_{MP}=0°37'07''+360-289°20'10''=71°16'57''$

$$S=\sqrt{(x_P-x_M)^2+(y_P-y_M)^2}$$

$$=\sqrt{(107620.120-107566.600)^2+(96242.570-96395.090)^2}$$

$$=161.638\text{m}$$

说明：实际计算数据较多时，可以利用Excel进行计算，将非常方便。

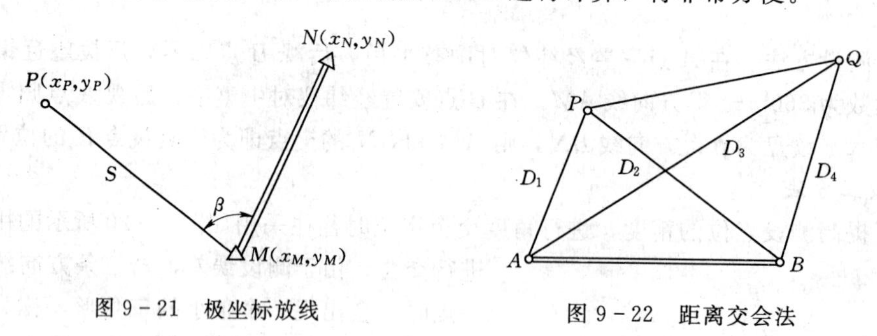

图9-21 极坐标放线　　图9-22 距离交会法

四、距离交会法

1. 基本方法

如图9-22所示，根据测设点P、Q和控制点A、B的坐标，可以求出测设数据D_1、D_2、D_3、D_4。

(1) 使用两把钢尺，其零刻画线分别对准控制点 A、B，将钢尺拉平，分别测设水平距离 D_1、D_2，其交点即为测设点 P。

(2) 同法，将钢尺零刻画线分别对准控制点 A、B，分别测设水平距离 D_3、D_4，其交点即为测设点 Q。

(3) 实地量测 PQ 水平距离与其测设长度进行比较后校核，要求其误差应该在限差范围内。

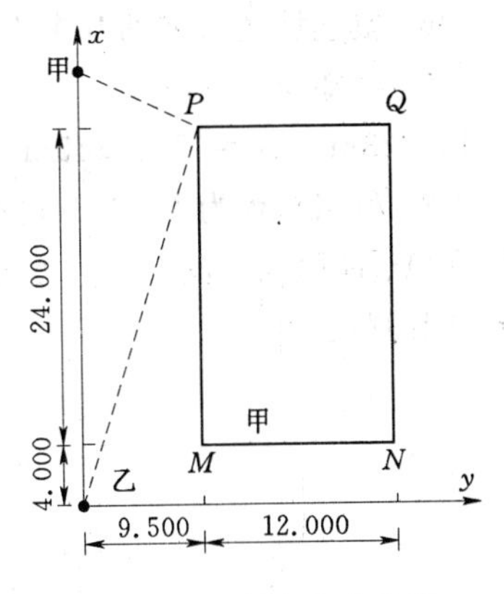

图 9-23 距离交会放样

2. 特点

距离交会法的优点是不用经纬仪，操作简便，测设速度快，精度可靠但不高；缺点是受地形限制，局限性比较大。建筑场地平坦，量距方便，且控制点离测设点又不超过一个整尺的长度时，用此法比较适宜。在施工中细部位置测设常用此法。

【例 9-11】 如图 9-23 所示，用距离交会法测设出建筑的位置。已知数据：

甲 (39.000，0.000)，乙 (0.000，0.000)

M (4.000，9.5000)，N (4.000，21.500)

Q (28.000，21.500)，P (28.000，9.500)

【解】

(1) 根据已知数据，按式 (9-7) 计算甲、乙分别与 M、N、Q、P 的距离，见表 9-2。

(2) 用两根钢尺分别以甲、乙为起点，以 36.266m 和 10.308m 交会 M 点位置，同理，可测设出其他各点。

(3) 用钢尺实际量取建筑四边和对角线长度，校核 M、N、Q、P 各点的放线。

表 9-2 距离交会点位距离计算表

点名 / 交会起点	M	N	Q	P
甲	36.266	41.076	24.150	14.534
乙	10.308	21.869	35.302	29.568

【技 能 训 练】

1. 什么是施工测量？测设的基本工作包括哪些内容？
2. 在地面上测设点的平面位置常用的方法有几种？各是什么？并说明其适用范围。
3. 试叙述测设水平角的原理及一般方法的步骤（绘图说明）。
4. 叙述高程放样的基本方法。
5. 叙述点位放样的基本方法。

6. 叙述坡度放样的基本方法。

7. 已知 $x_A=1125.605\text{m}$，$y_A=1743.644\text{m}$；$x_B=1075.364\text{m}$，$y_B=1839.642\text{m}$；$x_P=1016.823\text{m}$，$y_P=1778.345\text{m}$，求$\angle BAP$和A、P点间的距离。

8. 利用高程为 48.275m 的水准点 A，欲测设出高程为 49.327m 的 B 点。若水准仪安置在 A、B 两点之间，A 点水准尺读数为 1.250m，问 B 点水准尺读数应是多少，并绘图叙述其测设过程。

学习情境十　渠　道　测　量

【知识目标】

1. 了解渠道测量的基本过程
2. 掌握中线测量的基本方法
3. 明确圆曲线的测设要素的含义

【能力目标】

1. 掌握中线测量的基本方法
2. 掌握圆曲线主点的测设方法
3. 掌握横断面的测量方法

工作任务一　渠道测量概述

渠道测量是指供水明渠的勘测、设计、施工等的测量工作。渠道设计与渠道测量的关系如图 10－1 所示。铁路、公路、输电线路、各种用途的管道工程等的测量方法与此类似，可以参照进行。

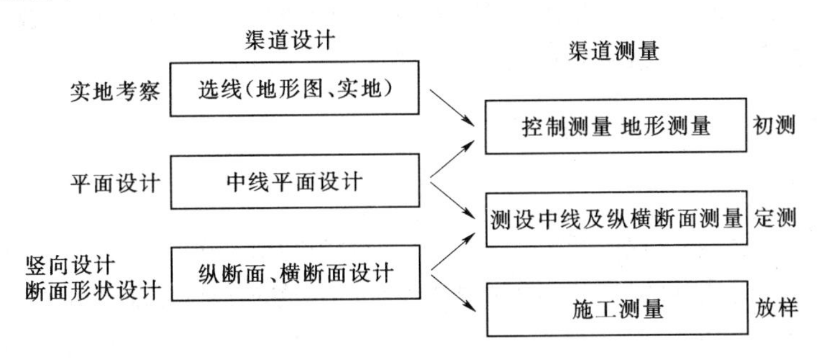

图 10－1　渠道设计与渠道测量关系

一、渠道测量的任务和内容

渠道测量是为渠道的设计和施工服务的。

1. 渠道测量的任务

(1) 为渠道工程的设计提供地形图和断面图。

(2) 按设计位置要求将渠道测设于实地，即放样测量，属于施工测量的范畴。

2. 渠道测量的工作内容

(1) 资料收集。收集规划设计区域各种比例尺地形图、平面图和断面图资料，收集沿线水文、地质以及控制点等有关资料。如果没有现成地形图，还需要现场测绘。

(2) 初步设计。根据工程要求，利用地形图，结合现场勘察，在中小比例尺图上确定规划路线走向，编制比较方案等初步设计。

(3) 控制测量。根据设计方案在实地标出线路的基本定向，沿着基本定向进行控制测量，包括平面控制测量和高程控制测量。

(4) 地形图测绘。根据渠道工程的需要，沿基本定向测绘带状地形图或平面图，比例尺根据不同工程的实际要求选定。

(5) 中线测量。根据定线设计把渠道中心线上的各类点位测设到实地，称为中线测量。中线测量包括线路起止点、转折点、曲线主点和线路中心里程桩、加桩等。

(6) 纵横断面图测绘。根据工程需要测绘线路断面图和横断面图，比例尺依据工程的实际要求确定。

(7) 施工测量。根据线路工程的详细设计进行施工测量。工程竣工后，对照工程实体测绘竣工平面图和断面图。

二、渠道测量的基本特点

(1) 完整性。测量工作贯穿于整个工程建设的各个阶段。资料收集、设计、施工各个阶段都需要测量的支持。

(2) 阶段性。这种阶段性既是测量技术本身的特点，也是渠道设计过程的需要。体现了阶段性，反映了实地勘察、平面设计、竖向设计与初测、定测、放样各阶段的对应关系。阶段性有测量工作反复进行的含义。

(3) 渐近性。渠道工程从规划设计到施工、竣工经历了一个从粗到精的过程。其工程的完美设计是逐步实现的。完美设计需要勘测与设计的完美结合，设计技术人员懂测量，测量技术人员懂设计，完美结合在渠道工程建设的过程中实现。

三、渠道测量的基本过程

1. 规划选线阶段

规划选线阶段是线路工程的开始阶段，一般内容包括图上选线、实地勘察和方案论证。

(1) 规划选线应注意的问题。勘测选线的任务是在实地确定渠道中心线的位置。

1) 考虑渠道沿线的自然条件，主要包括地形、地质、土壤、水文等因素。渠线尽可能避免通过土质松散、渗漏严重的地段；灌溉渠道应尽可能位于灌区地势较高的地方，以便自流灌溉；而排水渠道应选在地势较低的地方。

2) 考虑渠道设计规格、设计高程、坡度等因素。

3) 考虑沿线经过地方要少占良田、居民点等。

4) 做到工程量少，节省资金。

(2) 规划选线的过程。分为图上选线、实地勘察、方案论证三个阶段。

1) 图上选线阶段。在调查前，应广泛搜集与线路有关地区的资料，如各种比例尺地形图、地质资料、土地利用现状图、土地总体规划设计方案等。对上述资料要进行全面分析和研究，可根据渠道的方向、坡度和地形情况，在图上初步选线，在图上确定渠道的起止点和转折点，然后再到实地进行现场勘测和修订选线。现实性好的地形图是规划选线的

重要根据，为渠道工程初步设计提供地形信息，并可依此估算线路长度、选线方案的建设投资费用等。

2）实地勘察阶段。踏勘选线就是在图上初步选线的基础上，到现场实地考察，看初步选定的线路是否合理，最后加以肯定或修改。如线路距离短、等级低、走向明确且地形简单的地区，也可以直接到实地去踏勘选线，而不用经过图上选线这一过程。渠道经过踏勘选线后，要在地面上确定出线路的起止点、转折点，并根据附近的地形与地物情况绘制渠道草图。另外，对起点、终点及重要的转折点，应绘点注记图，以便施工时找寻点位。

3）方案论证阶段。根据图上选线和实地勘察的全部资料，结合建设单位的意见进行方案比较、论证，最后确定比较合理、经济的规划线路方案。

2. 勘测阶段

勘测通常分初测和定测两个阶段。

（1）初测阶段。在确定的规划线路上进行勘测、设计工作。主要技术工作有：控制测量和带状地形图的测绘，为线路工程设计、施工和运营提供完整的控制基准及详细的地形信息，进行图上定线设计，在带状地形图上确定线路中线直线段及其交点位置，标明直线段连接曲线的有关参数。

图 10-2 所示为某渠道的带状地形图局部，贯穿首尾的粗线是定线设计的渠道中线。图中的 K_l、K_2 等是导线点，BM_l 等是水准点，JD 是直线段的交点，在 JD 两侧的 ZH、HY、QZ、YH、HZ 表示与直线段相连的曲线主点。

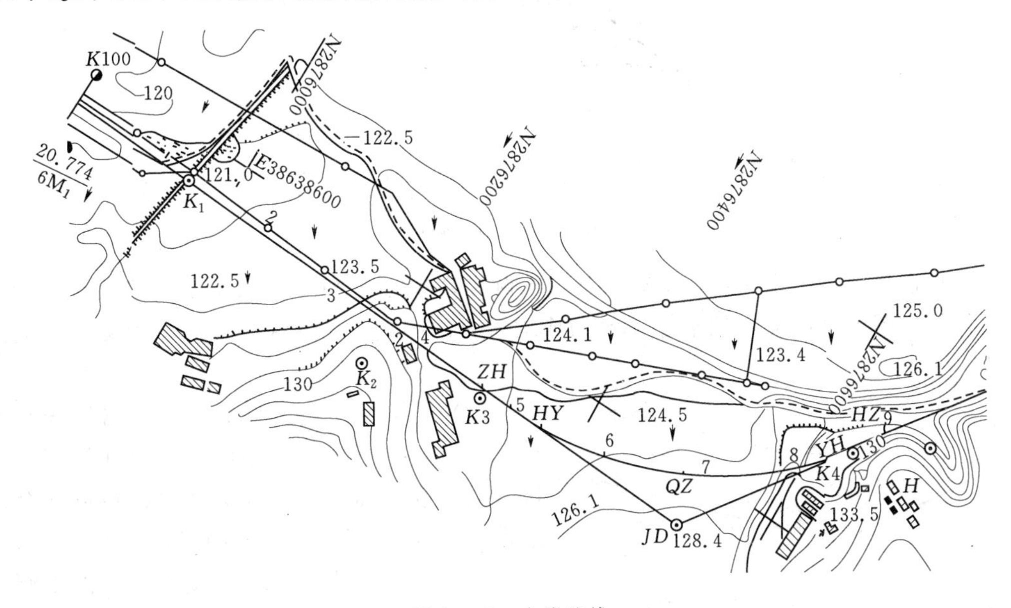

图 10-2 中线选线

（2）定测阶段。主要的技术工作内容是将定线设计的渠道中线放样于实地；进行线路的纵、横断面测量。

3. 渠道工程的施工放样阶段

根据施工设计图纸及有关资料，在实地放样渠道工程的边桩、边坡及其他的有关点位

指导施工，保证线路工程建设顺利进行。

工作任务二　中　线　测　量

经过渠道选线，路线的起点、转折点、终点在地面上确定之后，可通过测角、量距把路线中心线的平面位置用一系列木桩在实地标定出来，这一工作称为路线的中线测量。中线测量的主要任务是要测出线路的长度和转角的大小，并在线路转折处设置曲线。

一、中线交点的测设

如图 10－3 所示，线路的转折点称为交点，它是布设线路、详细测设直线和曲线的控制点。一般先在带状地形图上进行纸上定线，然后实地标定交点位置。

定线测量中，当相邻两交点互不通视或直线较长时，需要在其连线上测定一个或几个转点，以便在交点测量转折角和直线量距时作为照准和定线的目标。直线上一般每隔 200～300m 设一转点。在中线与其他线路交叉处以及中线上需设置构筑物（如桥、涵等）时，也要设置转点。

由于定位条件和现场情况的不同，交点测设的方法也要灵活多样，工作中应根据实际情况合理选择测量方法。

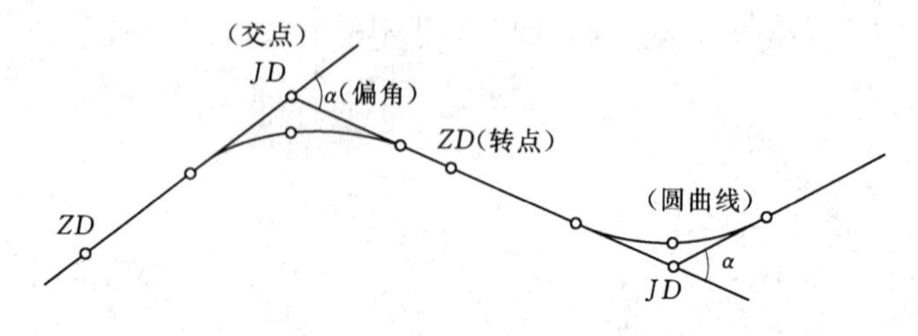

图 10－3　中线测设

（1）根据地物测设交点。根据交点与地物的关系测设交点。交点的位置已在地形图上确定，可在图上量出交点到附近建筑物或构筑物的距离，据此在现场测量处交点的实际位置。

（2）根据导线点测设交点。根据导线点和交点的设计坐标，反算出距离、角度等有关测设数据，按坐标法、角度交会法或距离交会法测设出交点的实际位置，如图 10－4 所示。

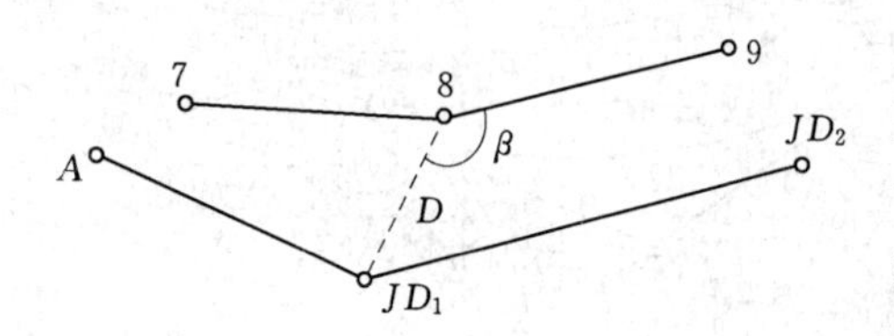

图 10－4　根据导线点测设交点

按上述方法依次测设各交点时，由于测量和绘图都带有误差，测设交点越多，距离越远，误差积累就越大。因此，在测设一定里程后，应和附近导线点联测。联测闭合差限差与初测导线相同。限差符合要求后，应进行闭合差的调整。

（3）穿线交点法测设交点。穿线交点法是利用图上就近的导线点或地物点与纸上定线的直线段之间的角度和距离关系，用图解法求出测设数据，通过实地的导线点或地物点，把中线的直线段独立地测设到地面上，然后将相邻直线延长相交，定出地面交点桩的位置。

二、中线转点的测设

在相邻交点间距离较远或不通视的情况下，需在其连线上测设一些供放线、交点、测角、量距时照准之用的点，这样的点称为转点。如图 10－5 所示，JD_1、JD_2 为相邻不通视的交点，ZD'为初定转点，现欲在不移动交点的条件下精确定出转点 ZD，具体方法：将经纬仪安置于 ZD'，后视 JD_1，用正倒镜分中法得 JD_2'，用视距法测定前后交点与 ZD'的视距分别为 D_1、D_2。如果 JD_2'与 JD_2 的偏差为 f，则 ZD'应横移的距离 e 按相似三角形很容易求得。

按计算值 e 移动 ZD'定出 ZD，然后将仪器移至 ZD，检查 ZD 是否位于两交点之连线上，如果偏差在容许范围内，则 ZD 可作为 JD_1 与 JD_2 间的转点。

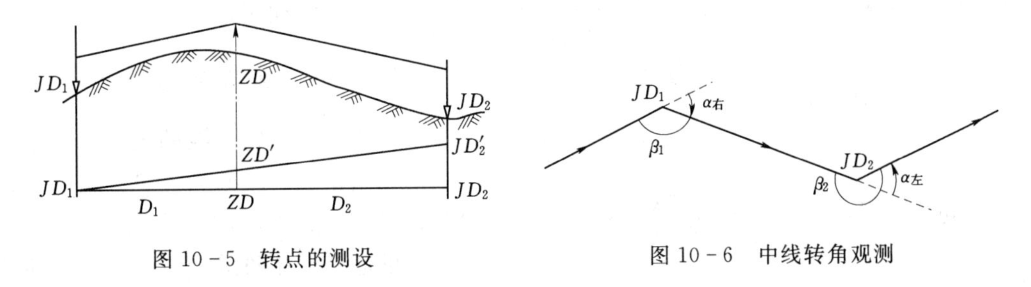

图 10－5　转点的测设　　　　图 10－6　中线转角观测

三、中线转角的测定

（1）路线右角的观测。按路线的前进方向，以路线为界，在路线右侧的水平角称为右角，如图 10－6 中所示的 β_1、β_2。在中线测量中，一般是采用测回法测定。上、下两个半测回所测角值的不符值应满足表 10－1 的规定。

表 10－1　　　　导线测量水平较观测的技术要求

等级	测角中误差（″）	测站圆周角闭合差（″）	测回数					
			非水利枢纽地区			水利枢纽地区		
			DJ_1	DJ_2	DJ_6	DJ_1	DJ_2	DJ_6
二	±1.0	2.0	16	—	—	12	—	—
三	±1.8	3.5	10	12	—	6	10	—
四	±2.5	5.0	6	10	—	4	6	—
五	±5.0	10.0	—	3	6	—	3	6
	±10.0	20.0	—	2	4	—	2	4

（2）转角的计算。当右角 $\beta<180°$时，为右转角，$\alpha_{右}=180°-\beta$；当右角 $\beta>180°$时，为左转角，$\alpha_{左}=\beta-180°$。

实际工作中，在测量完水平角并计算出转角后，及时进行圆曲线半径的设计和圆曲线的测设工作，以便使里程延续。

（3）分角线方向的标定。由于测设平曲线的需要，要在路线设置曲线的一侧把分角线的方向标定出来，即标出图 10-6 中角 β 的角平分线方向。

（4）测定后视方向的视距。在中线测量中，为防止丈量距离时的错误，还要测定两交点（转点）间的距离，作为中桩组量距的校核。

（5）磁方位角的观测与推算。为了保证测角的精度，还需进行路线角度闭合差的校核，当路线导线与高级控制点连接时，可按附合导线的计算方法计算角度闭合差，如在限差内，则可进行闭合差的调整。当路线无法与高级控制点联测时，一般来说应每天作业开始与收工时，测磁方位角至少一次，以便与推算的磁方位角核对，其误差不超过 2°，可继续测量，否则要查明原因及时纠正。

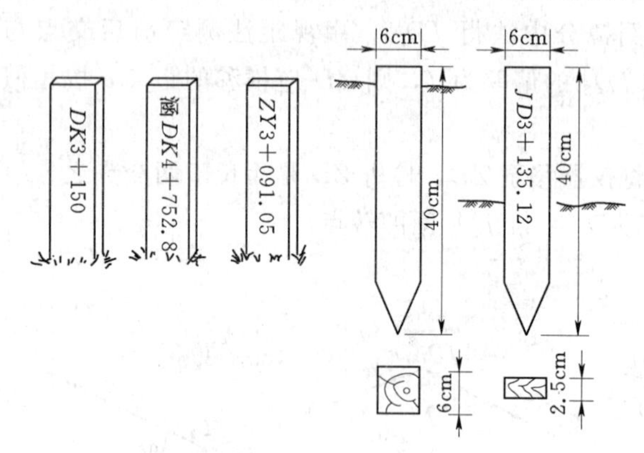

图 10-7　里程桩及桩号标注

四、中线里程桩的设置

为了确定路线中线的位置和路线的长度，满足纵、横断面测量的需要以及为以后路线施工放样打下基础，必须由路线的起点开始每隔一段距离钉设木桩标志，称为里程桩，如图 10-7 所示。里程桩亦称中桩，桩点表示路线中线的具体位置。里程桩分为整桩和加桩两种。

渠、堤纵断面点和横断面的间距，应按阶段的不同在任务书中规定，应满足表 10-2 的要求。

表 10-2　　**纵横断面点间距**

阶　段	横断面间距（m）		纵断面点间距（m）	
	平 地	丘陵地、山地	平 地	丘陵地、山地
规划	200～1000	100～500	基本点距同左，特殊部位应加点	
设计	100～200	50～100		

该规范还规定：渠、堤中心线上，除满足上表的现定，还应在地面设置五十米桩、百米桩、千米桩（三者简称整数桩）以外，还应在下列地点增设加桩并用木桩在地面上标定：

（1）中心线与横断面的交点，中心线上地形有明显变化的地点，圆曲线桩，拟建的建筑物中心位置。

（2）中心线与河、渠、堤、沟的交点，中心线穿过已建闸、坝、桥、涵之处，中心线与道路的交点，中心线上及其两侧（横断面施测范围内）的居民地、工矿企业建筑物处。

（3）开阔平地进入山地或峡口处，设计断面变化的过渡段两端。

上述加桩一律按里程编号，每个点既要测出里程，又要测出桩顶高和地面高。

里程桩和加桩都以渠道起点（称渠首）到该桩的距离进行编号，起点的桩号为 0+000，以后的桩号为 0+050，0+100，0+150，…，“+”号前面的数字单位是 km，

“＋”号后面的数字单位是 m，如 5＋200 表示该桩距离渠道起点 5200m。里程桩和加桩的编号都要用红漆写在木桩上，在钉桩时写桩号的面都朝向起点方向，便于识别和寻找。

在距离测量中，如线路改线或测错，都会使里程桩号与实际距离不相符，此种里程桩不连续的情况称为“断链”。当出现断链，应进行断链处理，为避免影响全局，允许出现断链，桩号不连续，仅在改动部分用新桩号，其他部分不变，仍用老桩号，并就近选取一老桩作为断链桩，分别标明新老里程桩号。新桩号比老桩号短的称为短链，否则称为长链。

在断链桩上应注明新老桩号的关系及长短链长度，如“1＋570.6＝2＋420.5（短链 849.9m）”。习惯的写法是：等号前面的桩号为来向里程（即新桩号），等号后面的桩号为去向里程（即老桩号）。手簿中应记清断链情况。由于断链的出现，线路的总长度应按下式计算

路线的总长度＝末桩桩号＋长链总和－短链总和

五、圆曲线测设

当渠道由一个方向转向另一个方向时，必须用曲线来连接。曲线的形式有多种，如圆曲线、缓和曲线及回头曲线等，渠道一般用圆曲线连接，公路、铁路用的形式较多。圆曲线是最常用的一种平面曲线，又称单曲线，一般分两步放样。先测设出圆曲线的主点，即起点、中点和终点；然后在主点间进行加密，在加密过程中同时测设里程桩，也称圆曲线细部放样。具体选用何种方法，应根据实际工程要求和条件选择。

1. 圆曲线的主点测设

设在交点 JD 处相邻两直线边与半径为 R 的圆曲线相切，其切点 ZY 和 YZ 称为曲线的起点和终点；分角线与曲线相交的交点 QZ 称为曲线中点，如图 10－8 所示，它们统称为圆曲线主点，其位置是根据曲线要素确定的。

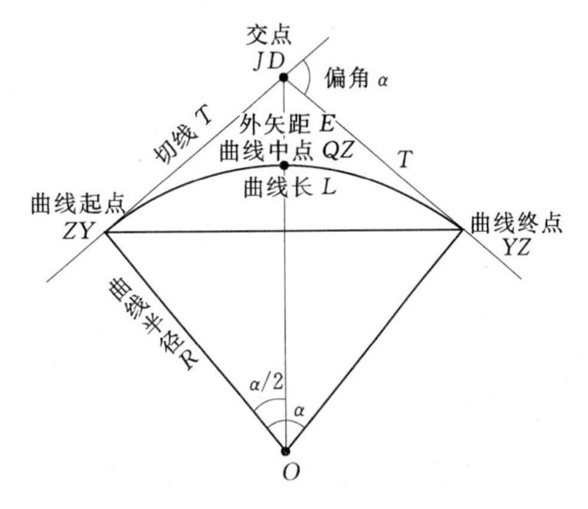

图 10－8　圆曲线要素

（1）圆曲线元素的计算。主要包括切线长、曲线长、外矢距等要素。

α 为偏角或称为转折角，与圆曲线的圆心角相等，用经纬仪在交点（JD）处测得；R 为圆曲线的半径，根据工程要求结合地形条件选定。这两个数据是决定曲线形状的根本因素。

切线长
$$T=R\tan\frac{\alpha}{2} \tag{10-1}$$

曲线长
$$L=R\alpha\frac{\pi}{180^\circ} \tag{10-2}$$

外矢矩
$$E=R\left(\sec\frac{\alpha}{2}-1\right) \tag{10-3}$$

切曲差
$$D=2T-L \tag{10-4}$$

【例 10－1】　设 JD 的桩号为 3＋573.36，转角 $\alpha=34°36'$（右偏），设圆曲线半径 $R=$

200m，求各测设元素。

$T=200\times\tan17°18'=62.293\text{m}$；$L=200\times34°36'\times\frac{\pi}{180°}=120.777\text{m}$

$E=200\times(\sec17°18'-1)=9.477\text{m}$；$D=124.586-120.777=3.809\text{m}$

（2）主点里程桩计算。交点 JD 的里程已由中线测量时获得。由于中线并不经过交点，故曲线中点 QZ 和终点 YZ 的里程，必须由起点 ZY 的里程沿曲线长度推算。

$$ZY\text{ 桩号里程}=JD\text{ 桩号里程}-T$$

$$QZ\text{ 桩号里程}=ZY\text{ 桩号里程}+L/2$$

$$YZ\text{ 桩号里程}=QZ\text{ 桩号里程}+L/2$$

为避免计算错误，应进行检核计算。

$$JD\text{ 桩号里程}=YZ\text{ 桩号里程}-T+D$$

或

$$JD\text{ 桩号里程}=QZ\text{ 桩号里程}+D/2$$

用上例测设元素为例：

	JD	3+573.360	
−	T	62.293	
	ZY	3+511.067	
+	$L/2$	60.3885	
	QZ	3+ 571.4555	
+	$L/2$	60.3885	
	YZ	3+631.844	
−	T	62.293	
+	D	3.809	
	JD	3+ 573.360	计算无误

（3）主点测设。从交点沿后视方向量取切线长 T，可得曲线起点 ZY。沿前视方向量取切线长 T，可得曲线终点 YZ。最后沿分角线方向量取外距 E，即得曲线中点 QZ。主点上控制桩，在测设时应进行校核，并保证一定的精度。具体过程如下：

1）测设曲线起点。安置经纬仪于 JD，转角测完后，仪器不动，照准后一方向线的交点或转点，沿此方向测设切线长 T，得曲线起点桩 ZY，插一测钎。

2）测设曲线终点。将仪器望远镜照准前一方向线相邻的交点或转点，沿此方向测设切线长 T，得曲线终点，打下 YZ 桩。

3）测设曲线中点。沿内夹角平分线方向量取外距 E，打下曲线中点桩 QZ。

注意：一定要在木桩上用油漆写清楚各自的编号、里程，在周围明显地方作上标记，便于将来识别。

2. 圆曲线的详细测设

圆曲线的详细测设方法很多，可根据地形情况、工程要求、测设精度等灵活采用。下面介绍切线支距法和偏角法。

（1）切线支距法。这种方法是以曲线起点 YZ 或终点 ZY 为坐标原点，以切线为 x 轴，以过原点的半径为 y 轴，根据曲线上各点的坐标（x，y）进行测设，故又称直角坐

标法，如图 10－9 所示。测设时分别从曲线的起点和终点向中点各测设曲线的一半。一般采用整桩距法设桩，即按规定的弧长 l（20m、10m、5m），桩距为整数，桩号多为零数设桩。

设 l_i 为待测点至原点（ZY）间的弧长，φ_i 为 l_i 所对的圆心角，R 为半径。待定点 P_i 的坐标按下式计算

$$x_i = R\sin\varphi_i$$

$$y_i = R(1-\cos\varphi_i) \qquad (10-5)$$

其中 $\varphi_i = \dfrac{l_i}{R} \cdot \dfrac{180^\circ}{\pi} = \dfrac{l_i}{R} \cdot \rho \quad (i=1,2,3,\cdots)$

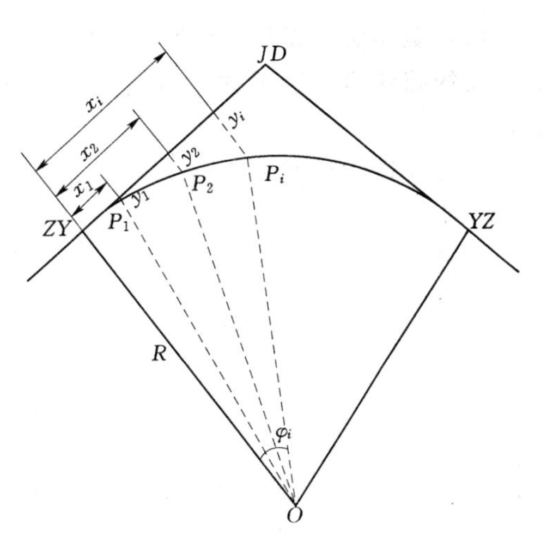

图 10－9　切线支距法

施测步骤如下：

1）在 ZY 点安置经纬仪，对中、整平后，瞄准 JD 点并制动水平制动螺旋。

2）在经纬仪锁定的方向上从 ZY 点开始用钢尺沿切线方向量取 x_i 长度得到 P_i 点的横坐标垂足 N_i，用测钎做标记。注意，此法只能放从 YZ 点到 QZ 点之间的圆弧上的点。

3）在各垂足点 N_i 上用方向架做垂线（也可用经纬仪，但速度较慢），量出纵坐标 y_i，定出曲线点 P_i。

4）在 YZ 点安置经纬仪，对中、整平后，瞄准 JD 点并制动水平制动螺旋。重复 2）、3）步骤可钉出从 QZ 点到 YZ 点之间圆弧上的点。

校核时，可以量取 QZ 点至其最近一个曲线桩的距离，该实量距离与相应两桩号之差（弦长）应该相等，如差数小于曲线长一半的 1/500，即认为是合格，否则应该查明原因。

切线支距法宜用于平坦开阔地区，使用工具简单，且有测点点位误差不累积的优点。

【例 10－2】 按［例 10－1］的曲线元素（R＝200m）及桩号，取 l_0＝20m，算得的曲线测设数据列于表 10－3。

表 10－3　　**圆曲线切线支距法测设数据**

曲线里程桩号		横距 x（m）	纵距 y（m）	相邻点间弧长（m）
ZY	3.511.07	0.00	0.00	
P_1	3＋531.07	19.97	1.00	20
P_2	3＋551.07	39.73	3.99	20
P_3	3＋571.07	59.10	8.93	20
QZ	3＋571.46	59.48	9.05	0.39
P_3'	3＋571.85	59.10	8.93	0.39
P_2'	3＋591.85	39.73	3.99	20
P_1'	3＋611.85	19.97	1.00	20
YZ	3＋631.85	0.00	0.00	20

（2）偏角法。是以曲线起点 ZY 或终点 YZ 至曲线上的待测点 P_i 点的弦线与切线长 T 之间的弦切角（这里称为偏角）δ_i 和弦长 l_i 来确定点的位置的方法，属于极坐标的方法。

参数计算：如图 10－10 所示，根据几何原理，偏角 δ_i 等于相应弧长所对的圆心角 φ_i 的一半。

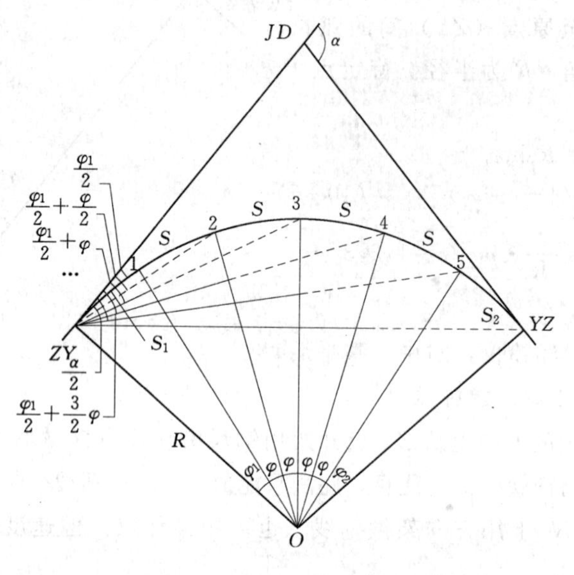

图 10－10　偏角法

实际测量时，为使曲线弧长上点的里程桩号为整数，则曲线上第一个点到 ZY 点以及最后一个点到 YZ 点对应弧长不是整数。设曲线上每隔 S 一个里程桩，则对应的圆心角为 φ，起始段对应的圆心角为 φ_1。

则第 i 点的弦长 l_i 和偏角 δ_i 的计算公式为

$$\delta_i=\frac{\varphi_1+(i-1)\varphi}{2}$$

$$l_i=2R\tan\delta_i \tag{10-6}$$

其中

$$\varphi=\frac{s}{R}\cdot\frac{180^\circ}{\pi}$$

细部点放样的方法如下：

1）将全站仪（或经纬仪）安置在起点 ZY 上，后视 JD 点，使度盘读数为 0°00′00″。

2）顺时针方向转动照准部，使度盘读数为 δ_1，沿此方向从 ZY 点量弦长 l_1，定出曲线上第一个整桩 1 点。依此类推，直到测设出各整桩点。

测设结束后要注意校核，以免发生错误。其闭合差一般为：半径方向（横向）±0.1m；切线方向（纵向）$\pm L/1000$（L 为曲线长）。

3. 圆曲线遇障碍时的测设

在曲线测设过程中，假若地形地势遇到障碍等条件的限制，在交点和曲线起点不能安

置仪器，或视线受阻时，圆曲线的测设不能按常规方法进行，必须因地适宜采取其他相应的方法。

(1) 偏角法测设视线受阻。用偏角法测设圆曲线，遇有障碍物，使得视线受阻时，可将仪器搬到能与待定点相通视的已定桩点上，运用同一圆弧段两端的弦切角（偏角）相等的原理，找出新测站点的切线方向，继续施测。

如图 10－11 所示仪器在 ZY 点与 P_4 不通视，可将经纬仪移至任何一个已经测定的点上（如 P_3），盘左后视 ZY 点，使水平度盘读数为 $0°00'00''$，倒镜后（盘右）仪器转动出 P_4 点的偏角 δ_4，则视线方向便是 P_4 方向。从 P_3 点沿此方向量出分段弦长，即可定出 P_4。以后仍可用测站在 ZY 时计算的偏角值测设其余各点，不必再另算偏角。

在实测中，若 P_3 点或 P_4 点不能通视，P_3 点又不能设站施测时，可以运用圆曲线上同一弧段的圆周角和弦切角相等的原理，来克服障碍测设曲线点。如图 10－11 中，P_3 点不便设站施测，则将仪器安置于 C（QZ）点，转动照准部后视 A 点使度盘读数为 $0°00'00''$，然后仍按测站在 A 点计算的数据，转动照准部，转动出 P_4 的偏角值 δ_4 得 CP_4 方向，同时由 P_3 点量出分段弦长与 CP_4 方向线交会，即得 P_4 点。同理，继续转动照准部，依次找出原计算的其余各点之偏角值，则望远镜视线方向同从邻近已测的桩点量出的分段弦长相交，便可分别确定各桩点的位置。

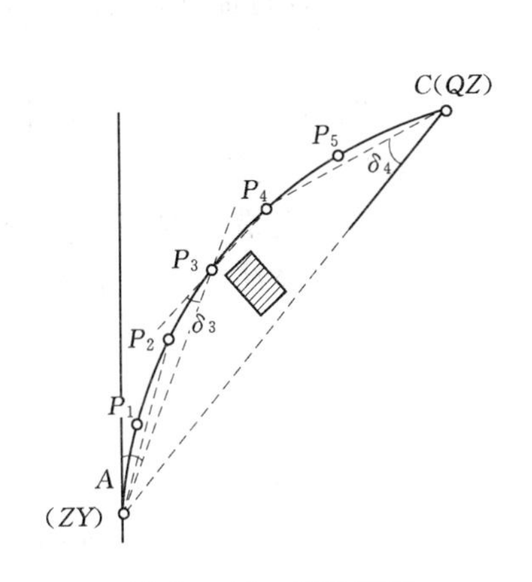

图 10－11　视线受阻

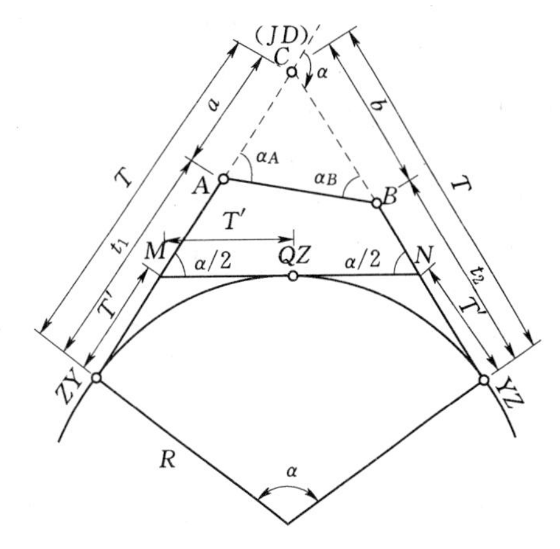

图 10－12　虚交点测设圆曲线

(2) 虚交点法测设圆曲线主点。当路线的交点 JD 位于河流、深谷、峭壁、建筑物等处，不能安置仪器测定转折角 α 时，可用另外两个转折点 A、B 来代替，形成虚交点，通过间接测量的方法进行转折角测定、曲线元素计算和主点测设。

测设方法：如图 10－12 所示，设交点落入河中，因此，在设置曲线的外侧，沿切线方向选择两个辅助点 A、B，形成虚交点 C。在 A、B 点分别安置经纬仪，用测回法测算出偏角 α_A、α_B，并用钢尺往返丈量 AB 长度 D_{AB}，其相对误差不得超过 1/2000。

根据△ABC 的边角关系（正弦定理），得到

$$\alpha=\alpha_A+\alpha_B$$

$$a=D_{AB}\frac{\sin\alpha_B}{\sin(180°-\alpha)}=D_{AB}\frac{\sin\alpha_B}{\sin\alpha}$$

$$b=D_{AB}\frac{\sin\alpha_A}{\sin(180°-\alpha)}=D_{AB}\frac{\sin\alpha_A}{\sin\alpha} \tag{10-7}$$

根据偏转角 α 和设计半径 R，可算得 T、L。由 a、b、T 可计算辅助点 A、B 离曲线起点、终点的距离 $t_1=T-a$ 和 $t_2=T-b$。

地面由 A 点沿切线方向量取 t_1 长定出 ZY 点，由 B 点沿切线方向量取 t_2 长定出 YZ 点。

曲线中点 QZ 的测设，用偏角法或切线支距法测定，或者采用中点切线法。即设 MN 为曲线中点的切线，由于$\angle CMN=\angle CNM=\alpha/2$，则 M、N 至 ZY、YZ 的切线长 T' 为

$$T'=R\tan\frac{\alpha}{4} \tag{10-8}$$

按上式计算或按 R、$\alpha/4$ 查曲线表求得 T'，然后由 ZY、YZ 点分别沿切线方向量 T' 值，得 M、N 点，由 M 点沿 MN 方向量取 T'，即得曲线中点 QZ。也可由 N 点沿 NM 方向量取 T'，得 QZ，作为检查。

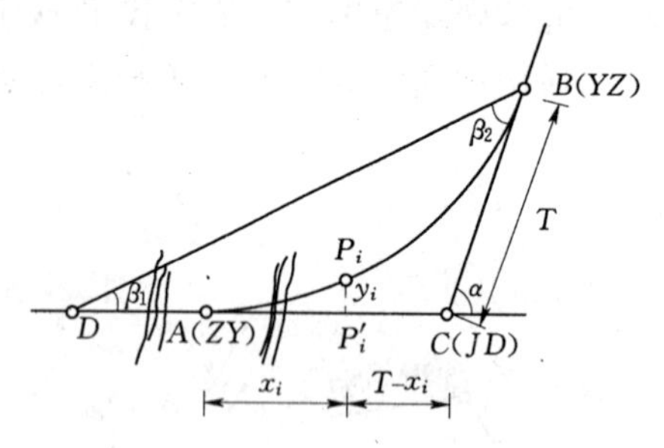

图 10-13　曲线起（终）点遇障碍

(3) 曲线起点或终点遇障碍时。当曲线起点（或终点）受地形、地物限制，其里程不能直接测得，不能在起点（或终点）进行曲线详细测设时，可用以下方法进行。

1) 里程测设。如图 10-13 所示，假设 A（ZY）落在水中。测设时，先在 CA 方向线上选一点 D，再在 C（JD）点向前沿切线方向用钢尺量出 T 定下 B（YZ）点。将经纬仪置于 B 点，测出 β_2，则在$\triangle BCD$ 中，有

$$\beta_1=\alpha-\beta_2$$

$$D_{CD}=\frac{T\sin\beta_2}{\sin\beta_1}$$

$$D_{AD}=D_{CD}-T \tag{10-9}$$

在 D 点里程测定后，加上距离 D_{AD}，即得 ZY 里程。

2) 详细测设。曲线详细测设如图 10-13 所示，曲线上任一点 P_i，其直角坐标为（x_i、y_i）。用切线支距法测设 P_i 时，不能从 ZY 点量取 x_i，但可从 JD 点沿切线方向量取 $T-x_i$，从而定出曲线点在切线上的垂足 P_i'。再从垂足 P_i'定出垂线方向，沿此方向量取 y_i，即可定出曲线上 P_i 点的位置。

工作任务三　纵 横 断 面 测 量

渠道的纵断面测量是测出渠道中心线上各里程桩和加桩的高程，而渠道的横断面测量则是测出各里程桩和加桩位置与渠道中心线垂直方向的断面上地面坡度变化点的位置和高程。进行纵、横断面测量，主要是为渠道设计、施工及土石方工程预算等服务。

一、纵断面测量

1. 基平测量

基平测量即路线高程控制测量。在沿线路设置的高程控制点的密度和精度，要根据地形和工程的要求来确定，具体技术要求如下：

（1）水准点应选在离路线中心线 20m 以外，便于保存，引测方便，不受施工影响的地方。

（2）根据地形条件和工程需要，每隔 0.5～1.0km 设置一个临时水准点，在重要工程地段适当增设水准点。

（3）水准点高程有条件可从国家水准点引测，也可采用假定高程系统。

（4）水准点间采用往返观测，其精度不低于五等水准测量的要求，用水准测量或三角高程的方法进行施测。

2. 中平测量

中平测量是根据基平测量布设的水准点，测定路线中桩的地面高程，即从某一水准点开始逐点测定各中桩的地面高程，然后附合到另一个水准点，也称中桩抄平。

传统的中平测量是用水准测量的方法逐点测量中桩的地面高程。由于中桩数量多，间距较短，为了保证精度的前提下提高测量观测的速度，里程桩一般可作为转点，读数和高程均计算至毫米。在每个测站上还需把不作为转点的一些加桩的高程一并测量，测读这些加桩上立尺的读数至厘米，称为间视。纵断面水准计算高程时，采用视线高程的计算方法。

如图 10-14 所示，1、2、3、4 为测站，0+000、0+100、0+200、0+300 为水准测量的转点，0+025、0+061.5、0+141.2、0+180、0+260.1 等点为中间点，不传递高程。测量时，从水准点 BM_3 出发，测出里程桩高程后要附合到另一个水准点，形成附合水准路线，以便进行高程的计算和校核，具体见表 10-4。

所有各点高程按以下计算公式

$$视线高程=后视点高程+后视读数$$

$$转点高程=视线高程-前视读数$$

$$中间点高程=视线高程-间视读数$$

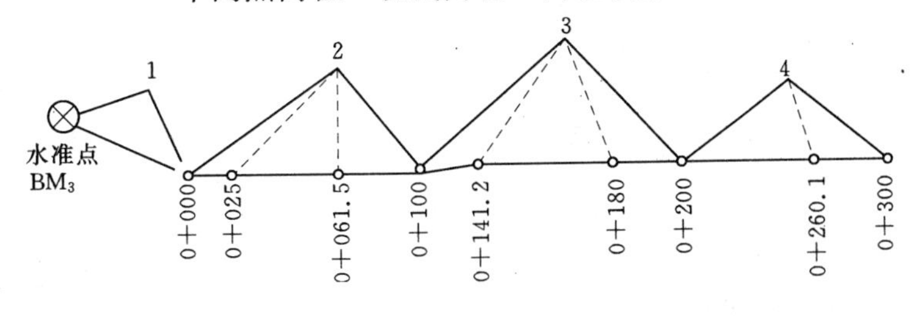

图 10-14 中平测量

表 10-4 **中 平 测 量 记 录**

测站	桩号	水准尺读数（m）			视线高程（m）	高程（m）	备 注
		后视	前视	间视			
1	水准点 BM_3	1.864			46.624	44.760	已知 44.760m
	0+000		1.414			45.210	转点
2	0+000	1.546			46.756	45.210	
	0+025			0.76		45.996	中间点
	0+061.5			1.06		45.696	中间点
	0+100		1.852			44.904	转点
3	0+100	1.474			46.378	44.904	
	0+141.2			2.26		44.118	中间点
	0+180			1.79		44.588	中间点
	0+200		1.779			44.599	转点
4	0+200	1.354			45.953	44.599	
	0+260.1			1.00		44.953	中间点
	0+300		1.779			44.174	转点
5	0+300	1.485			45.659	44.174	
	0+380.9			1.34		44.319	中间点
	0+400		1.742			43.917	转点
6	0+400	1.472			45.389	43.917	
	0+500		1.905			43.484	转点
7	0+500	1.568			45.052	43.484	
	0+600		1.834			43.218	转点
8	0+600	1.476			44.694	43.218	
	0+658			1.37		43.324	中间点
	0+700		1.574			43.120	转点
9	0+700	1.872			44.992	43.120	
	0+728			1.60		43.392	中间点
	0+800		1.341			43.651	转点
10	0+800	1.713			45.364	43.651	
	0+849			1.70		43.664	中间点
	0+900		1.205			44.159	转点
1	0+900	1.431			45.590	44.159	
	1+000		1.819			43.771	转点
12	1+000	1.546			45.317	43.771	
	水准点 BM_4		1.345			43.972	已知 43.948
校核	$\sum$后视$-\sum$前视$=18.801-19.589=-0.788$m $43.972-44.760=-0.788$m $\Delta h_{测}=43.972-43.948=+0.024$m						$\Delta h_{容}=\pm 10\sqrt{n}=\pm 35$mm

二、横断面测量

垂直于路线中线方向的断面称为路线的横断面。横断面测量就是测定过中桩横断面方向一定宽度范围内地面变坡点之间的水平距离和高差。施测的宽度与施工量的大小、地形等的设计宽度、边坡的坡度等有关。

1. 横断面方向的确定

在横断面测量前，首先要确定横断面的方向。当地面开阔平坦，横断面方向偏差影响不大，其方向可以依照路线中心线方向目估确定。但在地形复杂的山坡地段其影响显著，需用方向架或经纬仪测定。

(1) 直线段横断面方向的测定。在直线段上横断面方向常用十字架法进行测定，如图 10-15 所示。将十字架置于0+300的桩号上，以其中一组方向钉瞄准线路某一中线桩，另一组方向钉则指向横断面方向。当地形起伏较大、线路较宽时，常用经纬仪测角来定横断面方向。测定前，安置经纬仪于中桩上，以该直线上其他任一中桩为定向方向，对准后，拨角±90°，即分别为左右横断面的方向，用测杆在地面上标定出来。

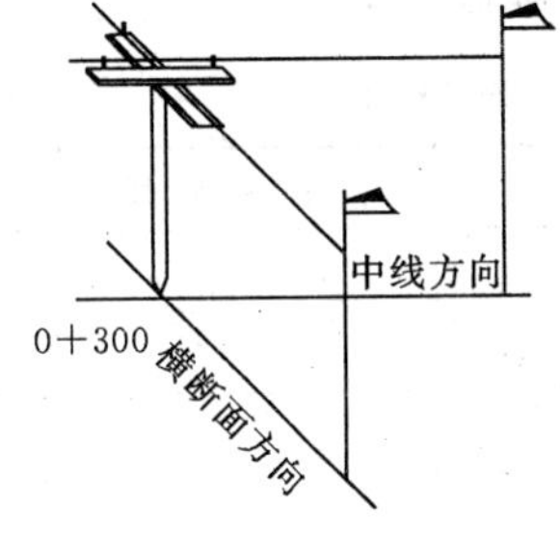

图 10-15　横断面测量

(2) 圆曲线上横断面方向的确定。当线路有圆曲线时，可用求心十字架来确定横断面方向。如图 10-16 所示，求心十字架就是在十字方向架上安装一根可以水平旋转的定向杆 EF，并装一制动螺旋，可以固定定向杆。圆曲线上的横断面方向通过圆心，但在作业中，圆心未定，断面方向也不能直接确定。

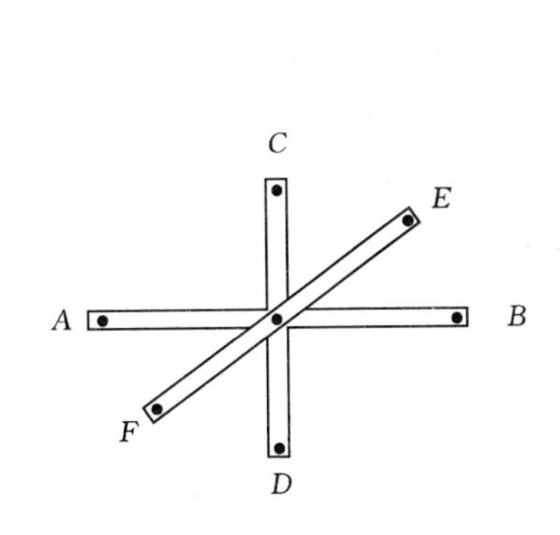

图 10-16　求心十字架

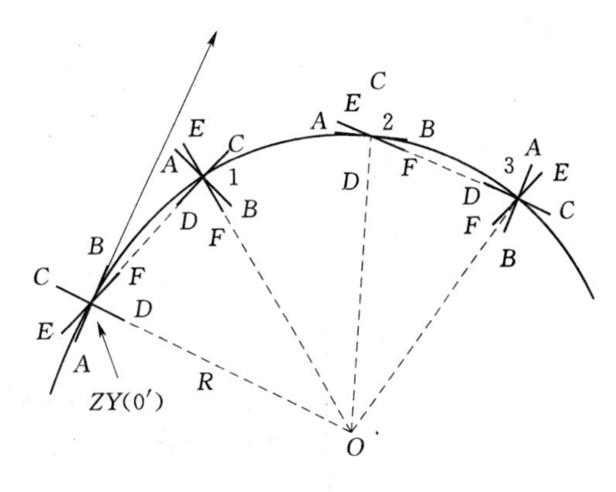

图 10-17　用求心十字架测定圆曲线横断面

根据弦切角原理，利用求心十字架上的定向杆来确定横断面的方向。如图 10-17 所示，欲测圆曲线上的 1 点处横断面，在 ZY 点上安置求心十字架，AB 方向瞄准切线方向，此时，CD 必通过圆心，将定向杆 EF 瞄准曲线上的 1 点，并把它固定，则 EF 与 AB 间的夹角为 1 点的偏角。将求心十字架移至 1 点，并使 CD 方向瞄准 ZY 点，则定向杆 EF 指向圆心方向，在该点方向上作出标记即为 1 点的横断面方向。

2. 横断面测量方法

由于横断面测量精度一般要求不高，所以常用简单的方法来施测。

(1) 手水准法。手水准法测量横断面，就是用手水准测量横断面上相邻两变坡点之间的高差，用皮尺丈量水平距离的一种方法。将手水准放置在高1.5m的木杆顶端并立在中桩上，瞄准断面上所立的水准尺，待手水准气泡居中，对水准尺进行读数，则利用手水准尺与地面的高度和水准尺上的读数，求出两点之间的高差。同时，再用皮尺测量出这两点的距离。依次可测量出其他点的高差与距离。记录格式见表10-5，表中分左、右两侧，用分数表示，分子表示高差，分母表示平距，高差注意正负号，"+"表示升高，"-"表示降低。

表10-5　　横断面测量记录表

左侧横断面			里程桩桩号	右侧横断面		
$\frac{-0.5}{2.0}$	$\frac{-0.8}{3.0}$	$\frac{-0.9}{2.0}$	1+020	$\frac{+0.8}{3.0}$	$\frac{+0.57}{2.0}$	$\frac{+0.35}{2.0}$
$\frac{+0.9}{1.5}$	$\frac{+0.5}{3.0}$	$\frac{+0.7}{2.0}$	1+150	$\frac{+0.5}{3.0}$	$\frac{-0.8}{2.5}$	$\frac{-0.65}{4.0}$

(2) 抬杆法。这种方法常用于坡度较陡的山坡上，使用两根测杆，如图10-18所示，一根测杆的一端置于高处的地面变化坡点上，并水平横放在横断面方向上，另一测杆竖直立在低处邻近的变坡点上，根据测杆上红、白相间的长度（红白相间的测杆每节长0.2m），可以分别估读出两点间的高差和水平距离。依次测出其他点间的高差与距离。与此类方法类似的是水平尺法，用抬平的尺量水平距离，用水平的尺截得的标尺求出两点之间的高差。

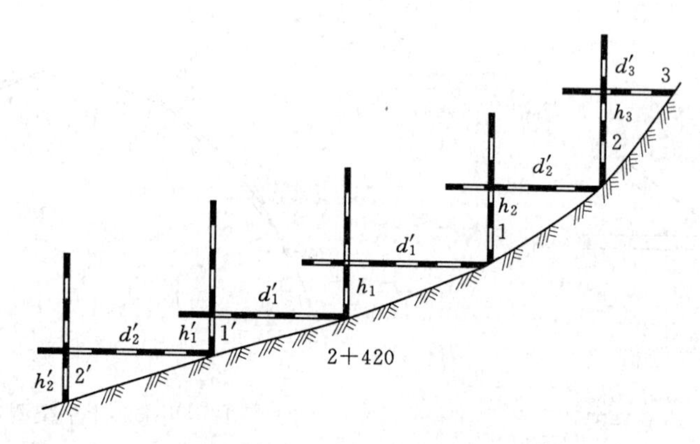

图10-18　抬杆法测量横断面

(3) 视距测量法。此法多用于通视条件较好的山坡上，把仪器安置在中线的桩上，用视距测量的方法分别测出每个变化的坡点与仪器安置点之间的水平距离和高差。

在实际测量中，如横断面测量精度的要求，在地面较平坦地区，可采用水准仪观测高差，用皮尺量平距。

横断面测量的宽度，根据实际工程要求和地形情况确定。一般在中线两侧各测15～

50m，距离和高差分别准确到 0.1m 和 0.05m 即可满足要求。因此，横断面测量多采用简易的测量工具和方法，以提高工效。

工作任务四　纵横断面图的绘制

一、纵断面图的绘制

渠道纵断面图是测量的成果资料之一，也是进行渠道设计、工程土方计算的主要依据之一。它是在中线测量和中平测量基础上，以平距为横坐标、高程为纵坐标，根据工程需要设计水平和垂直比例尺，在毫米方格纸上绘制的断面图。为了明显地显示渠道中线的地势起伏情况，纵断面图的高程比例尺常比水平比例尺大 10～20 倍。常用的高程比例尺为 1∶100 和 1∶200，水平比例尺为 1∶1000、1∶2000 和 1∶5000。

绘制纵断面图的方法和格式主要包括以下几方面内容：

(1) 绘制线路平面示意图。如图 10-19 所示，按桩号和规定的比例尺绘出渠道中线的直线和曲线部分。长度按曲线起点和终点的桩号来确定，并要求在凹凸部分注明交点号、转角、曲线半径及其他曲线的元素。

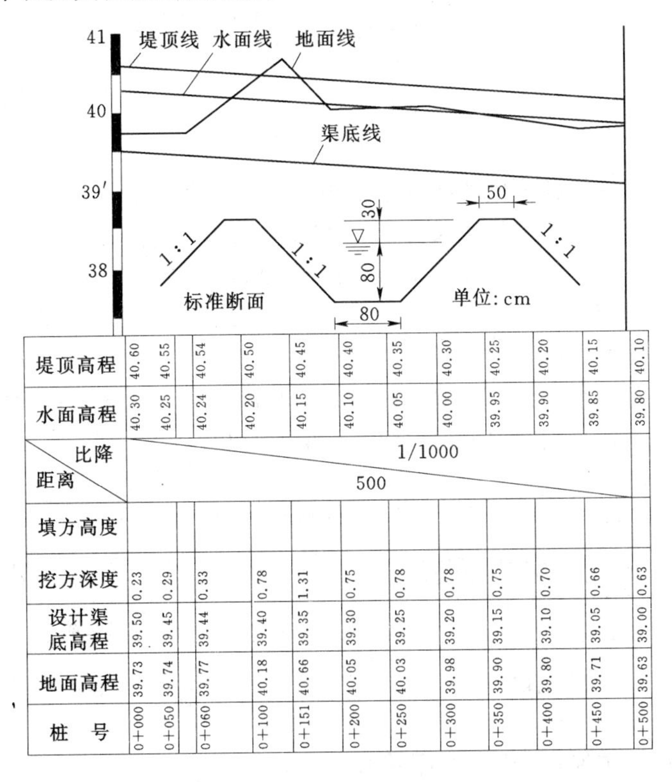

堤顶高程	40.60	40.55	40.54	40.50	40.45	40.40	40.35	40.30	40.25	40.20	40.15	40.10
水面高程	40.30	40.25	40.24	40.20	40.15	40.10	40.05	40.00	39.95	39.90	39.85	39.80
比降 / 距离	1/1000 500											
填方高度												
挖方深度	0.23	0.29	0.33	0.78	1.31	0.75	0.78	0.78	0.75	0.70	0.66	0.63
设计渠底高程	39.50	39.45	39.44	39.40	39.35	39.30	39.25	39.20	39.15	39.10	39.05	39.00
地面高程	39.73	39.74	39.77	40.18	40.66	40.05	40.03	39.98	39.90	39.80	39.71	39.63
桩　号	0+000	0+050	0+060	0+100	0+151	0+200	0+250	0+300	0+350	0+400	0+450	0+500

图 10-19　渠道纵断面图

(2) 填写桩号。里程栏按水平比例尺换算出各桩号的位置，从左向右注明桩号，桩号填写与里程一致。

(3) 填写地面标高。在地面标高栏填写各里程桩的地面高程，并与桩号内相应的桩号对齐。要求是高程的小数点对齐。

(4) 绘制渠道（路线）断面方向的地面线。在以里程为横坐标、高程为纵坐标的坐标系中，在图纸的上半部绘出相应各桩点的图上位置，并将这些点用折线连接起来，即得到纵断面方向的地面线。图上高程的最低数值要跟渠道高程的实际确定一数值，一般比最低高程低一些。如果渠道（路线）高差起伏变化太大或线路过长，可分段绘图。

(5) 绘制纵坡设计线。根据纵坡设计的数据，即纵坡设计得来的变坡点桩号及其设计高程，在图上绘出每个变坡点的位置，将这些点用加粗的折线连接起来就得到纵坡设计线。

(6) 绘制坡度和坡长栏。根据纵坡设计坡度线始、终点的桩号和设计高程，计算各坡段的设计坡度。各桩的设计高程 $H_{设}$ 等于该点的高程 $H_{起}$ 加上设计坡度 i 与该点到该坡起点间的水平距离 D 的乘积，即

$$H_{设}=H_{起}+Di$$

用斜线表示两点间的设计坡度，用“/”表示上坡（i 为正），用“\”表示下坡（i 为负），用“—”表示平坡。在斜线或平线上注明坡度，在斜线或平线下注明两点间的水平距离。

(7) 计算各桩点的挖深填高。将计算各桩点的挖深和填高的结果分别填入填、挖栏内。

二、渠道横断面图的绘制

横断面图的绘制与纵断面图的绘制基本相同，为了便于计算，横断面图上平距和高差一般用相同的比例尺，常用的比例尺有 1∶100 和 1∶200。

绘制横断面图时，先将横断面测量所获得的地面特征点位置展绘在方格纸上，以供断面设计和计算土石方工程量。绘图时，先在图纸上定好中桩位置，然后分别向左右两侧按所测的平距和高差逐点绘制，并用折线依次连接，如图 10－20 所示。绘制横断面图时要分清左、右侧，一张图纸上绘制多幅图的顺序是从图纸的左边起，按中线桩号从下向上，从左到右，绘满一列，再从第二列由下向上，依次绘制。

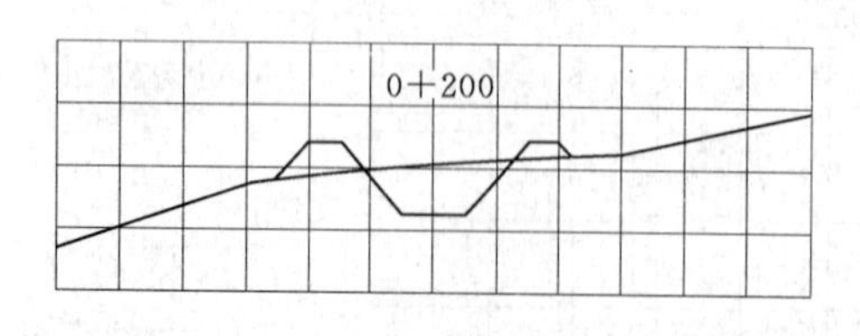

图 10－20　横断面图

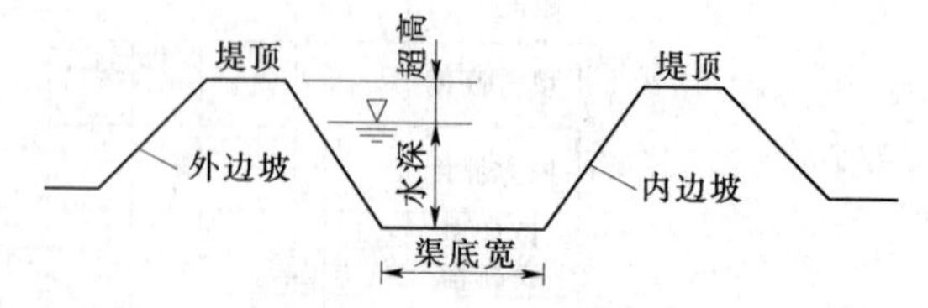

图 10－21　渠道标准断面图

三、渠道标准断面图的设计与绘制

地面线是根据横断面测量的数据绘制而成的，而渠道标准断面（设计断面）是根据里程桩挖深、设计底宽和渠道边坡绘成的，如图 10－21 所示。

地面线与设计断面线所围成的面积，即为挖方或填方面积。为了绘制标准断面方便，

在实际工作中，常用硬纸片或透明塑料薄片刻成设计断面模片来套绘。根据该桩号的渠底设计高程，将它固定在横断面图上，再把设计渠道断面的轮廓线用铅笔绘到图纸上，即得该桩号的渠道标准断面图。实际绘制时是绘制在方格纸上的。

工作任务五 填挖土方量计算

在渠道施工中必须进行土方计算，根据土方量才能对工程投资及劳动力安排进行精确的计算。

一、横断面面积计算

由于渠道横断面的设计是在毫米方格纸上进行的，因而可以直接在设计图上计算横断面的面积。面积的计算方法有多种，传统的有数方格法、求积仪计算法等。如图 10-20所示，曲线为地面线，折线为路基断面设计线，该断面有填方和挖方。

用数方格法求面积时，先数出填方（或挖方）图形内的整毫米格子数，再加上边界上非整格数一半等于总格子数，该断面的填方（或挖方）总面积为

$$A=nA_0 \tag{10-10}$$

其中

$$A_0=10^{-6}M^2$$

式中 n——总格子数；

A_0——每个平方毫米格子所代表的实地面积，它与横断面图的比例尺有关；

M——绘图比例尺分母。

二、土方量计算

土方的计算常用方法是平均断面法，两断面间的土方量为

$$V=\frac{1}{2}(A_1+A_2)L \tag{10-11}$$

式中 A_1、A_2——相邻两横断面的挖方或填方面积；

L——相邻两横断面之间的距离。

计算土方一般用表格进行，见表 10-6，从纵、横断面图上将各中线桩的地面高程、设计高程、填挖数及各断面的填、挖面积分别填入表内，然后按平均断面法计算土方。

实际计算的工作量很大，数方格也是一件极其枯燥的工作，需要很大的耐心和细心才能做好，同时要有校核方法，保证结果的正确性。为了加快速度，可以采用求积仪的量算方法，这种方法速度快，精确度也较高。尤其采用电子求积仪效果更明显。另外，还可以利用数字化仪、电子平板或专用软件对面积进行求解。对于地面坡度变化较小的情况，还可以采用将填方或挖方面积分解成若干个规则图形（如三角形），在图上直接量取相应边长，利用规则图形球面积的公式进行求解。总之，可以根据具体情况选择适合、快捷的方法进行，以提高工作效率。

表 10-6 **土方计算表**

桩号	地面高程(m)	设计渠底高程(m)	中心桩填挖(m)		断面面积(m²)		平均断面面积(m²)		距离(m)	体积(m³)	
			填高	挖深	填	挖	填	挖		填	挖
1	2	3	4	5	6	7	8	9	10	11	12
0+000	45.21	44.80		0.41	0.40	2.80					
							1.55	3.40	25.0	38.8	85.0
0+025	46.00	44.76		1.24	2.70	4.00					
							1.35	4.40	36.5	49.3	160.6
0+061.5	45.70	44.71		0.99		4.80					
							0.45	3.10	38.5	17.3	119.4
0+100	44.90	44.65		0.25	0.90	1.40					
							1.40	1.30	14.3	20.0	18.6
0+114.3		44.63	0		1.90	1.20					
							2.45	0.60	26.9	65.9	16.1
0+114.2	44.12	44.59	0.47		3.00						
							2.85		38.8	110.0	
0+180	44.41	44.53	0.12		2.70						
							2.30	0.15	10.9	25.1	1.6
0+190.9		44.51	0		1.90	0.30					
							1.80	0.90	9.1	16.4	8.2
0+200	44.60	44.50		0.10	1.70	1.50					
							2.65	1.50	60.1	159.3	90.2
0+260.1	44.95	44.41		0.54	3.60	1.50					
							2.50	0.90	29.9	74.8	26.9
0+290		44.36	0		1.40	0.30					
							1.70	0.15	10.0	17.0	1.5
0+300.5	44.17	44.35	0.18		2.00						
							1.90	0.35	53.9	102.4	18.9
0+353.9		44.27	0		1.80	0.70					
							1.60	0.80	27.0	43.2	21.6
0+380.3	44.32	44.23		0.09	1.40	0.90					
							1.30	0.65	4.6	6.0	3.0
0+385.5		44.22	0		1.20	0.40					
							1.60	0.40	14.5	23.2	5.8
0+400	43.20	44.20	0.28		2.00	0.40	合计		400.0	769.3	577.4

工作任务六 渠道施工测量

渠道工程施工测量的主要工作包括恢复中线测量，施工控制桩、边桩的测设。从工程勘测开始，经过工程设计到开始施工这段时间里，往往会有一部分中线桩被碰动或丢失。为了保证线路中线位置的正确可靠，施工前应进行一次复核测量，并将已经丢失或碰动过的交点桩、里程桩恢复和校正好，其方法与中线测量相同。

一、施工控制桩的测设

中线桩在施工过程中要被挖掉或填埋。为了在施工过程中及时、方便、可靠地控制中线位置，需要在不易受施工破坏、便于引测、易于保存桩位的地方测设施工控制桩。有以下两种测设方法：

(1) 平行线法。平行线法是在设计渠道宽度以外，测设两排平行于中线的施工控制桩。控制桩的间距一般取 10～20m。

(2) 延长线法。延长线法是在线路转折处的中线延长线上以及曲线中点至交点的延长线上测设施工控制桩。控制桩至交点的距离应量出并作记录。

二、边桩的测设

为了标明开挖范围，便于施工，需要把设计横断面的边坡线（内坡与外坡）与地面线的交点在实地用木桩标出，称为边桩。边桩位置确定后，将两旁相应的内边桩撒石灰依次连续起来，就得到渠道的开挖线。同样将相应的外边桩依次连接起来得到渠道堤的坡脚线。边桩位置计算方法有：

（1）图解法。在渠道工程设计时，地形横断面及设计标准断面都已绘制在横断面图上，边桩的位置可用图解法求得，即在横断面图上量取中线桩至边桩的距离。

（2）解析法。解析法是通过计算求得中线桩至边桩的距离。在平地和山区计算和测设的方法不同。

实地测设时在横断面方向上用卷尺量出其位置即可。

工作任务七　管 道 施 工 测 量

考虑到有些情况下，渠道的某一段可能会采取地下管道的形式，本节介绍管道的施工测量方法。管道工程一般属于地下构筑物。在较大的城镇及工矿企业中，各种管道常相互上下穿插，纵横交错。因此在施工过程中，要严格按设计要求进行测量工作，并做到“步步有校核”，这样才能确保施工质量。

管道施工测量的主要任务是根据工程进度的要求，为施工测设各种基准标志，以便在施工中能随时掌握中线方向和高程位置。

一、施工前的测量工作

1. 熟悉图纸和现场情况

施工前要认真研究图纸，了解设计意图及工程进度安排，做到心中有数。到现场找到并熟悉各交点桩、转点桩、里程桩及水准点位置，与原始资料对照，将设计完全搞懂，为施工测量做好技术和思想准备。

2. 校核中线并测设施工控制桩

中线测量时所钉各桩，在施工过程中会丢失或被破坏一部分。为保证中线位置准确可靠，应根据设计及测量数据进行复核，并补齐已丢失的桩。这项工作至关重要，要仔细认真，并进行校核确保准确无误。

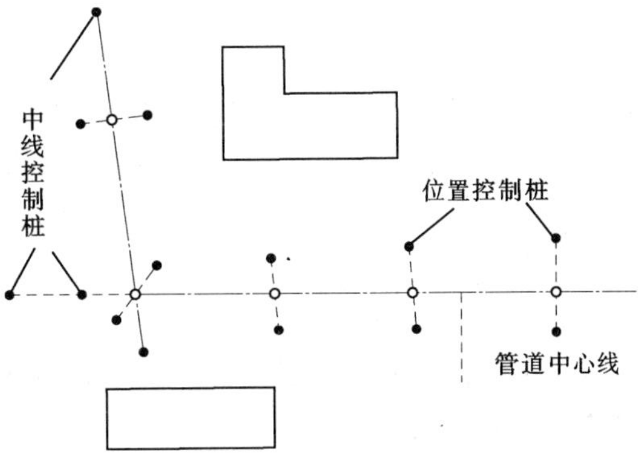

图 10-22　管道施工控制桩

施工时由于中线上各桩要被挖掉，为便于恢复中线和其他附属构筑物的位置，应在不受施工干扰、引测方便和易于保存桩位处设置施工控制桩。施工控制桩分中线控制桩和附属构筑物的位置控制桩两种，如图 10-22 所示。

3. 加密控制点

为了便于施工过程中引测高程，应根据原有水准点，在沿线附近每隔 150～250m 增设临时水准点，且要保证这些水准点的精度和安全。

4. 槽口放线

槽口放线就是按设计要求的埋深和土质情况、管径大小等计算出开槽宽度，并在地面上定出槽边线位置，划出白灰线，以便开挖施工。

二、管道施工测量

1. 设置坡度板及测设中线钉

管道施工中的测量工作主要是控制管道中线设计位置和管底设计高程。为此，需设置坡度板。如图 10-23 所示，坡度板跨槽设置，间隔一般为 10～20m，编以板号。根据中线控制桩，用经纬仪把管道中心线投测到坡度板上，用小钉做标记，称为中线钉，以控制管道中心的平面位置。

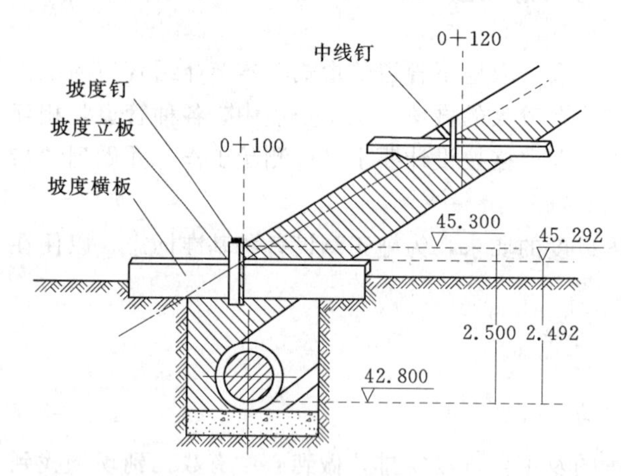

图 10-23　坡度板的设置（单位：m）

2. 测设坡度钉

为了控制沟槽的开挖深度和管道的设计高程，还需要在坡度板上测设设计坡度。为此，在坡度横板上设一坡度立板，一侧对齐中线，在竖面上测设一条高程线，其高程与管底设计高程相差整分米，称为下返数。在该高程线上横向钉一小钉，称为坡度钉，以控制沟底挖土深度和管子的埋设深度。如图 10-23 所示，用水准仪测得桩号为 0+100 处的坡度板中线处的板顶高程为 45.292m，管底的设计高程为 42.800m，从坡度板顶向下量 2.492m，即为管底高程。为了使下返数为一整分米数，坡度立板上的坡度钉应高于坡度板顶 0.008m，使其高程为 45.300m。这样，由坡度钉向下量 2.5m，即为设计的管底高程。

三、顶管施工测量

当地下管道需要穿越其他建筑物时，不能用开槽方法施工，只能采用顶管施工法。在顶管施工中要做的测量工作有以下两项：

1. 中线测设

挖好顶管工作坑，根据地面上标定的中线控制桩，用经纬仪将中线引测到坑底，在坑内标定出中线方向，如图 10-24 所示。在管内前端水平放置一把木尺，尺上有刻画并标明中心点，用经纬仪可以测出管道中心偏离中线方向的数值，依此在顶进中进行校正。

如果使用激光准直经纬仪，则沿中线方向发射一束激光。激光是可见的，所以管道顶

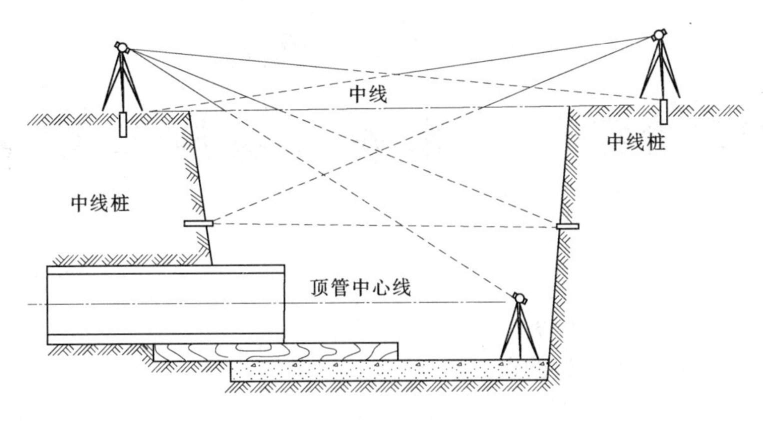

图 10－24　顶管施工测量

进中的校正更为方便。

2. 高程测设

在工作坑内测设临时水准点，用水准仪测量管底前、后各点的高程，可以得到管底高程和坡度的校正数值。测量时，管内使用短水准标尺。

如果将激光准直经纬仪安置的视准轴倾斜坡度与管道设计中心线重合，则可以同时控制顶管作业中的方向和高程。

四、竣工测量

管道竣工测量包括管道竣工平面图和管道竣工纵断面图的测绘。竣工平面图主要测绘管道的起点、转折点、终点、检查井及附属构筑物的平面位置和高程，测绘管道与附近重要地物的位置关系。管道竣工纵断面图的测绘，要在回填土之前进行，用水准测量方法测定管顶的高程和检查井内管底的高程，距离用钢尺丈量。

【技　能　训　练】

1. 名词解释：里程桩、加桩、纵断面图、横断面图。
2. 渠道纵断面水准测量方法。
3. 如何绘制渠道纵断面图。
4. 简述横断面方向的确定方法。
5. 简述渠道土方的计算方法。
6. 叙述圆曲线测设的基本方法。
7. 简述圆曲线测设基本要素的计算方法。

学习情境十一　水库大坝施工测量

【学习目标】

1. 了解土坝的施工测量内容
2. 了解混凝土坝的施工测量内容
3. 了解拱坝的施工测量内容

【能力目标】

1. 了解重力坝的施工测量方法
2. 了解拱坝的施工测量方法

水利工程一般由若干建筑物组成，这些建筑物的综合体称为水利枢纽。按照这些建筑物在该综合体中的主要任务和作用不同，一般将其分为挡水建筑物、泄水建筑物、进水建筑物、输水建筑物、河道整治建筑物、水电站建筑物、渠系建筑物、港口水工建筑物、过坝设施等，如图 11-1 所示。

水工建筑物一般具有受自然条件制约多、工作条件复杂、施工难度大、对周围（尤其下游）影响大等特点。

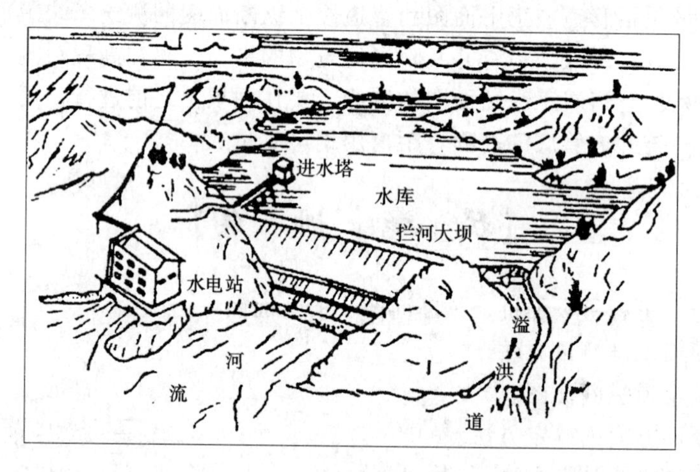

图 11-1　水利枢纽工程布置示意图

水工建筑物施工测量一般规定如下：

(1) 施工测量前，应收集与工程有关的测量资料，并应对工程设计文件提供的控制点进行复核。

(2) 利用原有平面控制网进行施工测量时，其精度应满足施工控制网的要求。

(3) 在施工前及施工过程中应按要求测设一定数量的永久控制点和沉降、位移观测点，并应定期检测。

(4) 当采用DGPS定位系统进行港口工程施工定位及放样时，应将GPS坐标系转换为施工坐标系。

(5) 当距岸一定长度以上，定位精度要求很高的水域难以搭建测量平台时，宜采用RTK－DGPS等高精度定位技术进行施工定位。

(6) 施工放样应有多余观测，细部放样应减少误差的积累。

注：DGPS就是差分GPS，是在正常的GPS外附加（差分）改正信号，此改正信号改善了GPS的精度。差分定位（Differential Positioning），也称相对定位，是根据两台以上接收机的观测数据来确定观测点之间的相对位置的方法，它既可采用伪距观测量，也可采用相位观测量，大地测量或工程测量均应采用相位观测值进行相对定位，又可分为：

动态差分GPS（Dynamic differential GPS）是由一个或多个控制站（或参考站）传送信号改正值，以提供使用者进行实时改正之技术。

静态差分GPS（Static differential GPS）是由两个（含）以上接收仪，进行较长时间（通常为半小时以上）的测量，其包含了一组接收仪间基线向量的决定。

工作任务一　土坝施工测量

拦河大坝是重要的水工建筑物，按坝型可分为土坝、堆石坝、重力坝及拱坝等（后两类大中型多为混凝土坝，中小型多为浆砌块石坝）。修建大坝需按施工顺序进行下列测量工作：布设平面和高程基本控制网，控制整个工程的施工放样；确定坝轴线和布设控制坝体细部放样的定线控制网；清基开挖的放样；坝体细部放样等。对于不同筑坝材料及不同坝型，施工放样的精度要求有所不同，内容也有些差异，但施工放样的基本方法大同小异。

一、控制测量

1. 坝轴线的测设

如图11－2所示的土坝一般为直线型坝。对于大型土坝以及与混凝土坝衔接的土质副坝，大坝轴线的确定一般经过以下步骤：

(1) 图上选线。先在图纸上选取大坝轴线的位置，一般要选几个轴线，而不是一个。

(2) 现场踏勘。现场收集地形、地质资料，对图上选取的不同方案在现场进行勘查、比较，对每一个方案的优缺点做到心中有数。

(3) 方案比较。对经过现场勘查的不同方案进行全面的比较，选择既适合地形、地质条件又能最大限度地节省工程造价的方案。

(4) 方案论证。对选定的坝体轴线的位置进行有关负责人和专家参加的方案论证，做到切实可行。

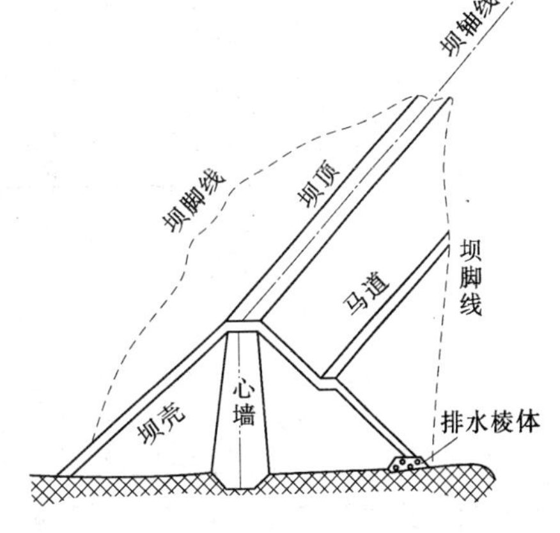

图11－2　土坝的组成

确定建坝位置后，在坝址地形图上结合枢纽的整体布置，将坝轴线标于地形图上，如图 11-3 中的 MN。再根据预先建立的基本控制网用角度交会法或极坐标法将 M 和 N 放样到地面上。

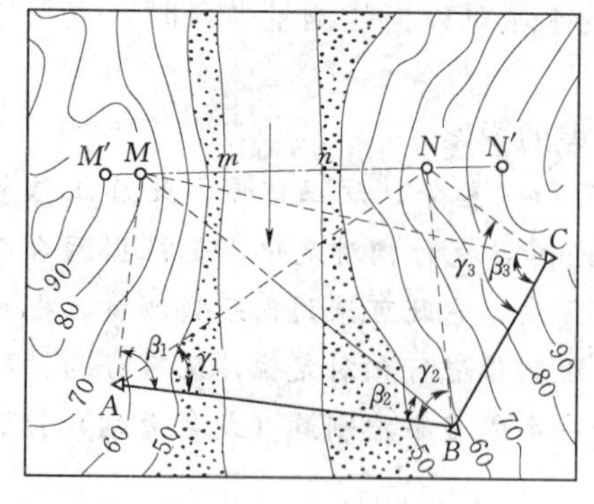

图 11-3　轴线放样

坝轴线的两端点在现场标定后，应用永久性标志标明。为了防止施工时端点被破坏，应将坝轴线的端点延长到两面山坡上，如图 11-3 中的 M'、N'，并用混凝土浇筑固定，以达到长期保存使用的目的。

表 11-1 是主要轴线点点位中误差限值规定。

2. 平面控制网测量

直线型坝的放样控制网通常采用矩形网或正方形方格网作平面控制。

（1）平行于坝轴线的控制线的测设。控制线可按一定间隔布设。在河滩上选择两条便于量距的坝轴垂直线，根据所需间距（如 5m、10m、20m、30m 等）从坝轴里程桩起，沿垂线向上、下游丈量定出各点，并按轴距（即至坝线的平距）进行编号，如上 10、上 20、…，下 10、下 20、…。两条垂线上编号相同的点连线即坝轴平行线，应将其向两头延长至施工影响范围之外，打桩编号，如图 11-4 所示。

表 11-1　　轴线精度规定

轴线类型	相对于邻近控制点点位中误差（mm）
土建轴线	±17
安装轴线	±10

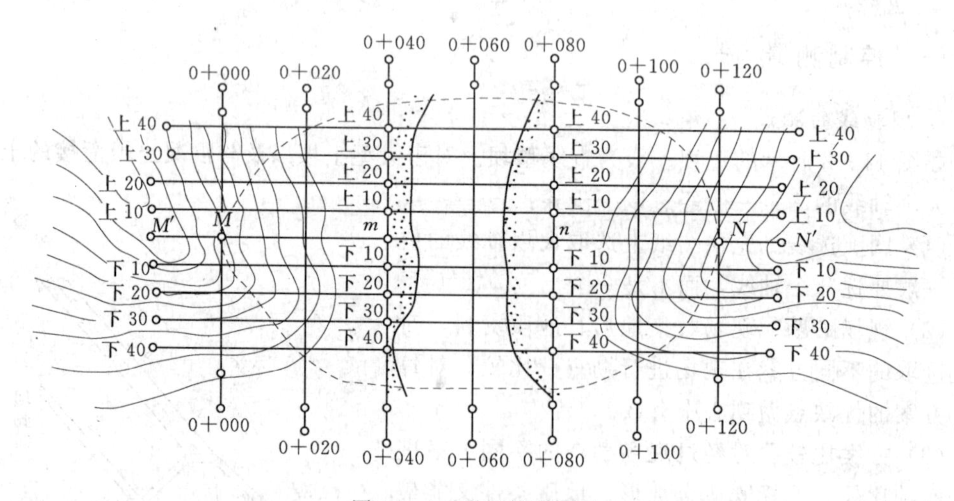

图 11-4　平面控制测量

（2）垂直于坝轴线的控制线的测设。一般将坝轴线上与坝顶设计高程一致的地面点作为坝轴线里程桩的起点，称为零号桩（即 0+000 桩）。在坝轴线两端找出与坝顶设计高程相同的地面点。为此，将经纬仪安置在坝轴线上，以坝轴线定向；从水准点向上引测高

程，当水准仪的视线高略高于坝顶设计高程时，算出符合坝顶设计高程应有的前视标尺读数，再指挥标尺在坝轴线上移动寻找两个坝轴端点，并打桩标定，如图 11－5 中的 M 和 N。

以任一个坝顶端点作为起点，距离丈量有困难时，可采用交会法定出里程桩的位置。如图 11－5 所示，在便于量距的地方做坝轴线 MN 的垂线 EF，用钢尺量出 EF 的长度，测出水平角 $\angle MFE$，算出平距 ME。

这时，设欲放样的里程桩号为 0＋020，先按公式计算出 β 角，然后用两台经纬仪分别在 M 点和 F 点设站，M 点的经纬仪以坝轴线定向，F 点的经纬仪测设出 β 角，两仪器视线的交点即为 0＋020 桩的位置。其余各桩按同法标定。

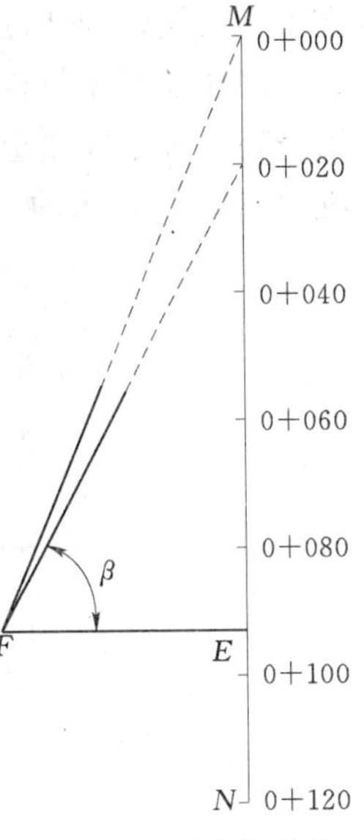

图 11－5 垂直坝轴线的测设

在各里程桩上测设坝轴线的垂线。垂线测设后，应向上、下游延长至施工影响范围之外，打桩编号，如图 11－5 所示。

具体方法如下：

1）在坝轴线端点 N 安置水准仪，后视已知水准点（高程为 H_0）标尺读数为 a，则零号桩上标尺应有的读数为 $b=H_0+a-H_{顶}$，其中 $H_{顶}$ 表示坝顶设计高程。

2）照准 M 点，将水准尺沿视线方向在山坡上下移动，当水准仪中丝读数为 b 时，该立尺点即为坝轴线上 0＋000 桩的位置。

3）沿坝轴线由 0＋000 桩起，按规定间距（如 20m）钉里程桩，其桩号依次为 0＋020，0＋040、…直至另一端坝顶与地面的交点为止。

同平行轴线控制一样，坝轴线的两端点在现场标定后，应用永久性标志标明。为了防止施工时端点被破坏，应将坝轴线的端点延长到两面山坡上。

3. 高程控制网测量

用于土坝施工放样的高程控制，可由若干永久性水准点组成基本网和临时作业水准点两级布设。具体要注意以下三点：

（1）在施工范围外布设三等或四等的永久性水准点。

（2）在施工范围内设置临时性水准点，用于坝体的高程放样。

（3）临时性水准点应与永久性水准点构成附合或闭合水准路线，按等外精度施测。

高程控制网的等级，依次划分为二、三、四、五等。首级控制网的等级，应根据工程规模、范围大小和放样精度高低来确定，其适用范围见表 11－2。

表 11－2　首级高程控制等级的适用范围

工程规模	混凝土建筑物	土石建筑物
大型水利水电工程	二等或三等	三等
中型水利水电工程	三等	四等
小型水利水电工程	四等	五等

基本网一般在施工影响范围之外布设水准点，用三等水准测量按闭合水准路线进行。

如图 11-6 中由Ⅲ$_A$ 经 BM_1～BM_6 再回到Ⅲ$_A$ 形成闭合水准路线，测定它们的高程。临时水准点直接用于坝体的高程放样，布置在施工范围内不同高度的地方并尽可能做到安置一、二次仪器就能放样高程，以减小误差的积累。临时水准点应根据施工进程临时设置，并附合到永久水准点上。如图 11-6 中由永久水准点 BM_1 经临时水准点 1～3 附合至永久水准点 BM_3，从水准基点引测它们的高程，并应经常检查，以防由于施工影响发生变动。

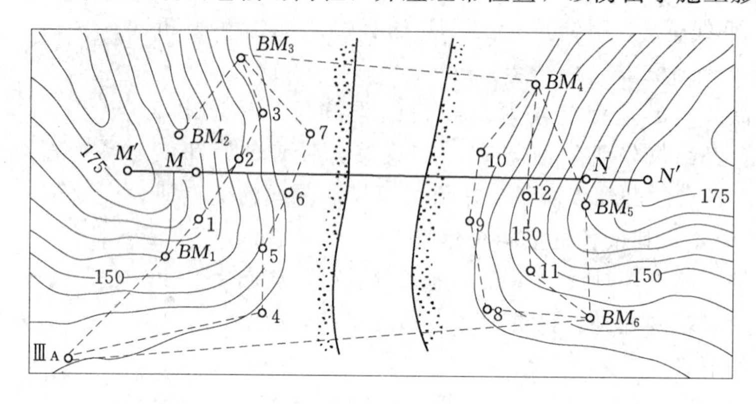

图 11-6　高程控制网

二、清基开挖线

清基开挖线是坝体与自然地面的交线，也就是自然地表上的坝脚线。为了使坝体与地面很好地结合，在坝体填挖前，必须先清理坝基。清基开挖线即坝体与原地面的交线，其放样方法有两种：套绘断面法和经纬仪扫描法。

1. *套绘断面法*

套绘断面法类似渠道中的横断面测量。如图 11-7 所示，具体方法如下：

（1）先测定各里程桩高程，沿垂直线方向测绘横断面图。

（2）在各横断面上将坝体设计断面套绘，并从图上量出两断面线交点（坡脚点或坝脚点，即清基开挖点）至中线桩的距离 D_1 和 D_2，据此放样出清基开挖点。

（3）同法求出各断面的清基开挖点至中线桩的距离 D_i，确定出不同断面的清基开挖点，依次连接各清基开挖点即为清基开挖线。

清基需要有一定的深度，为了防止塌方应放一定的边坡，因此实际开挖线需根据地质情况从所定开挖线向外放宽一定距离，撒上白灰标明，如图 11-4 中的虚线所示。

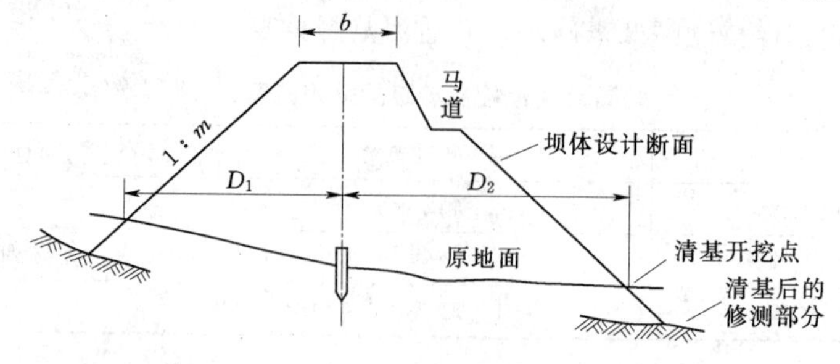

图 11-7　套绘断面法

2. 经纬仪扫描法

当坝面坡度较小时，可采用经纬仪扫描法进行清基开挖线的放样（图 11-8）。此法具有不受断面绘制误差和量距误差影响及精度较高的优点，放样点的位置和密度可根据现场的变化情况确定。具体放样步骤如下：

(1) 在靠近清基开挖线或变坡线的坝轴平行线上选择适当位置安置经纬仪，使仪器高出坝坡面。照准已知高程点，测定仪器的水平视线高 $H_i = H_{已} + v - s\tan\alpha$。$H_{已}$ 为已知点高程，s 为仪器至已知点的平距，α 为竖直角，v 位中丝读数。

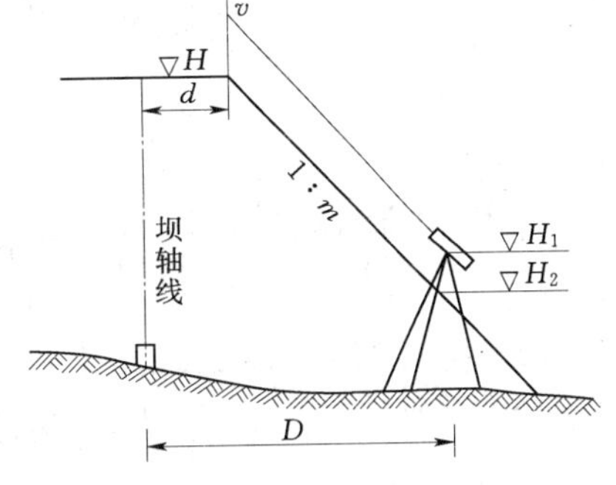

图 11-8　经纬仪扫描法

(2) 计算该点应有的坝面中丝读数 $v = H_i - H_0$ 及高程 $H_0 = H - (D - d)/m$。

(3) 以经纬仪正镜照准平行线的端点，水平度盘置零。照准所需放点的方向，读取水平角 β，计算垂直角 $\alpha = \arctan[(\sin\beta)/m]$。

(4) 根据垂直角 α 安置好望远镜，并指挥标尺在视线上移动，当中丝读数为 v 时，立尺点即为清基开挖点。

三、坡脚线的放样

清基完成后坝体与地面的交线即为坡脚线（起坡线），起坡线是填筑土石的边界线。其放样方法有套绘断面法和平行线法两种。起坡线的放样精度要求较高。无论采用哪种方法放样，都应进行检查。

1. 套绘断面法

从修测后的横断面图上量出坝脚点的轴距再去放样。具体如下：

(1) 先恢复被破坏的里程桩，量测其新的横断面。

(2) 再根据坝上下游边坡线与新横断面上的交点量得坡角线距离，放出坡角线。

(3) 测定坡角线的高程进行校核调整。

放样结束后，需要检查。如图 11-9 所示，设所放出的点为 P，检查时，用水准测量测定此点高程为 H_P，则此点至坝轴线的里程桩的实地平距 D_P 应等于按下式所算出来的轴距，即

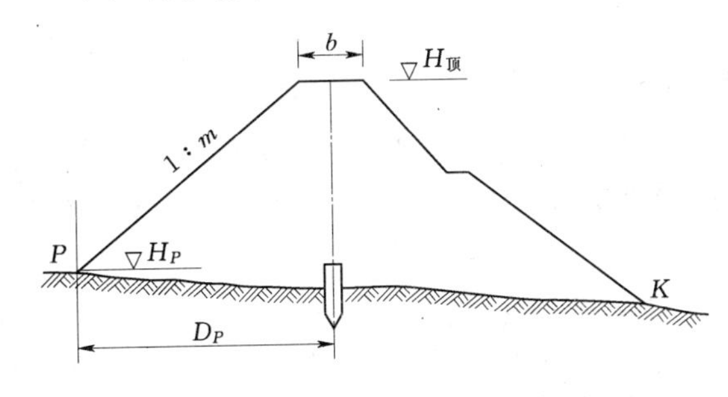

图 11-9　套绘断面法放样坡脚线

$$D_P = \frac{b}{2} + (H_{顶} - H_P) \quad (11-1)$$

如果实地平距与计算的轴距相差大于 1/1000，应在此方向移动标尺重新测量高程和平距，直至量得立尺点的平距等于所算出的轴距为止，这时的立尺才是起坡点应有的位置。所有起坡点标定后，连成起坡线。

2. 平行线法

平行线法以不同高程坝坡面与地面的交点获得坡脚线，如图 11-10 所示。在地形图

上确定土坝的坡脚线，是用已知高程的坝坡面（为一条平行于坝轴线的直线）求得它与坝轴线间的距离，获得坡脚点。平行线法测设坡脚线的原理与此相同，不同的是由距离（平行控制线与坝轴线的间距为已知）求高程（坝坡面的高程），而后在平行控制线方向上用高程放样的方法，定出坡脚点。

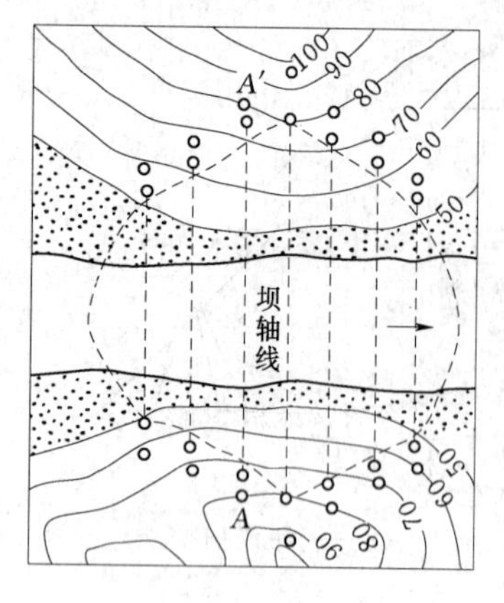

图 11-10　平行线法放样坡脚线

四、坝体边坡线的放样

坝体边坡放样是保证坝体按照设计坡度和要求施工的前提保证。坝体坡脚放出后，就可填土筑坝，为了标明上料填土的界线，每当坝体升高 1m 左右，就要用桩（称为上料桩）将边坡的位置标定出来。标定上料桩的工作称为边坡放样。常用的放样方法有轴距杆法、坡度尺法两种。

1. 轴距杆法

轴距杆法就是随着坝体增高测定上料桩与坝体中心线之间的距离的方法。若用 P 表示上料桩的位置，H_P 为此点的高程，b 是坝顶的宽度，坝体边坡为 $1:m$，根据公式

$$d=\frac{b}{2}+(H_{顶}-H_P)m \tag{11-2}$$

计算坡面不同高程点至坝轴线的距离，该距离为坝体筑成后的实际轴距，加上余坡厚度的水平距离，图 11-11 中虚线即为余坡的边线。

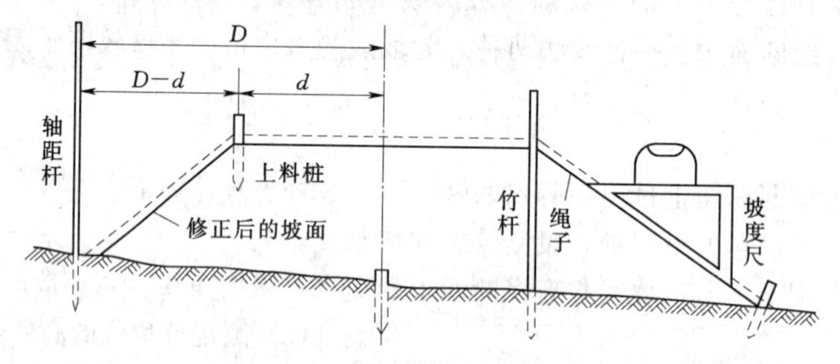

图 11-11　轴距杆法和坡度尺法

在施工中，由于坝轴线上的各里程桩不便保存，常在各里程桩的横断面上、下游方向各预先埋设一根轴距杆。上料桩离轴距杆的水平距离为 $\Delta D=D-d$，据此定出上料桩的位置。图 11-11 的左边即为轴距杆法。

2. 坡度尺法

按设计坝面坡度 $1:m$ 特制一个大的专用三角板（坡度尺），使两直角边的长度分别为 1 个单位和 m 个单位，在长为 m 个单位的直角边上安装一个水准管。放样时，将小绳一头系于起坡桩上，另一头系在坝体横断面方向的竹杆上，将三角板斜边靠着绳子，当绳子拉到水准气泡居中时，绳子的坡度即等于应放样的坡度，如图 11-11 的右边。

五、修坡桩的测设

坝体修筑到设计高程后，要根据设计的坡度修整坝坡面。修坡是根据修坡桩上标明的

削坡厚度进行的。常用水准仪法和经纬仪法。

1. 水准仪法

（1）在已填筑的土坝坡面上，钉上若干排平行于坝轴线的木桩。木桩的距离要适度，太密测量费时，但精度高；否则，测量工作量小，但坡面的精度低。

（2）丈量各木桩至坝轴线的距离，计算木桩的坡面设计高程。

$$H_i = H_{顶} - i\left(d_i - \frac{b}{2}\right) \tag{11-3}$$

（3）用水准仪测定各木桩的坡面高程，各点坡面的实际高程与设计高程之差即为该点的削坡厚度。

2. 经纬仪法

（1）计算坡倾角，设边坡 1∶m，按下式计算

$$\alpha = \arctan\frac{1}{m} \tag{11-4}$$

（2）为便于观测，在填筑的坝顶边缘上安置经纬仪，量取仪器高 i，将望远镜视线向下倾斜 α 角，此时视线平行于设计坡面，如图 11-12 所示。

（3）沿着视线方向，每隔一定的距离竖立一根标尺，设中丝读数为 v，则该立尺点的修坡厚度为 $\delta = i - v$。

（4）若安置经纬仪地点的高程与坝顶设计高程不符，若坝顶的实际高程为 H_i，设计高程为 H_0，则实际修坡厚度应为

$$\delta = (i - v) + (H_i - H_0) \tag{11-5}$$

六、护坡桩的测设

坝面修整后，为使坡面符合设计要求，也为了使坝面能够长期经受住风吹、日晒、雨淋而保持坡度不变，常用草皮或石块根据护坡桩进行护坡。护坡桩的测设如图 11-13 所示，具体方法如下：

（1）从坝坡脚线开始，沿坝坡面高差每隔一定距离（常用 5m）布设一排与坝轴线平行的护坡桩。

（2）在一排中每隔一定距离（常用 10m）钉一木桩，使木桩在坝面上构成方格网状，

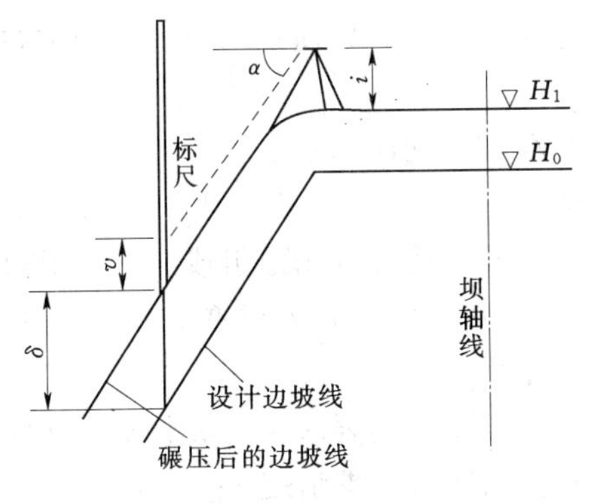

图 11-12 经纬仪法

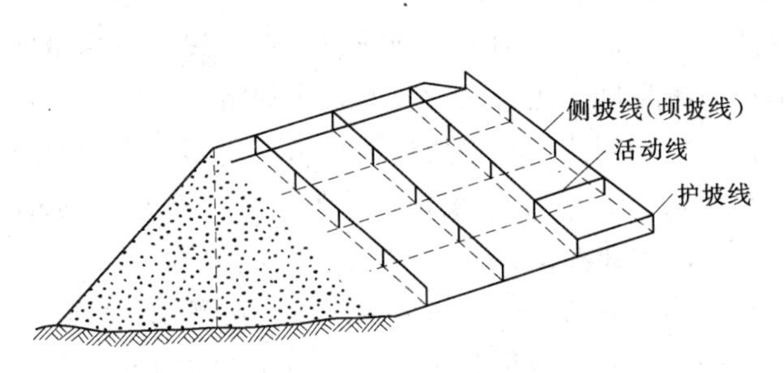

图 11-13 护坡桩的测设

在设计高程处钉一小钉（称为高程钉）。

（3）在大坝的横断面方向的高程钉上拴一根线绳，以控制坡面的横向坡度。

（4）在平行于坝轴线方向系一活动线，当活动线沿横断面线的绳子上下移动时，其轨迹就是设计的坝坡面。然后以活动线为依据进行护坡。

工作任务二　混凝土坝施工测量

混凝土坝主要有重力坝和拱坝两种形式。本节分别介绍这两种坝体的施工测量工作，主要是控制测量和立模放样测量。

一、混凝土坝的施工控制测量

混凝土坝的结构比土坝复杂，放样精度比土坝要求高。施工平面控制网一般按基本网、定线网两级布设，不多于三级。基本网为首级平面控制网起着控制各建筑物主轴线的作用，首级平面施工控制网一般布设成三角网形式，也可布设GPS网，基本网一般布设在施工区域以外，以便长期保存；定线网直接控制建筑物的辅助轴线及细部位置，有矩形网、三角网、导线网等形式。定线网应尽可能靠近建筑物，以便放样。

1. 基本平面控制网

基本网作为首级平面控制，一般布设成三角网，并应尽可能将坝轴线的两端点纳入网中作为网的一条边。根据建筑物重要性的不同要求，一般按三等以上三角测量的要求施测。大型混凝土坝的基本网兼作变形观测监测网，要求更高，需按一、二等三角测量要求施测。为了减少安置仪器的对中误差，三角点一般建造混凝土观测墩，并在墩顶埋设强制对中设备，以便安置仪器和视标。

对于特大型的水利水电工程，也可布设一等平面控制网，其技术指标应专门设计。各种等级（二、三、四、五等）、各种类型（测角网、测边网、边角网或导线网）的平面控制网均可选为首级网。

如图11-14所示的平面控制网的布设梯级，可根据地形条件及放样需要决定，以1～2级为宜。但无论采用何种梯级布网，其最末级平面控制点相对于同级起始点或邻近高一级控制点的点位中误差不应大于±10mm。

首级平面控制网的起始点，应选在坝轴线或主要建筑物附近，以使最弱点远离坝轴线或放样精度要求较高的地区。

直线形建筑物的主轴线或其平行线，应尽量纳入平面控制网内。

测角网、边角网的技术要求如下：

（1）测角网宜采用近似等边三角形、大地四边形、中心多边形等图形组成。三角形内角不宜小于30°。如受地形限制，个别角也不应小于25°，观测时仪器安置在如图11-15所示的观测墩上。

（2）测角网的起始边应采用光电测距仪测量，坡度应满足下列要求：二等起始边坡度应小于5°，三等应小于7°，四等应小于10°。测角网的技术要求应满足表11-3和表11-4的规定。

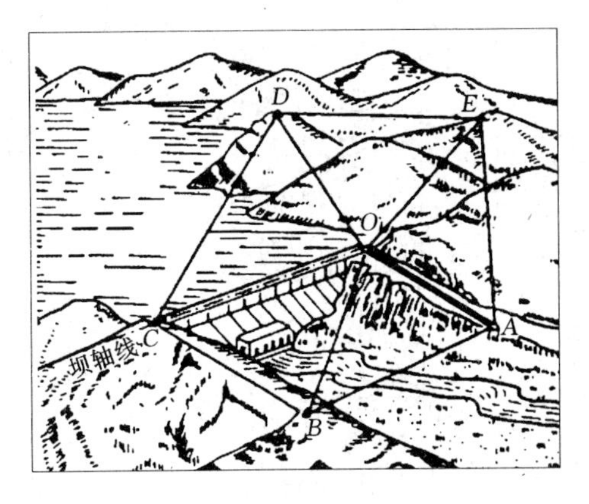

图 11-14 混凝土坝施工平面控制网

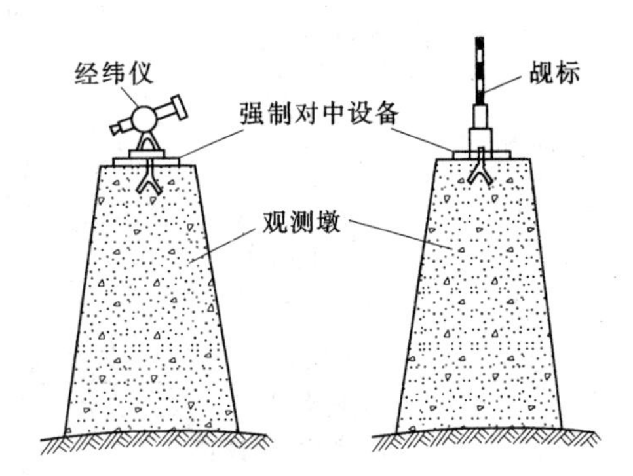

图 11-15 观测墩

表 11-3 测角网技术要求

等级	边 长 (m)	起始边相对中误差	测角中误差 (″)	三角形最大闭合差 (″)	测回数	
					DJ1	DJ2
二	500～1500	1/30 万	±1.0	±3.5	9	—
三	300～1000	1/15 万（首级） 1/13 万（加密）	±1.8	±7.0	6	9
四	200～800	1/10 万（首级） 1/7 万（加密）	±2.5	±9.0	4	6
五	100～500	1/4 万	±5.0	±15.0	—	4

表 11-4 边角网、测边网技术要求

等级	边 长 (m)	测角中误差 (″)	平均边长 相对中误差	测距仪 等级	测 回 数		
					边长	天顶距	
						DJ1	DJ2
二	500～1500	±1.0	1/25 万	1～2	往返各 2	9	—
三	300～1000	±1.8	1/15 万	2	往返各 2	6	9
四	200～800	±2.5	1/10 万	2～3	往返各 2	4	6
五	100～500	±5.0	1/5 万	3～4	往返各 2	—	4

2. 坝体控制网（定线网）

混凝土坝采取分层施工，每一层中还分跨分仓（或分段分块）进行浇筑。坝体细部常用方向线交会法和前方交会法放样，为此，坝体放样的控制网（定线网）有矩形网和三角网两种，前者以坝轴线为基准，按施工分段分块尺寸建立矩形网，后者则由基本网加密建立三角网作为定线网。

(1) 矩形网。图 11-16 为混凝土重力坝分层分块浇筑示意图。图 11-17 为以坝轴线 AB 为基准布设的矩形网，矩形网就是测设出与大坝轴线平行和垂直的控制线组成控制网，控制坝体施工过程中的分块，平行线之间的距离最好等于分块的长度，这样测设起来

比较方便。实际测设时的具体步骤如下：

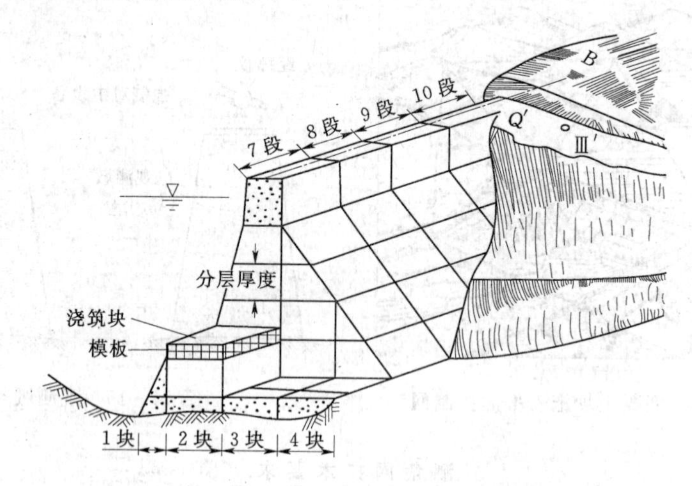

图 11-16　坝体分块浇筑示意图

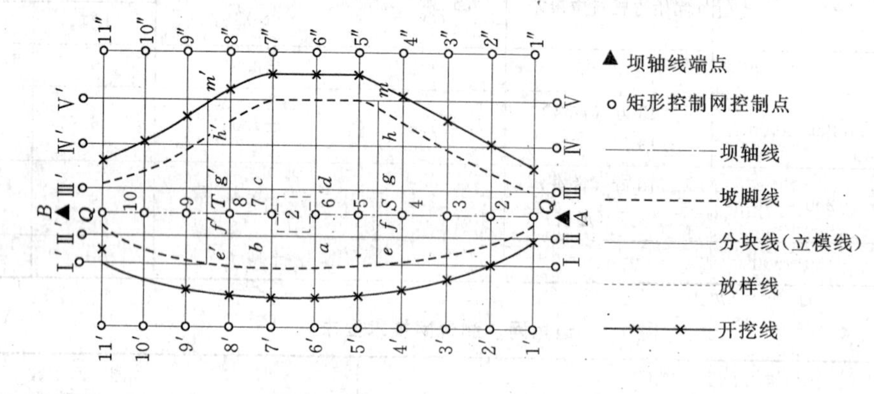

图 11-17　矩形网

1）按住经纬仪于坝轴线控制点 A 点（或 B 点），照准另一个控制点 B 点（或 A 点），确定坝轴线方向，并在该方向选取两点，如 S、T 两点。

2）由选取的 S、T 两点开始，分别沿垂直方向按分块的宽度钉出 e、f、g、h、m 和对应的 e'、f'、g'、h'、m'等点。

3）将对应的每组点连线，即 ee'、ff'、gg'、hh'、mm'等连线并延伸到开挖区外，在两侧山坡上设置Ⅰ、Ⅱ、Ⅲ、Ⅳ、Ⅴ和Ⅰ′、Ⅱ′、Ⅲ′、Ⅳ′、Ⅴ′等放样控制点。

4）按坝顶的高程，在坝轴线方向上找出坝顶与地面相交的两点 Q 与 Q'。

5）沿坝轴线方向按分块的长度钉出坝基点 2、3、…、10。

6）在坝基点（每个点）上安置经纬仪，测设与坝轴线垂直的方向线，并将这些方向线延伸到上、下游围堰上或两侧山坡上，设置对应坝基点的 1′、2′、…、11′和 1″、2″、…、11″等放样控制点。

需要注意的是，每次照准方向测设点位时都需要用盘左和盘右测设取平均值的方法，这样既可以相互校核又可提高精度，距离也应往返丈量，避免发生放线错误。

（2）三角网。图 11-18 是由包括 AB（基本网的一边，拱坝轴线两端点）在内的加密

定线网 $A-E-F-B-C-D-A$，各控制点的测量坐标可通过测量计算求得。

需要说明的是，施工测量中坝体细部尺寸放样是以施工坐标系 xOy 为依据的，因此需要根据设计图纸求算得各点的施工坐标，有时也需要将施工坐标换算成测量坐标。

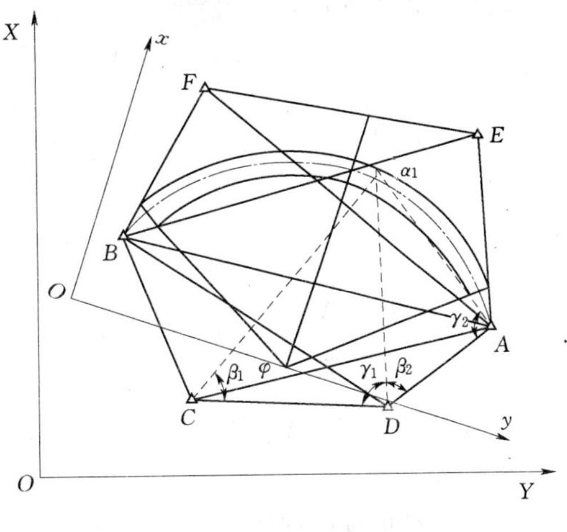

图 11-18 三角网

3. 高程控制网

一般分两级布设。一级为基本网，负责对水利枢纽整体的高程控制，根据工程的不同要求按二等或三等水准测量施测，并考虑以后可用作监测垂直位移的高程控制。二级为施工水准点，随施工进程布设，尽可能布设成闭合或附合水准路线，保证测设的精度。

二、混凝土坝坝体的立模放样

1. 重力坝的立模放样

重力坝浇筑是分块进行的，因此需要在坝体分块处树立模板（立模），立模应将分块线投影到基础面或已浇好的下层坝块面上，将模板架立在分块线上，因此分块线也就成了立模线。但立模后立模线被覆盖，还要在立模线内侧弹出平行线（称为放样线，图11-17中虚线）用来立模放样和检查校正模板位置，放样线与立模线之间一般有 0.2～0.5m 的距离，精度应满足表 11-5 的规定。

表 11-5 立模、填筑轮廓点点位中误差及分配

建筑材料	建筑物名称	点位中误差（mm）		平面位置误差分配（mm）	
		平面	高程	轴线点或测站点	细部放样
混凝土	各种主要水工建筑物（坝、闸、厂房）、船闸泄水建筑物、坝内正、倒垂孔等	±20	±20	±17	±10
	各种导墙及井、洞衬砌，坝内其他孔洞	±25	±20	±23	±10
	其他（副坝、围堰心墙、护坦、护坡、挡墙等）	±30	±30	±25	±17
土石料	碾压式坝（堤）上、下游边线、山墙、面板堆石坝及各种患侧孔位等	±40	±30	±30	±25
	各种坝（堤）内设施定位、填料分界线等	±50	±30	±30	±40

具体测量放样常采用角度前方交会和方向线交会等方法。

（1）方向线交会法。如图 11-17 所示的混凝土重力坝已按分块要求布设了矩形坝体控制网，可用方向线交会法测设立模线。

如要测设分块 2 的顶点 a 的位置，可在 $6'$ 安置经纬仪，瞄准 $6''$ 点，同时在Ⅱ点安置经

纬仪，瞄准Ⅱ′点，两架经纬仪视线的交点即为 a 的位置。用同样的方法可交会出这分块的其他三个顶点的位置，得出分块 2 的立模线。利用分块的边长及对角线校核标定的点位精度，确认无误后在立模线内侧标定放样线的四个角顶，如图 11－17 中分块 $a-b-c-d$ 内的虚线。

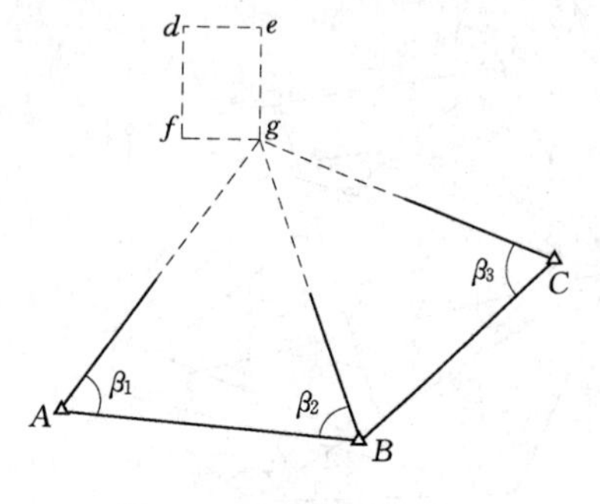

图 11－19　前方交会法

（2）角度前方交会法。如图 11－19 有 A、B、C 三个控制点，欲测设坝体分块。先在设计图纸上查出各坝体分块点的坐标，如分块 d、e、g、f 的四个点的坐标，再计算出它们与三个控制点 A、B、C 之间的放样数据（交会角），如 g 点与 A、B、C 连接所形成的放样角 β_1、β_2、β_3。

具体放样时根据放样角 β_1、β_2、β_3 按照前方交会的方法放样出 g 点，同理可放样出 d、e、f 各角点。用分块边长和对角线校核放样点位的精度，确认无误后在立模线内侧标定放样线的四个角点。其他坝块用同样的方法进行放样。

拱坝有单曲拱坝和双曲拱坝两种类型。单曲拱坝的坝面弧线具有统一圆心，双曲拱坝坝面弧线的圆心随高度的增加而相应改变。单曲拱坝的放样比较简单，和双曲拱坝中放样一个拱圈的方法相同，双曲拱坝放样要按照不同层次的圆心变化进行。

2. 单曲拱坝的立模放样

由于单曲拱坝的施工难于重力坝，放样常采用前方交会法。曲坝的轴线为弧线，所以不像重力坝那样可以容易地采用矩形分块等形式，施工放样也有较大区别。若测图控制点的精度和密度能满足放样要求，可以直接依据这些控制点按测图坐标进行放样；否则可在测图控制点基础上进行加密作为放样的依据。

图 11－20 为一拱形拦河坝，坝迎水面的半径为 243m，以 115°夹角组成一圆弧，弧长为 487.732m，分为 27 跨，按弧长编成桩号，从 0＋13.268～5＋01.000。施工坐标 XOY，以圆心 O 与 12、13 分跨线（桩号 2＋40.000）为 X 轴，为避免坝体细部点的坐标出现负值，可令圆心 O 的坐标为一个较大的正值，如设 O（100.000，100.000）。

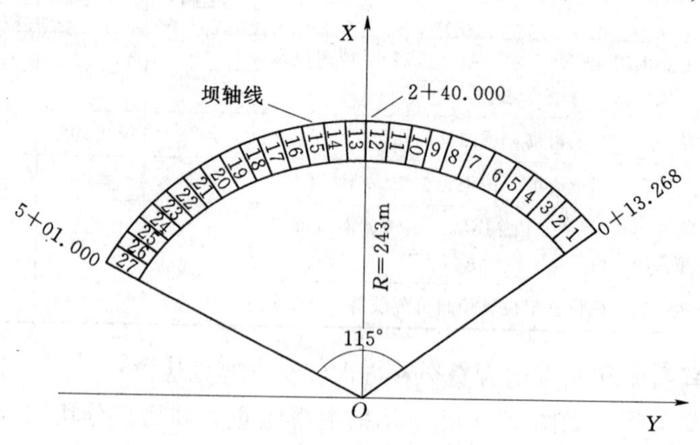

图 11－20　单曲拱坝示意图

图 11-21 是第 11、12 跨分块示意图，从设计图上获得一跨分三块浇筑，中间第二块在浇筑一、三块后浇筑，因此只要放出一、三块的放样线即可。为此，实测时须先计算放样数据，现以第 11 跨的立模放样为例介绍放样数据的计算。

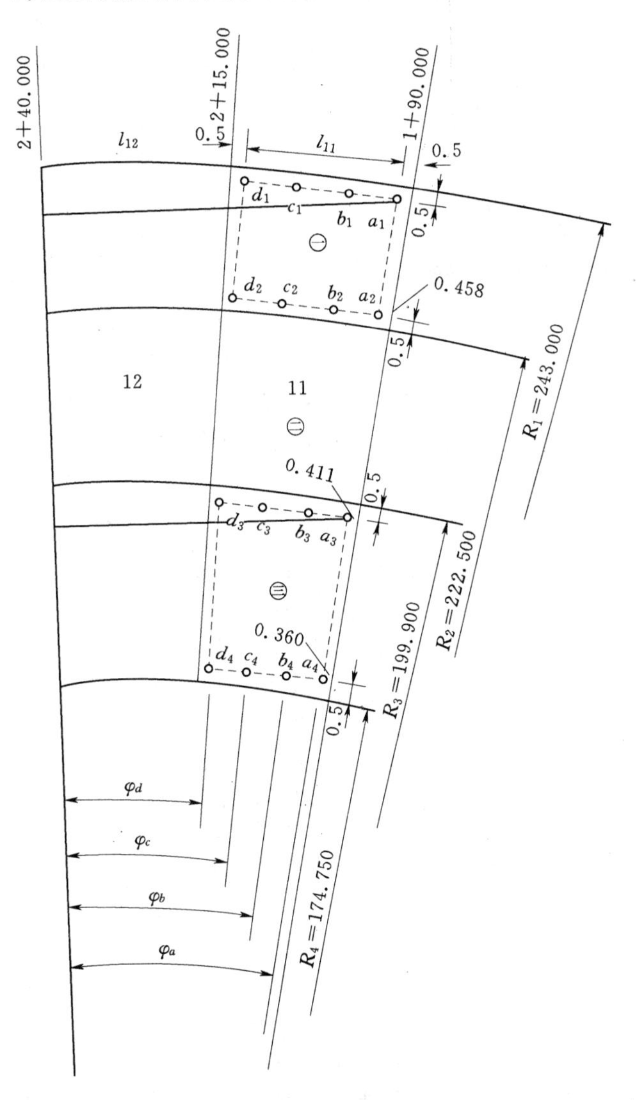

图 11-21 第 11、12 跨坝体分跨分块图

(1) 放样数据的计算。一般先计算放样点的施工坐标，然后计算交会放样点的数据。

1) 放样点施工坐标计算。由图 11-21 可知，放样点的坐标可按下列各式计算

$$
\begin{aligned}
x_{ai}&=x_0+(R_i\mp 0.5)\cos\varphi_a \quad & y_{ai}&=y_0+(R_i\mp 0.5)\sin\varphi_a \\
x_{bi}&=x_0+(R_i\mp 0.5)\cos\varphi_b \quad & y_{bi}&=y_0+(R_i\mp 0.5)\sin\varphi_b \\
x_{ci}&=x_0+(R_i\mp 0.5)\cos\varphi_c \quad & y_{ci}&=y_0+(R_i\mp 0.5)\sin\varphi_c \\
x_{di}&=x_0+(R_i\mp 0.5)\cos\varphi_d \quad & y_{di}&=y_0+(R_i\mp 0.5)\sin\varphi_d
\end{aligned}
\quad (i=1,2,3,4) \tag{11-6}
$$

式中，0.5m 为放样线与圆弧立模线的间距：$i=1$，3 时取"－"，$i=2$，4 时取"＋"；其中

$$\varphi_a=(l_{12}+l_{11}-0.5)\cdot\frac{1}{R_1}\cdot\frac{180}{\pi}$$

$$\varphi_b=\left[l_{12}+l_{11}-0.5-\frac{1}{3}(l_{11}-1)\right]\cdot\frac{1}{R_1}\cdot\frac{180}{\pi}$$

$$\varphi_c=\left[l_{12}+l_{11}-0.5-\frac{2}{3}(l_{11}-1)\right]\cdot\frac{1}{R_1}\cdot\frac{180}{\pi}$$

$$\varphi_d=\left[l_{12}+l_{11}-0.5-\frac{3}{3}(l_{11}-1)\right]\cdot\frac{1}{R_1}\cdot\frac{180}{\pi}\tag{11-7}$$

2）交会放样点的数据计算。图 11-21 中，a_i、b_i、c_i、d_i 等放样点是用角度交会法测设到实地的。现以 a_4 点放样为例说明交会放样的计算方法。

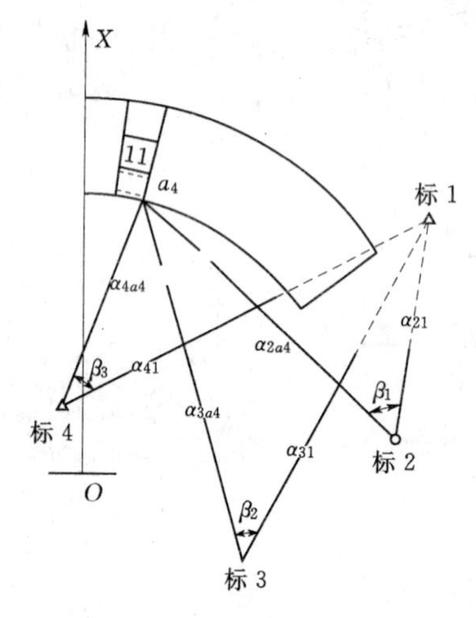

图 11-22　拱坝细部放样

如图 11-22 所示，放样点 a_4 是由标 2、标 3、标 4 三个控制点，用 β_1、β_2、β_3 三个交会角通过交会方法测设的，所以需要计算交会角 β_1、β_2、β_3。基本思路方法是：先计算标 2－标 1、标 3－标 1、标 4－标 1 边的方位角 α_{21}、α_{31}、α_{41} 以及标 2－a_4、标 3－a_4、标 4－a_4 边的方位角 α_{2a4}、α_{3a4}、α_{4a4}，再计算 β_1、β_2、β_3。

方位角按下列公式计算

$$\alpha_{21}=\arctan\frac{y_2-y_1}{x_2-x_1}\quad \alpha_{2a4}=\arctan\frac{y_{a4}-y_2}{x_{a4}-x_2}$$

$$\alpha_{31}=\arctan\frac{y_3-y_1}{x_3-x_1}\quad \alpha_{3a4}=\arctan\frac{y_{a4}-y_3}{x_{a4}-x_3}$$

$$\alpha_{41}=\arctan\frac{y_4-y_1}{x_4-x_1}\quad \alpha_{4a4}=\arctan\frac{y_{a4}-y_4}{x_{a4}-x_4}\tag{11-8}$$

交会角按下列公式计算

$$\beta_1=\alpha_{21}-\alpha_{2a4}$$

$$\beta_2=\alpha_{31}-\alpha_{3a4}$$

$$\beta_3=\alpha_{41}-\alpha_{2a4}\tag{11-9}$$

需要注意的是，当用式（11-9）计算交会角 β 出现负值时，须在计算结果上加 360°。

（2）细部点的放样方法。标 1、标 2、标 3、标 4 是控制点，它们的位置是已知的。有利用交会角放样和利用方位角放样两种方法。

利用交会角放样方法如下：

1）在标 2（标 3 或标 4 点）上安置经纬仪，后视标 1 点作为起始方向，归零。

2）转动望远镜时水平度盘读数等于 $360°-\beta_1$（$360°-\beta_2$ 或 $360°-\beta_3$），此方向即为 a_4 方向，三个方向交会得到 a_4 点（两个方向交会，另一个作为校核）。

利用方位角放样方法如下：

1）在标 2（标 3 或标 4 点）上安置经纬仪，后视标 1 点使度盘读数为 α_{21}（α_{31} 或 α_{41}）。

2）转动度盘使读数为 α_{2a4}（α_{3a4} 或 α_{4a4}），此时视线所指即为 a_4 方向，三个方向交会得到 a_4 点。

其他点的数据计算和放样方法与 a_4 点相同。

注意，用角度交会法定出放样点后，应丈量放样点间的距离，以校核精度。

3. 双曲拱坝的立模放样

从图 10－23 可以看出，双曲拱坝投影到平面上是由不同圆心和不同半径的一些圆曲线组成，所有圆心都与拱顶位于同一直线上，这条直线称为拱坝中心线。河谷几乎都是随着高程的增高而逐渐变宽的，所以这些圆曲线所对的中心角及其半径总是按高程从下往上逐层增大，对应的圆心也因设计半径随高程增大而远离坝体。施工中拱坝是按高程分层、分段和分块浇筑的，放样的任务就是分层、分段放出每块立模线的位置。具体放样步骤如下：

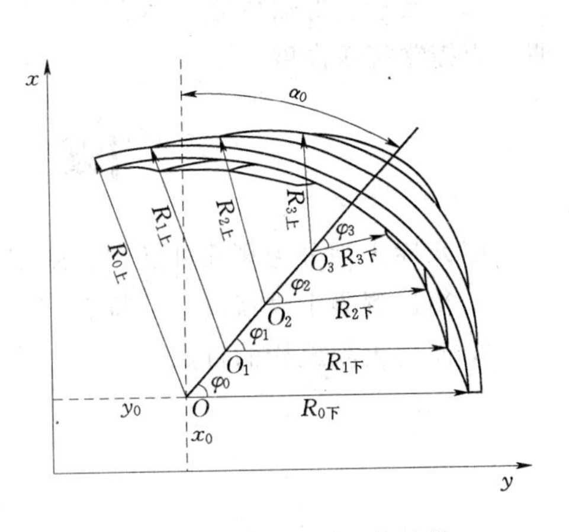

图 11－23　双曲拱坝的放样

（1）起算数据的获得。从设计图上量取拱坝中心线的方位角 α_0（为了提高精度，应量取中心线上两点的坐标进行反算）和最远圆心的坐标 x_0，以此作为推算其他曲线点坐标的起算数据。

（2）圆心坐标的计算。根据最远圆心对应的半径与其他圆心对应的半径之差，以及中心线的方位角计算出其他圆心的坐际，即

$$x_i = x_0 + (R_0 - R_i)\cos\alpha_0$$
$$y_i = y_0 + (R_0 - R_i)\sin\alpha_0 \qquad (11-10)$$

（3）方位角的计算。如图 11－24 所示，将每层拱圈两端对应的圆心角从中心线向两边分成若干个相同的等分，每等分的大小根据分块的大小、放样精度等具体要求确定。根据各等分角边（半径）与中心线的夹角计算出各角边的方位角。

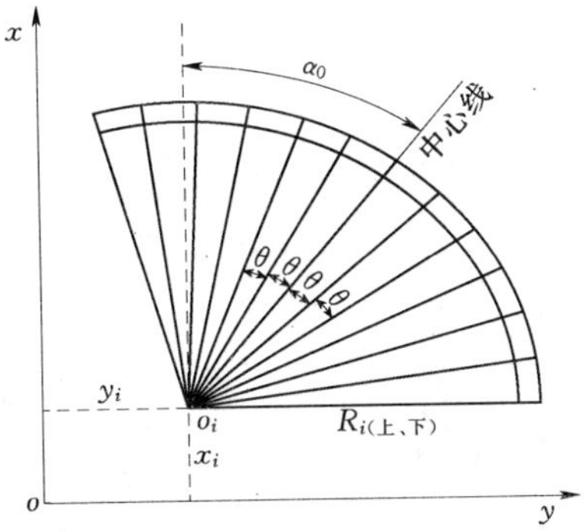

图 11－24　等分拱圈圆

（4）曲线点坐标的计算。根据各圆心坐标、相应设计半径和方位角计算曲线各等分点上、下游面的坐标。

（5）曲线点与控制点间放样数据的计算。根据坐标反算出各曲线点与相邻控制点间的方位角和边长。

（6）细部点放样。在计算数据基础上，每层放样的方法与单曲拱坝的放样方法完全相同。

三、混凝土浇筑高度的放样

立模放样结束后还要在模板上标出浇筑高度，具体步骤如下：

（1）立模前先由最近的作业水准点或邻近已浇好坝块上所设的临时水准点引测，在仓内测设至少两个临时水准点。

（2）模板立好后由临时水准点按设计高度在模板上标出若干点，并以规定的符号标明，以控制浇筑高度。

【技　能　训　练】

1. 水库大坝分为哪几种类型？施工特点是什么？
2. 简述混凝土拱坝放样的特点。
3. 简述土坝放样的特点。

学习情境十二　水 闸 施 工 测 量

【知识目标】

1. 了解水闸的施工测量内容
2. 了解水闸主轴线、基础开挖线、底板的施工放样基本原理

【能力目标】

1. 掌握水闸施工测量基本方法
2. 熟悉水闸主轴线、基础开挖线、底板的施工放样方法

工作任务一　主轴线的测设和高程控制网的建立

如图 12-1 所示，水闸由闸室段和上、下游连接段三部分组成。闸室是水闸的主体，包括底板、闸墩、闸门、工作桥和交通桥等几部分。上、下游连接段有防冲槽、消力池，翼墙、护坦（海漫）、护坡等防冲设施。由于水闸一般建筑在土质地基甚至软土质地基上，

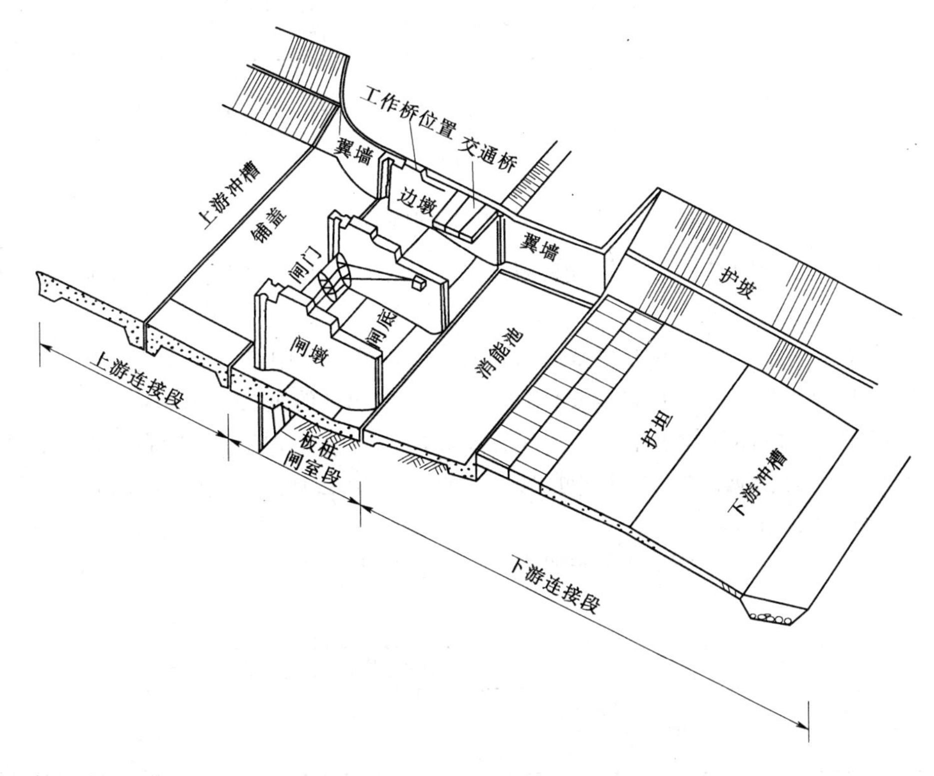

图 12-1　水闸的基本组成

因此通常以较厚的钢筋混凝土底板作为整体基础，闸墩和翼墙与底板连接浇筑成整体以增强水闸的强度。施工放样测量时，应先放出整体基础开挖线；在基础浇筑时，为了在底板上预留闸墩和翼墙的连接钢筋，应放出闸墩和翼墙的位置。

水闸的施工放样，包括测设水闸的主要轴线，闸墩中线、闸孔中线、闸底板的范围，各细部的平面位置和高程。

一、主轴线的测设

如图 12-2 所示，水闸主轴线由闸室中心线 AB（横轴）和河道中心线 CD（纵轴）两条互相垂直的直线组成。主轴线定出后，应在交点检测它们是否相互垂直，若误差超过 $10''$，应以闸室中心线为基准，重新测设一条与它垂直的直线作为纵向主轴线，其测设误差应小于 $10''$。主轴线测定后，应向两端延长至施工影响范围之外，每端各埋设两个固定标志以表示方向。

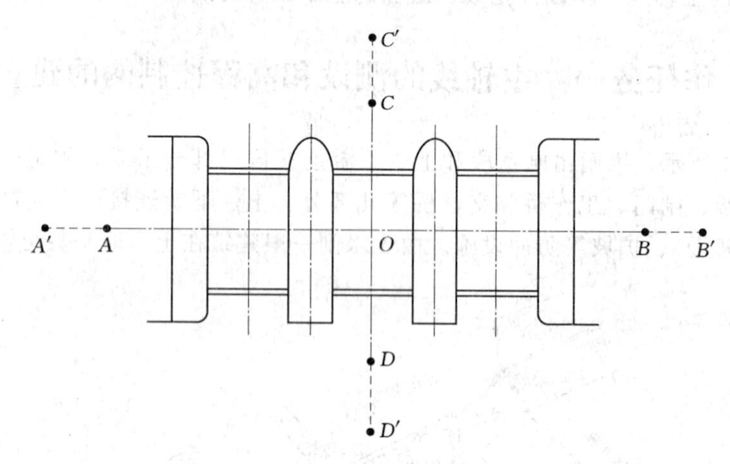

图 12-2　水闸主轴线放样

（1）从水闸设计图量出 AB 轴线的端点 A、B 的坐标，并将施工坐标换算成测图坐标，再根据控制点进行放样。

（2）采用距离精密测量的方法测定 AB 的长度，并标定中点 O 的位置。

（3）在 O 点安置经纬仪，采取正倒镜的方法测设 AB 的垂线 CD。

（4）将 AB 向两端延长至施工范围外（A'、B'），并埋设两固定标志，作为检查端点位置及恢复端点的依据。在可能的情况下，轴线 CD 也延长至施工范围以外（即 C'、D'），并埋设两固定标志。

主要轴线点点位中误差限值应按照表 12-1 的规定。

表 12-1　　轴 线 精 度 规 定

轴线类型	相对于邻近控制点点位中误差（mm）
土建轴线	±17
安装轴线	±10

二、高程控制网的建立

高程控制一般采用三等或四等水准测量方法测定。水准基点布设在河流两岸不受施工影响的地方，如图 12－3 中的 BM_1 等点。临时水准点要尽量靠近水闸位置，减小放样的误差，可以布设在河滩上。

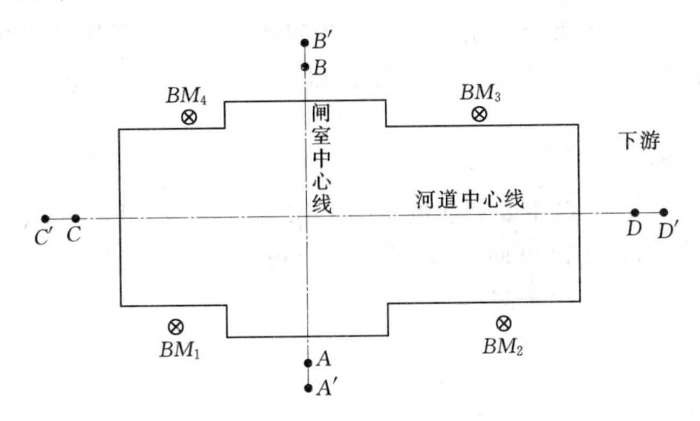

图 12－3　高程控制网的建立

工作任务二　基础开挖线和闸底板的放样

一、基础开挖线的放样

水闸基坑开挖线是由水闸底板、翼墙、护坡等与地面的交线决定的，可以采用土坝施工放样的套绘断面法确定开挖线的位置，如图 12－4 所示。

（1）从水闸设计图上查取底板形状变换点至闸室中心线的平距，在实地沿纵向主轴线标出这些点的位置，并测定其高程和测绘相应的河床横断面图。

（2）根据设计的底板高程、宽度、翼墙和护坡的坡度在河床横断面图上套绘相应的水闸断面，如图 12－4 所示。量取两断面线交点到纵轴的距离，即可在实地放出这些交点，连成开挖边线。

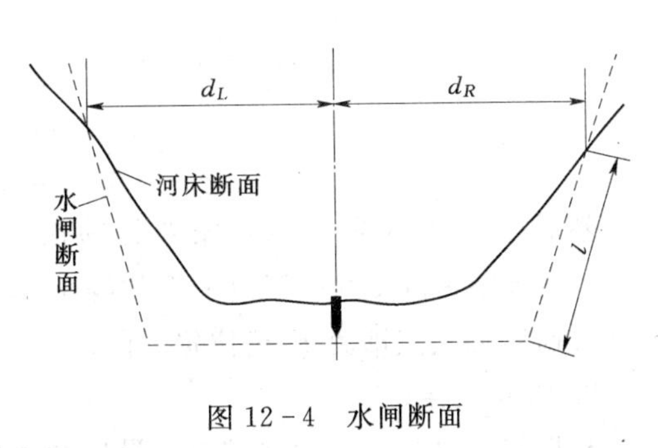

图 12－4　水闸断面

（3）实地放样时，在纵轴线相应位置上安置经纬仪，以 C 点（或 D 点）为后视，向左或向右旋转 90°，再量取相应的距离可得断面线交点的位置。

为了控制开挖高程，可将斜高 l 注在开挖边桩上。当挖到接近底板高程时，一般应预留 0.3m 左右的保护层，待底板浇筑时再挖去，以免间隙时间过长，清理后的地基受雨水冲刷而变化。在挖去保护层时，要用水准测定底面高程，测定误差不能大于 10mm。

二、水闸底板的放样

1. 底板放样的任务

底板是闸室和上、下游翼墙的基础，闸孔较多的大中型水闸底板是分块浇筑的。

（1）底板立模线的标定和装模高度的控制。放出每块底板立模线的位置，以便立模浇筑。底板浇筑完后，要在底板上定出主轴线、各闸孔中心线和门槽控制线，并弹墨标明。

（2）翼墙和闸墩位置及其立模线的标定。以闸室轴线为基准标出闸墩和翼墙的立模线，以便安装模板。

2. 底板放样的方法

（1）如图 12-5 所示，在主要轴线的交点 O 安置经纬仪，照准 A 点（或 B 点）后向左右旋转 90°后确定方向（CD 方向），在此方向上根据底板的设计尺寸分别向上、下游各测设底板长度的一半，得 G、H 两点。

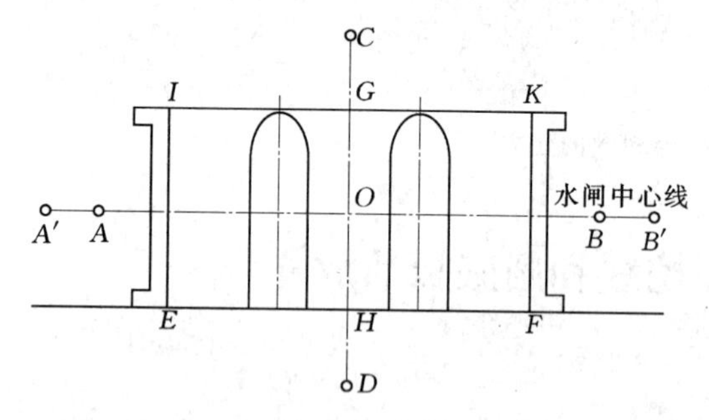

图 12-5 闸底板放样

（2）在 G、H 点上分别安置经纬仪，测设与 CD 轴线相垂直的两条方向线，两方向线分别与边墩中线的交点 E、F、I、K，此四点为闸底板的四个角点。

如果量距困难，可用 A、B 点作为控制点，根据闸底板四个角点到 AB 轴线的距离及 AB 长度，可推算出 B 点及四个角点的坐标，再反算出放样角度，用前方交会法放样出四个角点。

如要放样 K 点，先按下式计算 AK、BK、AB、BA 的方位角

$$\alpha_{AB}=\arctan\frac{y_B-y_A}{x_B-x_A}\quad \alpha_{AK}=\arctan\frac{y_K-y_A}{x_K-x_A}$$
$$\alpha_{BA}=\arctan\frac{y_A-y_B}{x_A-x_B}\quad \alpha_{BK}=\arctan\frac{y_K-y_B}{x_K-x_B}\qquad(12-1)$$

然后在 A 点（或 B 点）安置经纬仪，瞄准 B 点并使水平度盘的读数等于 α_{AB}（或 α_{BA}），旋转望远镜使水平度盘的读数等于 α_{AK}（或 α_{BK}），得到方向线 AK（或 BK），则这两条方向线的交点即为 K 点位置。同理，可计算并测设出其他交点 E、F、I 点。

3. 高程放样

根据临时水准点，用水准仪测设出闸底板的设计高程，并标在闸墩上。

工作任务三 闸墩和下游溢流面的放样

一、闸墩的放样

根据计算出的放样数据，以轴线 AB 和 CD 为依据，在现场定出闸孔中线、闸墩中

线、闸墩基础开挖线、闸底板的边线等。水闸基础的混凝土垫层打好后，在垫层上精确地放出主要轴线和闸墩中线，再根据闸墩中线测设出闸墩平面位置的轮廓线。

为使水流通畅，一般闸墩上游设计成椭圆曲线。所以，闸墩平面位置轮廓线的放样分为直线和曲线两部分。

1．直线部分的放样

根据平面图上设计的尺寸，以闸墩角点为坐标原点用直角坐标法放样，这里不赘述。

2．曲线部分的放样

如图 12－6 所示，只要测设出半个曲线，则另一半可根据对称性测设出对应的点。一般采用极坐标的方法测设，步骤如下：

（1）放样数据的计算。将曲线分成几部分（分段数的多少根据闸墩大小、工程等级及施工方法确定），计算出曲线上相隔一定距离点（如 1、2、3 点）的直角坐标，再计算出椭圆的对称中心点 P 至各点的放样数据 β_i 和 l_i。

具体计算如下：

1）设 P 为闸墩椭圆曲线的几何中心，以 P 为原点做如图直角坐标系，则 Pu 和 Pv 的距离可从设计图上量取，设 $a=Pu$ 的距离，$b=Pv$ 的距离，则椭圆的方程为

$$\frac{x^2}{b^2}+\frac{y^2}{a^2}=1 \tag{12-2}$$

2）假设 1、2、3 点的纵坐标 x_1、x_2、x_3 确定，代入式（12－2）计算对应的横坐标 y_1、y_2、y_3。

3）参照式（12－1）计算 Pu、$P1$、$P2$、$P3$ 的方位角 α_{Pu}（270°）、α_{P1}、α_{P2}、α_{P3}，则有

$$\beta_i=\alpha_{Pi}-\alpha_{Pu}(i=1,2,3) \tag{12-3}$$

4）根据 1、2、3 点的坐标计算长度 l，计算公式如下

$$l_i=\sqrt{x_i^2+y_i^2}(i=1,2,3) \tag{12-4}$$

5）在图上量取 T、P 两点的距离。

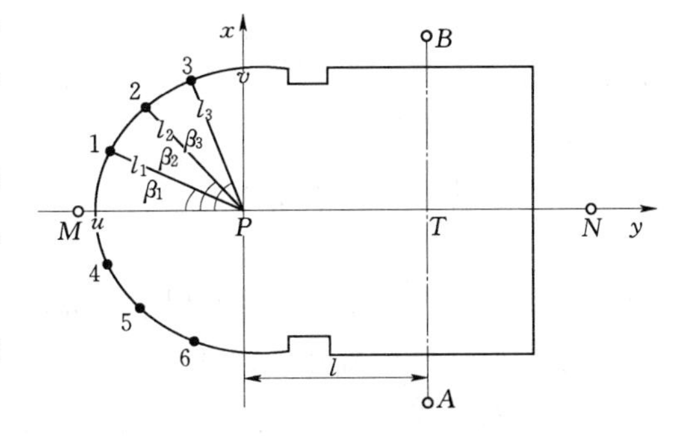

图 12－6　闸墩曲线部分的放样

（2）放样方法。根据点 T，测设距离 l 定出点 P，在 P 点安置经纬仪，以 PM 方向为后视，用极坐标法放样 1、2、3 等点。同法可放样出与 1、2、3 点对称的 4、5、6 点（注意放样数据不需要计算，只是经纬仪旋转方向与 1、2、3 点相反即可）。

二、下游溢流面的放样

为使水利畅通保护闸底板的使用安全，闸室的下游一般有一段溢流面，如图 12－7 所示，其立面形状大多为抛物线。

（1）局部坐标系的建立。以闸室下游水平方向线为 x 轴，闸室底板下游变坡点为溢流面的原点，通过原点的铅垂方向为 y 轴，即溢流面的起始线。

（2）沿 x 轴方向每隔 1～2m 选择一点，则抛物线上各相应点的高程为

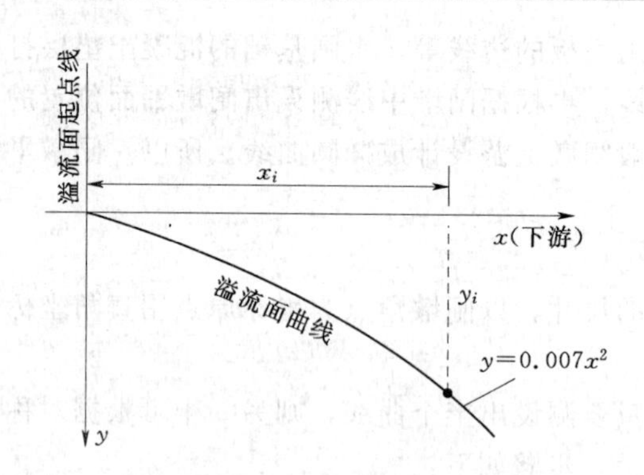

图 12-7 溢流面的放样

$$H_i=H_0-y_i(i=1,2,\cdots) \tag{12-5}$$

式中 H_i——放样点的设计高程；

H_0——溢流面的起始高程（闸底板的高程），可从设计的纵断面图上查得；

y_i——与 O 点相距水平距离为 x_i 的 y 值，即高差，$y_i=0.007x_i^2$（假定为溢流面的设计曲线）。

（3）在闸室下游两侧设置垂直的样板架，根据选定的水平距离，在两侧样板架上做一垂线。用水准仪按放样已知高程点的方法，在各垂线上标出相应点的位置。

（4）连接各高程标志点，得设计的抛物面与样板架的交线，即得设计溢流面的抛物线。

【技 能 训 练】

1. 水闸放样包括哪些基本内容？
2. 水闸主轴线有哪几条？
3. 高程控制网的建立应注意哪些问题？
4. 水闸底板放样有哪些特点？
5. 简述闸墩放样的步骤。

参 考 文 献

［1］ GB 50026—2007 工程测量规范，北京：中国计划出版社，2008.

［2］ DL/T 5173—2012 水电水利工程施工测量规范，北京：中国电力出版社，2012.

［3］ GB/T 17160—2008　1：500　1：1000　1：2000 地形图数字化规范，北京：中国标准出版社，2008.

［4］ GB/T 13923—2006 基础地理信息要素分类与代码，北京：中国标准出版社，2006.

［5］ GB/T 14912—2005　1：500　1：1000　1：2000 外业数字测图技术规程，北京：中国标准出版社，2005.

［6］ GB/T 20257.1—2007 国家基本比例尺地图图式　第1部分：1：500　1：1000　1：2000 地形图图式，北京：中国标准出版，2007.

［7］ GB/T 18314—2009 全球定位系统（GPS）测量规范，北京：中国标准出版社，2009.

［8］ 赵桂生．水利工程测量．北京：科学出版社，2009.

［9］ 赵桂生．建筑工程测量．武汉：华中科技大学出版社，2010.

［10］ 胡伍生．土木工程测量学．南京：东南大学出版社，2011.

［11］ 王笑峰．水利工程测量．北京：中国水利水电出版社，2012.

［12］ 石雪冬．水利工程测量．北京：中国电力出版社，2011.

［13］ 岳建平，邓念武．水利工程测量．北京：中国水利水电出版社，2008.